LESEN UND VERSTEHEN
TECHNISCHER ZEICHNUNGEN

FACHKENNTNISSE
INDUSTRIEMECHANIKER

Lesen und Verstehen technischer Zeichnungen

Technische Kommunikation

Arbeitsplanung

Fachzeichnen

Fachkenntnisse Industriemechaniker

von

Jochen Timm
Reiner Haffer
Hans Meier
Rainer Möller
Klaus-Dieter Schumacher
Hans-Werner Wagenleiter

1. Auflage mit vielen z.T. mehrfarbigen Abbildungen

HANDWERK UND TECHNIK · HAMBURG

Autoren und Verlag danken den genannten Firmen und Institutionen für die Überlassung von Vorlagen bzw. Abdruckgenehmigungen folgender Abbildungen:

ACE-Stoßdämpfer GmbH, Langenfeld, S. 66 – dataplot Norbert Boehme GmbH, Hamburg, S. 77.1 – Getriebebau Nord, Bargteheide, S. 58; 61 – Heidenreich & Harbeck Gießerei GmbH, Mölln, S. 1 – Reiner Haffer, Dautphetal, S. 77.2; 80.2; 81.2, 3; 82.1, 2, 3; 83.1; 84.1; 85.1–4; 86.1–3; 88.1–3; 91.2, 3; 92.2, 3; 93.1–4; 94.2, 3; 95.2 – Ixion Otto Häfner GmbH, Hamburg 70, S. 16 – Nordlicht, Atelier und Bildvertrieb, Henstedt-Ulzburg, S. VIII – norelem Normelemente, Markgröningen, S. 39 – Norsk Data, Hamburg, S. 74.1, 96 – reese GmbH & Co, Kiel, S. 79 – STEINEL NORMALIEN GmbH, Villingen-Schwenningen, S. 41 – Jochen Timm, Hamburg 65, S. 12; 42, 46 – WEILER-Werkzeugmaschinen, Herzogenaurach, S. 1

Der Firma Getriebebau-Nord, Bargteheide danken wir für die Unterstützung bei der Erstellung des Fotos Seite VIII.

Die CAD-Zeichnungen wurden ausgeführt von Dipl.-Ing. Manfred Appel, Ingenieurtechnik, Hamburg 71

Die Normblattangaben werden wiedergegeben mit Erlaubnis des DIN Deutsches Institut für Normung e.V. Maßgebend für das Anwenden der Norm ist deren Fassung mit dem neuesten Ausgabedatum, die bei der Beuth Verlag GmbH, Burggrafenstraße 4–10, 1000 Berlin 30 erhältlich ist.

ISBN 3.582.03188.8

Alle Rechte vorbehalten.
Jegliche Verwertung dieses Druckwerkes bedarf – soweit das Urheberrechtsgesetz nicht ausdrücklich Ausnahmen zuläßt – der vorherigen schriftlichen Einwilligung des Verlages.
Verlag Handwerk und Technik G.m.b.H., Lademannbogen 135, 2000 Hamburg 63 – 1990
Gesamtherstellung: Universitätsdruckerei H. Stürtz AG, Würzburg

Vorwort

Das vorliegende Lehrbuch berücksichtigt sowohl den KMK-Rahmenlehrplan als auch Besonderheiten aus den Länderlehrplänen für die Fachbildung im 2. bis 4. Ausbildungsjahr der Berufe „Industriemechaniker/in" und Maschinenbaumechaniker/in".

Die „Technische Kommunikation" erfaßt die Verständigung mit Hilfe von Sprache und Zeichen unter besonderer Berücksichtigung der Fachsprache und des Technischen Zeichnens.

Der Facharbeiter/Geselle muß alle berufstypischen Unterlagen lesen, verstehen und anwenden können. Dazu muß er die jeweiligen Fachausdrücke, zeichnerischen Darstellungen, Tabellen und Normen, die Zeichen und Symbole erkennen, um ihre Bedeutung zu wissen und mit ihnen umgehen zu können. Außerdem muß er technisch Hinweise und Sicherheitsvorschriften verständlich erklären können.

Die „Technische Kommunikation" soll ihn weiterhin befähigen, neue Technologien fortlaufend in seinen Wissensstand aufzunehmen und anzuwenden.

Der vorliegende Band zur Fachbildung enthält die Aspekte:
– Informationsbeschaffung aus und Anfertigung von Teil- und Gesamt-Zeichnungen und Plänen und die
– Entwicklung von Arbeitsplänen.

In einem sinnvollen Aufbau sind diese Aspekte immer im Zusammenhang dargestellt worden. Der Auszubildende lernt dabei die geometrische exakte zeichnerische Darstellungsweise kennen. Er lernt, die Informationen, die z.B. für die Herstellung eines Einzelteils oder die Montage einer Gruppe wichtig sind, den technischen Unterlagen zu entnehmen und die für seinen Auftrag wichtigen Einzelinformationen zu einem Arbeitsplan zusammenzufassen.

Am Anfang der einzelnen Kapitel stehen Geräte und Baugruppen aus der Praxis. Sie ermöglichen über funktionale Zusammenhänge, Formen, Toleranzen, Details und Besonderheiten der Teile und Gruppen eine praxisgerechte Zuordnung der Inhalte und eine berufsbezogene Einsicht in Darstellungsformen und Abläufe. Dazu gehört jeweils auch eine Stückliste, die als Grundlage vieler zusätzlicher Informationen anzusehen ist.

Für die Beschaffung von weiteren Informationen ist die Benutzung eines Tabellenbuches durchgängiges Prinzip.

Fast alle zeichnerischen Aufgaben sind so gestellt, daß sie entweder in Form einer Zeichnung oder einer Skizze gelöst werden können. Je nach Situation kann hierdurch mehr das exakte Zeichnen oder das Anfertigen von Handskizzen geübt werden.

Ab Kapitel 2 dieses Buches wurden nahezu alle Zeichnungen mit einem CAD-System erstellt. Dies entspricht dem aktuellen Stand der industriellen Zeichnungserstellung und ermöglicht dem Schüler einen Einblick in systembedingte Besonderheiten von CAD-Zeichnungen.

Frühjahr 1990   Autoren und Verlag

Inhaltsverzeichnis

1	Geometrische Basiskonstruktionen – Prismen, Pyramiden, Zylinder	1
1.1	Prismen mit schiefen Begrenzungsflächen	1
1.1.1	Abwicklung der Mantelflächen	2
1.1.2	Wahre Größe der Begrenzungsflächen	2
1.2	Pyramiden mit schiefen Begrenzungsflächen	3
1.2.1	Wahre Größen der Mantel- und Begrenzungsflächen	3
1.3	Zylinder mit schiefen Begrenzungsflächen	5
1.3.1	Abwicklung der Mantelflächen mit dem Mantelhilfslinienverfahren	7
1.3.2	Wahre Größe der Ellipsen	8
1.4	Zylinder mit zylindrischen Anschlüssen und Bohrungen	9
1.5	Kegel mit parallelen und schiefen Begrenzungsflächen	10
1.5.1	Abwicklung der Mantelflächen mit dem Mantelhilfslinienverfahren	14
1.5.2	Wahre Größe der Begrenzungsflächen	15

2	Toleranzen und Oberflächenbeschaffenheiten	16
2.1	Toleranzen für Längen- und Winkelmaße	19
2.1.1	Grenzabmaße	19
2.1.2	ISO-Toleranzkurzzeichen	20
2.1.3	Toleranzen für Winkelmaße	21
2.2	Passungen	21
2.2.1	Höchstpassung und Mindestpassung	22
2.2.2	Spiel und Übermaß	22
2.2.3	Toleranzfeld	23
2.2.4	ISO-Paßsysteme	23
2.2.5	Paßtoleranz und Paßtoleranzfeld	24
2.3	Oberflächenbeschaffenheit	25
2.3.1	Angabe der Oberflächenbeschaffenheit	25
2.3.2	Meßgrößen am Rauheitsprofil	26
2.3.3	Gestaltabweichungen	27
2.3.4	Auswahl der Oberflächenbeschaffenheit	27
2.3.5	Zusammenhang zwischen Maßtoleranzen und Oberflächenbeschaffenheiten	29
2.4	Form- und Lagetoleranzen	29
2.4.1	Grundsymbole	30
2.4.2	Angabe von Formtoleranzen	31
2.4.3	Angabe von Lagetoleranzen	31

3	Genormte Werkstückdetails	34
3.1	Zentrierbohrungen	34
3.2	Freistiche	36
3.3	Gewindefreistiche	37
3.4	Rändel	37
3.5	Grat, Kantenform	38
3.6	Härteangaben	39

4	Mitnehmer- und Verbindungselemente	42
4.1	Schraubensenkungen	46
4.2	Stiftverbindungen – Montagehinweise	47
4.3	Paßfederverbindungen – Keilwellen/Keilnaben	47
4.4	Sicherungsringe	48
4.5	Kegelverbindungen	49
4.6	Zahnräder	50
4.7	Lager	51

5	Teil-Zeichnungen, Gesamt-Zeichnungen, Montagepläne	53
5.1	Zeichnungslesen (Bohrvorrichtung)	53
5.2	Bestimmen von Maßen mit Hilfe der Stücklistenangaben	55
5.3	Herstellen bzw. Ergänzen von Teil-Zeichnungen nach Angaben	56
5.4	Herstellen einer Teil-Zeichnung nach eigenem Entwurf	57
5.5	Funktions- und Baueinheiten	57
5.6	Aufbauübersicht	59
5.7	Gesamt-Zeichnung	59
5.8	Strukturstufen – Montageplan	63
5.9	Strukturnetz	64
5.10	Stoßdämpfer	65
5.11	Vorschubgetriebe einer Drehmaschine	67

6	Schweißgruppen-Zeichnung	69
6.1	Bemaßung einer Schweißnaht	70
6.2	Schweißplan und Schweißfolgeplan	72

7	**CAD-CAM**		74
7.1	Aufbau eines CAD-Arbeitsplatzes		75
7.1.1	Eingabe		75
7.1.2	Verarbeitung		75
7.1.3	Ausgabe		76
7.2	Zeichnungserstellung mit einem CAD-System		77
7.2.1	Menütechnik		79
7.2.2	Ebenentechnik		80
7.2.3	Koordinatensysteme		80
7.2.4	Punktdefinitionen		81
7.2.5	Geometrische Grundelemente		83
7.2.6	Zusammenketten von geometrischen Grundelementen		86
7.2.7	Manipulation bzw. Ändern von Elementen und Folgen		87
7.2.8	Schraffur bei Schnittdarstellungen		88
7.2.9	Bemaßung		88
7.2.9.1	Konstruktionsbedingte Bemaßung		88
7.2.9.2	CNC-gerechte Bemaßung		88
7.2.10	Beschriften		90
7.2.11	Symbole		90
7.2.12	Variantenkonstruktion		90
7.2.13	Datensicherung		91
7.3	Bearbeitungsplan für die Kurvenscheibe		91
7.3.1	Bearbeitungsplan für das Drehen		91
7.3.2	Bearbeitungsplan für das Fräsen		92
7.4	CNC-Teileprogrammierung mit Hilfe von CAD-Zeichnungen		92
7.4.1	Drehteilprogrammierung		92
7.4.2	Frästeilprogrammierung		94
7.5	Auswirkungen von CAD-CAM		95
8	**Pläne**		97
8.1	Beispiel einer pneumatischen Steuerung		99
8.2	Funktionsdiagramme		100
8.3	Erweiterung der pneumatischen Steuerung		103
8.4	Elektrische Schaltpläne		105
8.5	Funktionsplan		108
Sachwortverzeichnis			111

1 Geometrische Basiskonstruktionen – Prismen, Pyramiden, Zylinder

1.1 Prismen mit schiefen Begrenzungsflächen

Im Bereich von Führungen an Werkzeugmaschinen kommen häufig abgeschrägte Flächen vor, z. B. Prismenführungen, Schwalbenschwanzführungen, Keilleisten usw. Allen gemeinsam ist die geometrische Form des Basiskörpers, die des **Prismas**.

Ein Prisma ist ein Körper beliebiger Länge, mit geradlinigen, parallelen Kanten und einem gleichbleibenden Querschnitt.

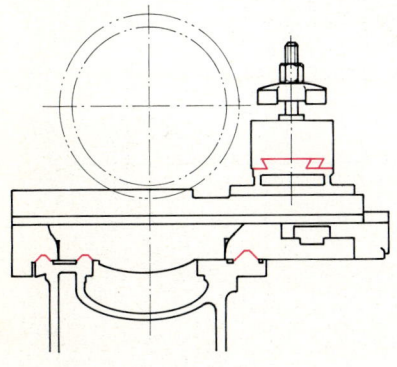

In der Technik kommen z. B. folgende Formen vor:

Dreikantprisma
als Führungselement

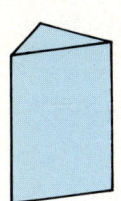

Sechskantprisma
als Ausgangsform für Schrauben und Muttern

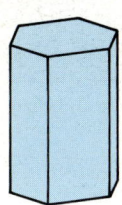

Sechskantprisma mit schiefer Begrenzungsfläche
Wird von einem Sechskantprisma eine Fläche schräg abgefräst, so entsteht eine schiefe oder windschiefe Begrenzungsfläche.

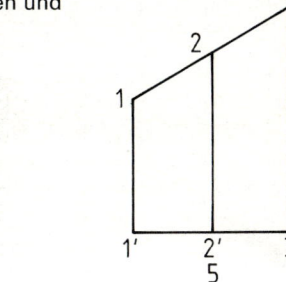
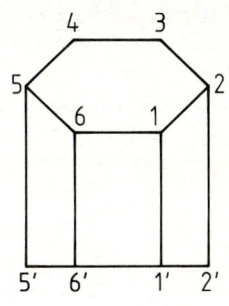
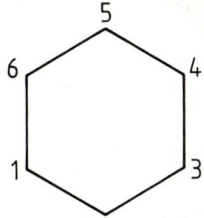

Halbzeuge

als
– Profile
– Stangen
– Stäbe
– Rohre

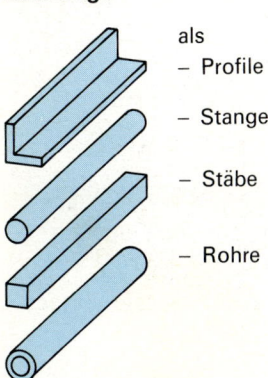
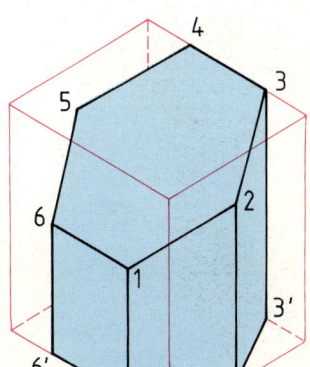

1.1.1 Abwicklung der Mantelflächen

Alle **Längen** und **Flächen**, die **parallel zu einer Projektionsfläche** verlaufen, werden in den Ansichten, in denen sie als Kanten abgebildet werden, in **wahrer Größe** abgebildet. Bei dem Sechskantprisma sind dies alle senkrechten Kanten in der Vorderansicht bzw. der Seitenansicht. Zum besseren Verständnis sind die Eckpunkte numeriert worden. In der **Draufsicht** ist die **Querschnittsfläche** in wahrer Größe abgebildet. Die Längen der Kanten des Sechsecks in der Draufsicht entsprechen dem Abstand der senkrechten Linien in der Abwicklung.

Konstruktionsbeschreibung

Auf einer waagerechten Linie wird sechsmal die Seitenlinie des Querschnitts (der Sechseckfläche) abgetragen. Dies geschieht am besten mit dem Zirkel. Die Numerierung ist aus den drei Ansichten übernommen worden. Der Ausgangspunkt „1" wird somit auch zum Endpunkt der Abwicklung. In den Schnittstellen werden senkrechte Hilfslinien errichtet, auf denen die jeweiligen Kantenlängen (1 ... 1'; 2 ... 2' usw.) abgetragen werden. Die freien Endpunkte der Kanten (1; 2 usw.) werden miteinander verbunden. Das Ergebnis ist die Abwicklung.

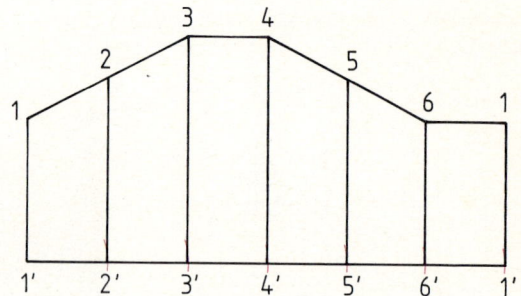

1.1.2 Wahre Größe der Begrenzungsflächen

Bei einem schief abgeschnittenen Prisma ist die **Begrenzungsfläche** immer **größer** als die **Querschnittsfläche**. Sie ist gegenüber der Ausgangsfläche **verzerrt**. Da es sich um eine ebene Fläche handelt, kann diese Verzerrung nur in einer Richtung verlaufen. Senkrecht dazu bleiben die Abmessungen erhalten und können in wahrer Größe den Ansichten entnommen werden.

Aus der Konstruktions-Zeichnung ist zu entnehmen, daß in der Draufsicht das Eckenmaß 5 ... 2 erhalten bleibt. Die Schlüsselweiten werden dagegen alle verzerrt wiedergegeben. Ein wahrer Abstand ist der Vorderansicht zu entnehmen.

Mit Hilfe der Querschnittsfläche, wie sie z. B. in der Draufsicht zu erkennen ist, kann die Breite der Begrenzungsfläche bestimmt werden.

Konstruktionsbeschreibung

Im Abstand der Breiten b_1 und b_2 werden Parallelen gezeichnet. Die gegenüberliegenden Punkte 5 und 2 werden gewählt und eingetragen. Der Abstand R wird mit dem Zirkel auf einer äußeren Parallelen abgetragen. Durch die so gewonnenen Schnittpunkte werden zur Linie 5 ... 2 parallele Linien gezogen. Sie schneiden das innere Parallelenpaar in den Punkten 4 und 3 bzw. 6 und 1.

1.2 Pyramiden mit schiefen Begrenzungsflächen 1.2.1 Wahre Größen der Mantel- und Begrenzungsflächen

Aufgaben

Zu allen Aufgaben gehört ein Sechskantprisma mit der Schlüsselweite SW 41 und der Höhe 50 mm.

1. Zeichnen oder skizzieren (auf kariertem Papier) Sie die Prismen in drei Ansichten.
2. Zeichnen oder skizzieren Sie die Abwicklungen.
3. Skizzieren Sie die Perspektiven.

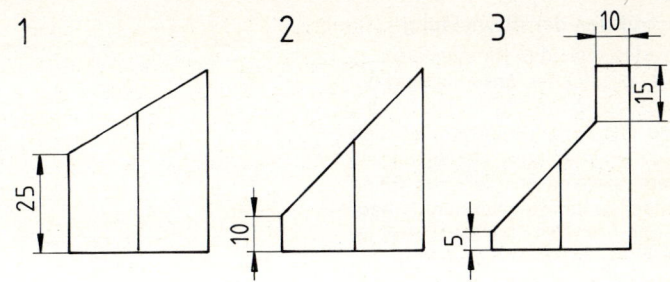

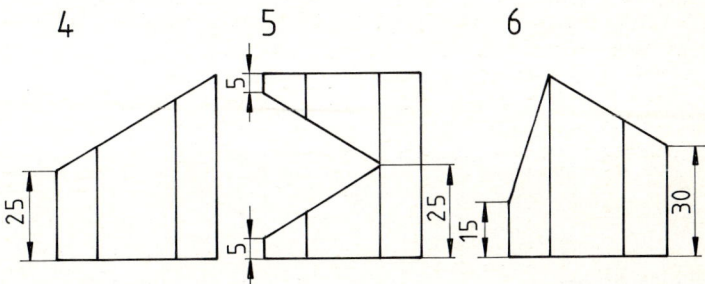

1.2 Pyramiden mit schiefen Begrenzungsflächen

Bei einer Pyramide ist nur die Grundfläche parallel zu einer Darstellungsebene, d.h., nur die Grundfläche wird in einer zweiten Ansicht in wahrer Größe abgebildet. Alle anderen Flächen werden in den Ansichten verkürzt abgebildet.

1.2.1 Wahre Größen der Mantel- und Begrenzungsflächen

Bei der Ermittlung der wahren Größe der Schnittflächen an Pyramiden müssen die Längen und die entsprechenden Breiten aus zwei Ansichten entnommen werden. Hierbei kann es sich um Flächenausdehnungen (Abstände) und Kantenlängen handeln. In dem vorliegenden Beispiel sind in der Vorderansicht vier Flächenausdehnungen l_1 bis l_4 enthalten, deren zugehörige Breiten in der Seitenansicht b_1 bis b_3 bzw. in der Draufsicht abgebildet sind. In der Seitenansicht sind zwei Flächenausdehnungen l_5 enthalten, deren zugehörige Breiten l_4 in der Vorderansicht bzw. der Draufsicht abgebildet sind.

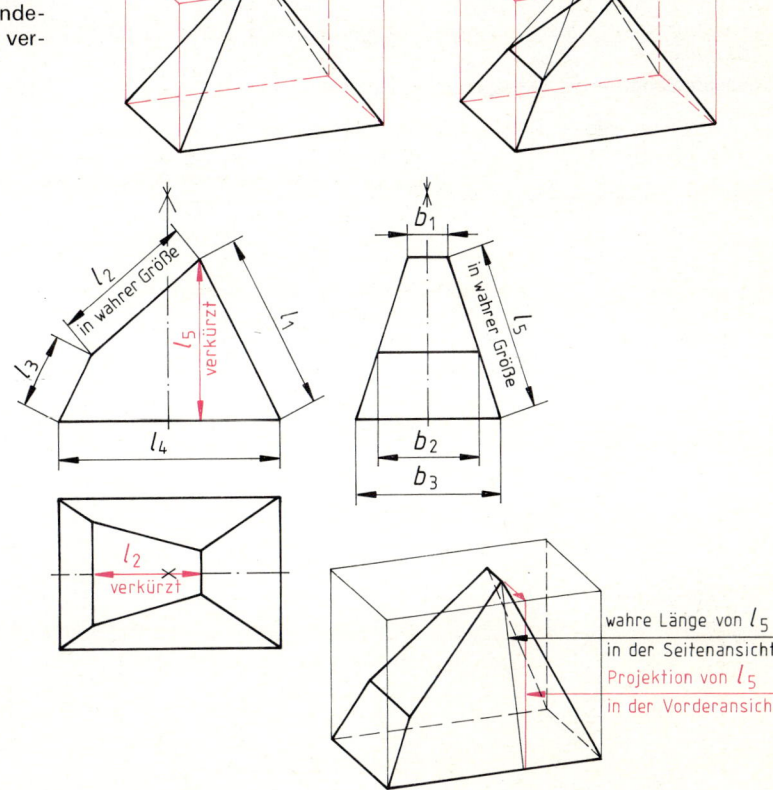

1.2 Pyramiden mit schiefen Begrenzungsflächen — Aufgaben

Konstruktion der Abwicklung

Als erstes wird das Rechteck aus l_4 und b_3 gezeichnet, anschließend die Trapeze aus b_1, b_3, l_1 sowie b_2, b_3, l_3 und aus b_1, b_2, l_2. Dann werden die unregelmäßigen Vierecke konstruiert. Sie sind an die noch freien Rechtecksseiten zu zeichnen. P_3 liegt im Schnittpunkt einer Parallelen im Abstand l_5 mit dem Kreisbogen um P_1 mit der größeren Trapezseite. P_4 liegt im Schnittpunkt der Kreisbögen mit der kleineren Trapezseite um P_2 und mit l_6 um P_3.

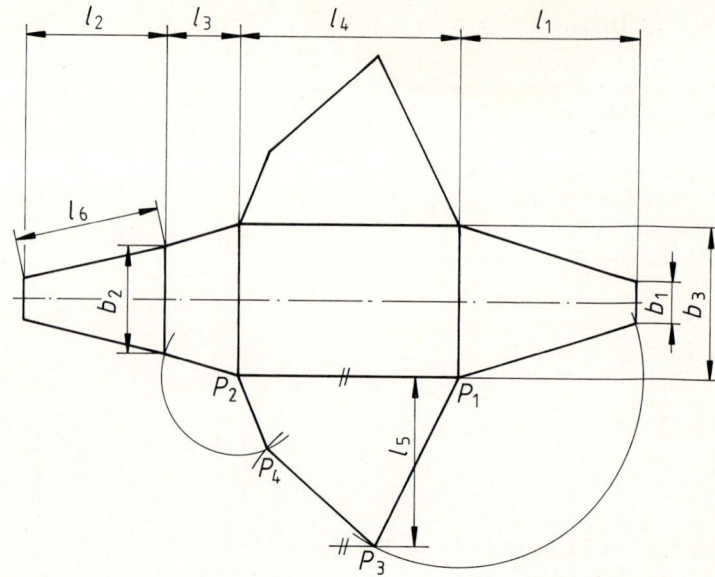

Aufgaben

1. Zeichnen und bemaßen Sie jeweils eine der vorkommenden drei Einzelflächen.
2. Setzen Sie alle Einzelflächen zu einem platzsparenden Blechzuschnitt zusammen. Alle Kanten werden geschweißt.
3. Zeichnen Sie die drei Mantelabwicklungen.
4. Setzen Sie die Abwicklungen zu einem platzsparenden Blechzuschnitt zusammen.
5. Vergleichen Sie die Lösungen 3. und 5.
6. Welche der Kanten sind in wahrer Länge und welche sind verkürzt abgebildet?
7. Beschreiben Sie die Konstruktion einer Seitenfläche

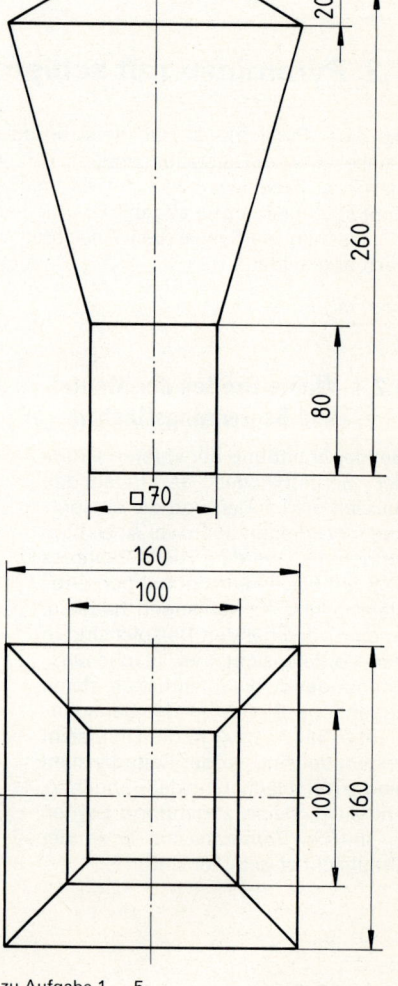

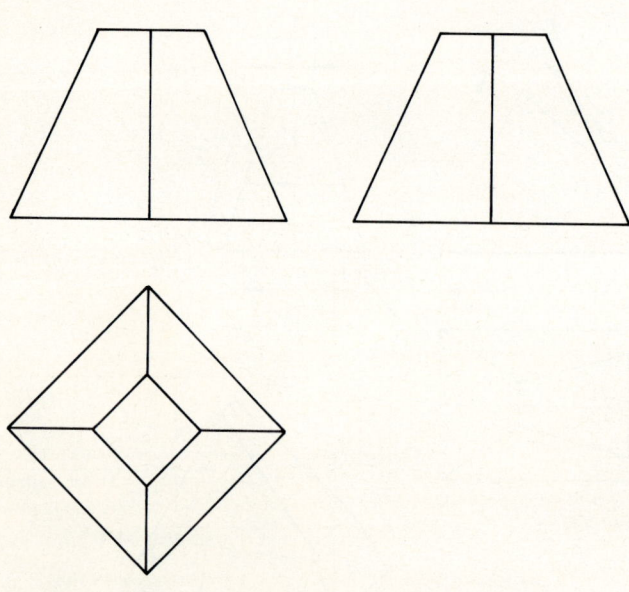

zu Aufgabe 6 und 7

zu Aufgabe 1 ... 5

1.3 Zylinder mit schiefen Begrenzungsflächen

Wird ein zylindrischer Körper schief (schräge) geschnitten, so ist die Schnittfläche immer eine Ellipse. Eine Ellipse hat einen großen und einen kleinen Durchmesser. Bei der Darstellung in Ansichten wird der große Durchmesser verkürzt abgebildet (Projektion schiefer Flächen). Der kleine Durchmesser, der der Zylinderbreite entspricht, wird in wahrer Größe abgebildet. In Abhängigkeit vom Schnittwinkel gibt es drei Formen von Ellipsenabbildungen:

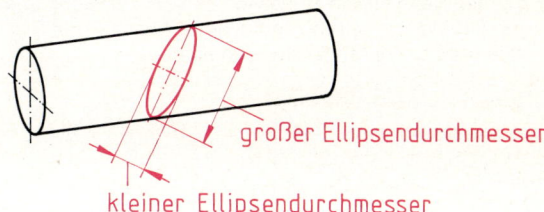

- **Die flache Ellipse:**

  Ist der Schnittwinkel α kleiner als 45°, so ist die Abbildung der Ellipse in der Seitenansicht breiter als hoch.

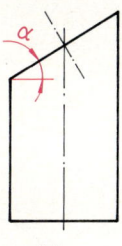 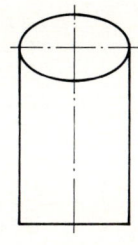

α < 45°

- **Die hohe Ellipse:**

  Ist der Schnittwinkel α größer als 45°, so ist die Abbildung der Ellipse in der Seitenansicht höher als breit.

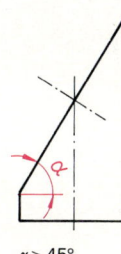 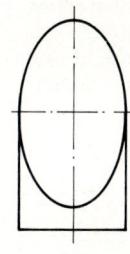

α > 45°

- **Der Kreis als Sonderfall einer Ellipse:**

  Ist der Schnittwinkel genau 45°, so ist die Abbildung der Ellipse in der Seitenansicht ein Kreis.

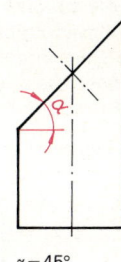 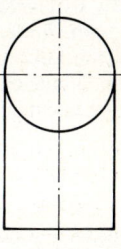

α = 45°

Konstruktion der vier Extrempunkte

In zwei Ansichten sind die Endpunkte des großen und des kleinen Ellipsendurchmessers zu erkennen. Sie liegen in der Vorderansicht und der Seitenansicht jeweils auf den Außenlinien des Zylinders und in der Draufsicht auf den Mittellinien der Querschnittsfläche.

Parallele Hilfsschnitte

Beliebige Zwischenpunkte auf der Ellipse sind möglichst im Bereich großer Krümmungsänderungen zu konstruieren, da in diesen Bereichen die Ellipse am stärksten ihre Kontur ändert. Bei der Ellipse liegen die großen Krümmungsänderungen an den Enden des großen Ellipsendurchmessers. Mit Hilfe von parallelen Hilfsschnitten können beliebige Zwischenpunkte in der Seitenansicht (siehe Beispiel) konstruiert werden. Diese Hilfsschnitte können in der Vorderansicht a) senkrecht oder b) parallel zur Zylinderachse verlaufen.

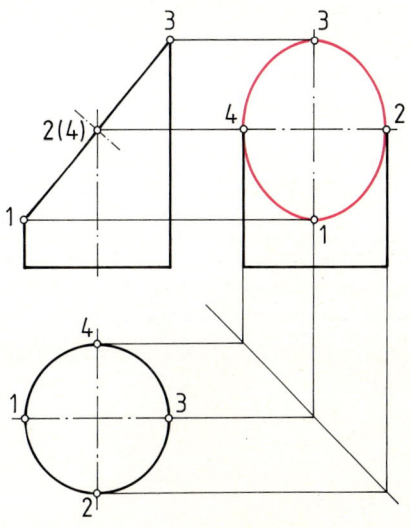

1.3 Zylinder mit schiefen Begrenzungsflächen

a) Mit **Hilfsschnitten**, die **senkrecht** zur **Zylinderachse** liegen, findet man Ellipsenpunkte, die in zwei Ansichten definiert sind (hier in der Vorderansicht und der Draufsicht) und die in die dritte Ansicht (die Seitenansicht) übertragen werden können.

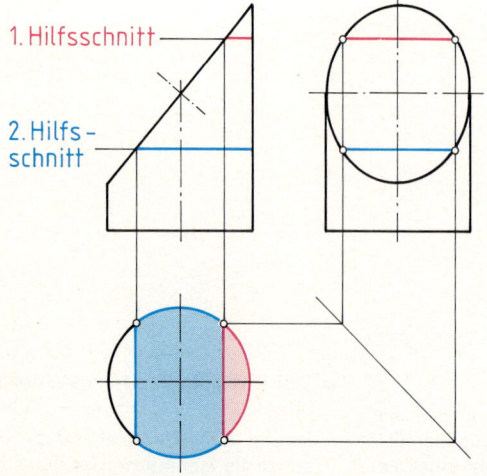

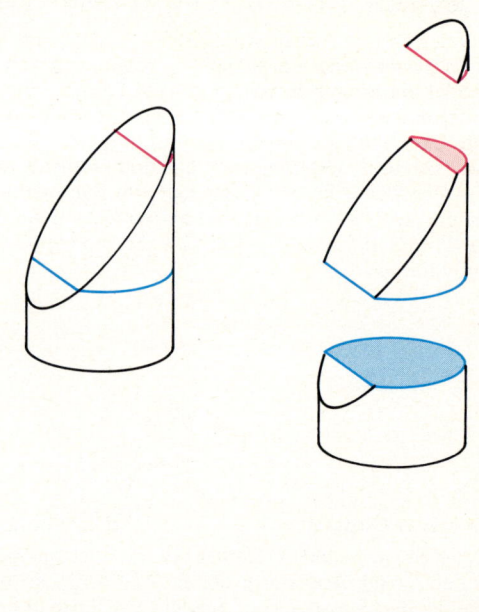

b) Mit **Hilfsschnitten**, die **parallel** zur **Zylinderachse** liegen, findet man Ellipsenpunkte, die in zwei Ansichten definiert sind (hier in der Vorderansicht und der Draufsicht) und die in die dritte Ansicht (die Seitenansicht) übertragen werden können.

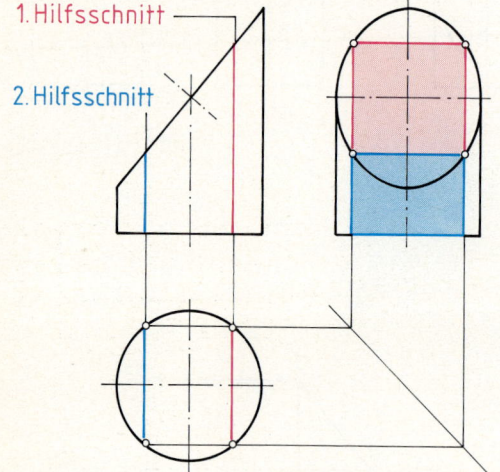

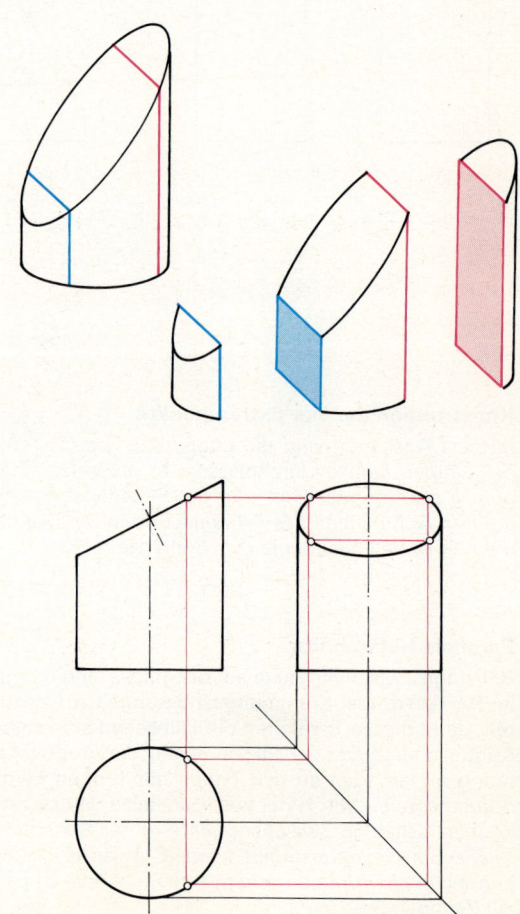

Die Beispiele der parallelen Hilfsschnitte zeigen, daß schon **ein** Hilfsschnitt vier Ellipsenpunkte ergeben kann. Zwei der Punkte werden direkt konstruiert und die anderen beiden werden durch Spiegelung um eine Ellipsenachse gewonnen. Dieses Verfahren ist möglich, da eine Ellipse aus vier gleichen Segmenten besteht.

1.3 Zylinder mit schiefen Begrenzungsflächen   1.3.1 Abwicklung der Mantelflächen

Aufgaben

1. Zeichnen oder skizzieren Sie die nebenstehenden Zylinder in drei Ansichten. Die Zylinder haben einen Außendurchmesser von 60 mm und eine Höhe von 120 mm.

a)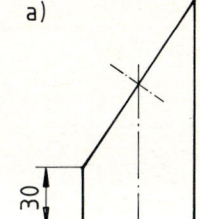

b)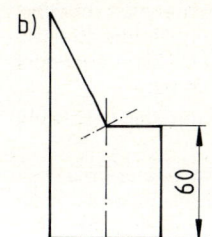

c)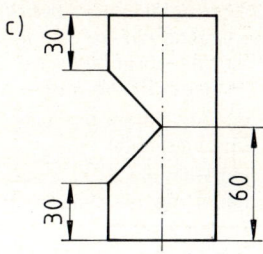

d)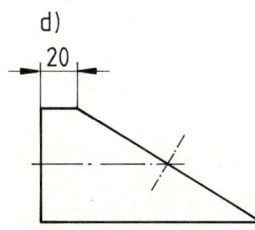

e)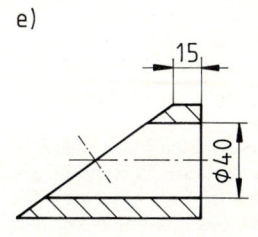

f)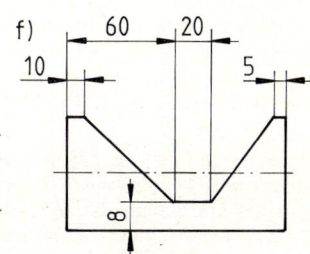

2. Zeichnen Sie die Bohrbuchse DIN 179 – A 18 × 36, die unter einem Winkel von 30° abgeschrägt ist, in Vorderansicht und Seitenansicht im Maßstab 2:1.

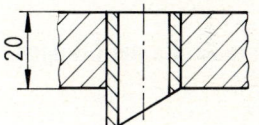

1.3.1 Abwicklung der Mantelflächen mit dem Mantelhilfslinienverfahren

Die Abwicklung der Mantelfläche eines Zylinders hat die Form eines Rechtecks mit den Maßen: $d \cdot \pi$ und h.

 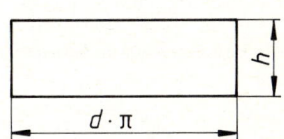

Wird ein schief geschnittener Zylinder abgewickelt, so muß die Kontur der Mantelfläche schrittweise entwickelt werden. Dazu wird die Mantelfläche in gleiche Abschnitte unterteilt. Dies erreicht man am leichtesten dadurch, daß man den Kreisumfang der Draufsicht in 12 gleiche Teile teilt. Die Teilungspunkte werden in die Vorderansicht übertragen und dort als Fußpunkte für die senkrechten Mantelhilfslinien benutzt.

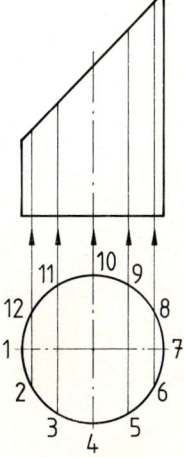

1.3 Zylinder mit schiefen Begrenzungsflächen

1.3.2 Wahre Größe der Ellipsen

Konstruktionsbeschreibung

Zur Konstruktion der Abwicklung zeichnet man zunächst eine Gerade mit der Länge $l = d \cdot \pi$ und unterteilt sie in 12 gleiche Abschnitte. Die Unterteilung kann entweder mit Hilfe des Zirkels geschehen, indem man

a) die Abschnitte der 12er-Teilung aus der Draufsicht überträgt, oder

b) mit Hilfe des Strahlensatzes. Die zweite Form ist genauer, da die Sehnen bei der 12er-Teilung immer kleiner sind als die zugehörigen Bogenstücke. Bei großen Werkstücken ist die genauere Teilung anzuwenden, da die Abwicklungen sonst zu klein werden.

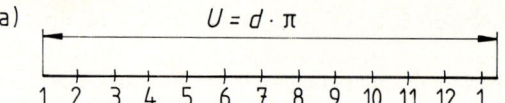
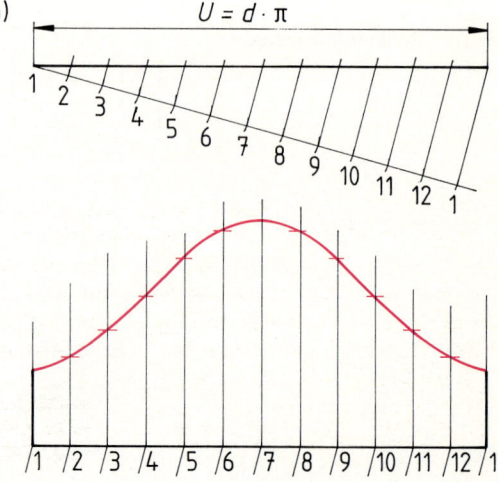

Durch die Fußpunkte der 12er-Teilung auf der Grundlinie der Abwicklung werden die senkrechten Mantelhilfslinien gezeichnet. Die Länge der jeweiligen Mantelhilfslinie kann in der Vorderansicht mit dem Zirkel abgenommen werden und auf der zugehörigen Hilfslinie abgetragen werden.

Nummern an den jeweiligen Linien erleichtern das Eintragen und helfen Fehler zu vermeiden. Verbinden Sie nun die Endpunkte der Mantelhilfslinien mit einer geschwungenen Linie. Gerade Verbindungslinien können nicht vorkommen, Ellipsen haben auch keine Ecken.

1.3.2 Wahre Größe der Ellipsen

Eine Ellipse hat zwei Durchmesser, die die Ellipse in vier gleiche Bogenstücke aufteilen. Die Länge des großen Durchmessers kann man der Ansicht entnehmen, in der die Ellipse als Kante dargestellt ist. Die Länge des kleinen Durchmessers kann man der Seitenansicht bzw. der Draufsicht entnehmen. Weitere Ellipsenpunkte werden mit Hilfsschnitten erzeugt. Diese Hilfsschnitte sollen möglichst im Bereich starker Krümmungen liegen, da hier die größten Konturveränderungen zu erwarten sind (vgl. Kap. 1.3).

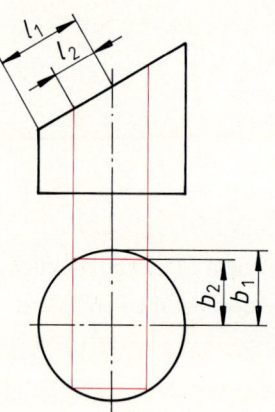
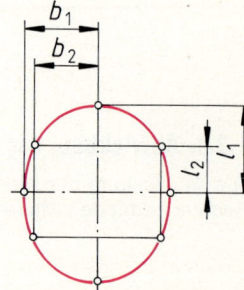

Konstruktionsbeschreibung

Zeichnen Sie zunächst ein Mittellinienkreuz und übertragen Sie aus den Ansichten die Längen für den großen und den kleinen Ellipsendurchmesser. Danach übertragen Sie die Längen für die Ellipsenpunkte, die Sie durch den Hilfsschnitt ermittelt haben. Beachten Sie beim Verbinden der Punkte, daß sich die Krümmungsrichtung niemals ändern darf.

Aufgaben

1. Zeichnen Sie den schräggeschnittenen Zylinder in drei Ansichten. Tragen Sie in die Vorderansicht die Mantelhilfslinien ein.

   Zeichnen Sie die Begrenzungsfläche in wahrer Größe.

   Zeichnen Sie die Abwicklung der Mantelfläche.

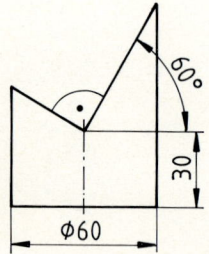

2. Zeichnen Sie die Abwicklung des Anschlußstückes.

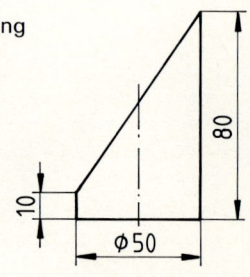

1.4 Zylinder mit zylindrischen Anschlüssen und Bohrungen

Für die Konstruktion einer Übergangslinie ist es unerheblich:
- ob sie die Begrenzungslinie zwischen zwei Zylindern ist, oder
- ob sie die Begrenzungslinie einer Bohrung in einen Zylinder ist.

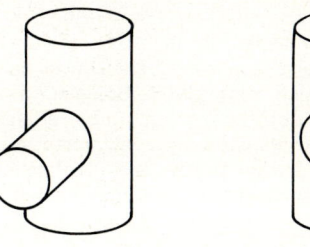

Die Übersicht von Bild 1 bis 5 zeigt, wie sich die Übergangslinie in Abhängigkeit vom Verhältnis der Durchmesser ändert.
- Bei großen Unterschieden der Durchmesser (Bild 1) wird die sehr geringe Krümmung zeichnerisch vernachlässigt.
- Mit kleiner werdendem Durchmesserverhältnis, d.h., die Unterschiede der Durchmesser werden zunehmend geringer (Bild 2 bis 4), wird die Krümmung immer stärker.
- Sind beide Durchmesser gleich groß, so wird aus der gekrümmten Übergangslinie bei der Darstellung in Absichten eine Gerade (siehe Kap. 1.3. „Der Kreis als Sonderfall einer Ellipse").

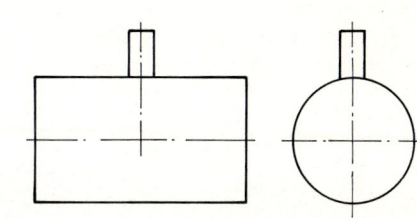

1

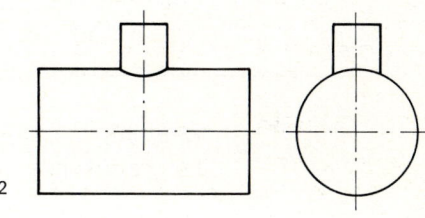

2

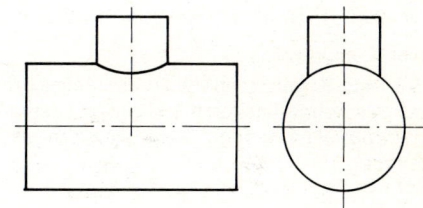

3

Übersicht:

$d_1 \ll d_2$: die Übergangslinie wird in der Zeichnung vernachlässigt.
$d_1 < d_2$: die Übergangslinie wird als gekrümmte Linie gezeichnet.
$d_1 = d_2$: Sonderfall! Die Übergangslinie wird in einer Ansicht als Gerade gezeichnet.

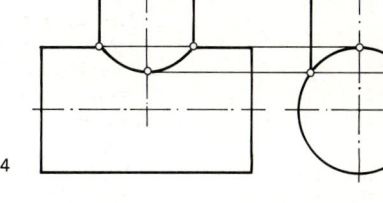

4

Üblicherweise reichen für die zeichnerische Darstellung der Scheitelpunkt und die beiden Fußpunkte (siehe Bild 4). Soll die Übergangslinie genau dargestellt werden, so sind zusätzliche Hilfsschnitte einzuzeichnen, die parallel zur Zylinderachse des großen Zylinders verlaufen sollten.

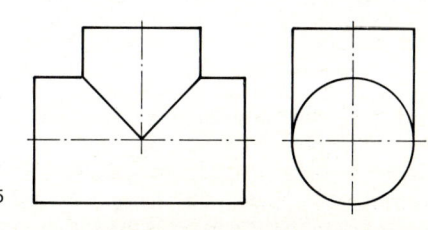

5

Die gleichen Übergangslinien erhält man,
- wenn ein Zylinder senkrecht angebohrt wird oder
- wenn ein Hohlzylinder senkrecht angebohrt wird.

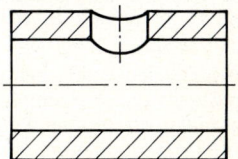

1.5 Kegel mit parallelen und schiefen Begrenzungsflächen

Alle Begrenzungsflächen, die an einem Kegel vorkommen können, liegen in einem Bereich von 90° zwischen einer Parallelen und einer Senkrechten zur Kegelachse. Dieser Bereich kann durch Spiegelung um eine der Grenzen verdoppelt werden. Dabei ergeben sich aber keine neuen Kegelschnitte, es treten nur Wiederholungen auf. Im Sonderfall kann die Parallele zur Kegelachse mit der Kegelachse zusammenfallen.

Für die Beurteilung eines Kegelschnittes ist der Winkel, unter dem die Schnittebene verläuft, von Bedeutung. Dies ist der Winkel zwischen dem Schnitt und der Kegelachse, der in den folgenden Zeichnungen jeweils mit β bezeichnet ist. Für die Form des Basiskegels ist noch der Kegelwinkel α bzw. der Einstellwinkel $\alpha/2$ von Bedeutung. In der folgenden Übersicht werden alle vorkommenden Kegelschnitte mit ihren Begrenzungsflächen einzeln dargestellt und erläutert.

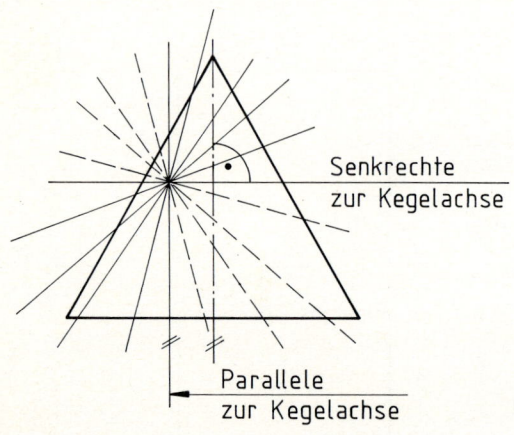

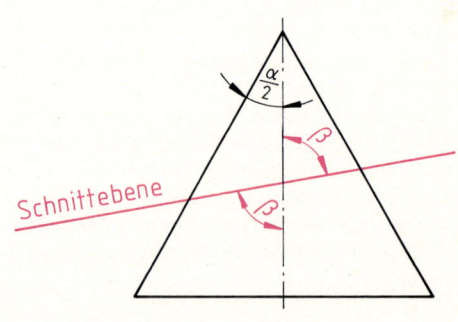

Übersicht über die Kegelschnitte

Der Kreis $\beta = 90°$

Wird ein Kegel rechtwinklig zur Kegelachse geschnitten, so ergeben sich als Schnittflächen Kreisflächen. Diese einfache geometrische Form wird bei allen anderen Kegelschnitten als Hilfsschnittmethode angewendet.

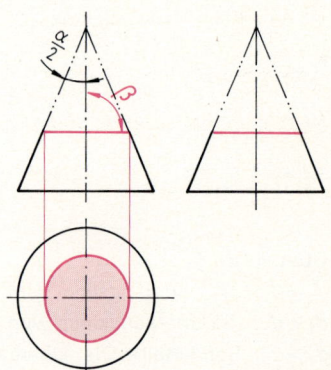

Die Ellipse $90° > \beta > \alpha/2$

Die Mitte der Ellipse ist gegenüber der Kegelachse verschoben. Aus diesem Grund muß der Ellipsenmittelpunkt zusätzlich durch eine Strich-Punkt-Linie senkrecht zur Schnittebene gekennzeichnet werden. Auf der Höhe des Mittelpunktes hat die Ellipse ihre größte Breite (vgl. 1.3). Ein Hilfsschnitt durch den Ellipsenmittelpunkt erzeugt in der Draufsicht und in der Seitenansicht jeweils die Endpunkte des kleinen Ellipsendurchmessers, die größte Breite der Ellipse.

In dem Punkt, in dem die Ellipse in der Vorderansicht die Kegelachse schneidet, berührt sie in der Seitenansicht die Außenkanten des Kegels. Da die Ellipse zu beiden Mittellinien symmetrisch ist, können die Berührpunkte gespiegelt werden.

Falls weitere Ellipsenpunkte benötigt werden, sind zusätzliche Hilfsschnitte an Stellen großer Krümmungsänderungen zu konstruieren. Bei der Ellipse liegen die großen Krümmungsänderungen an den Enden des großen Ellipsendurchmessers.

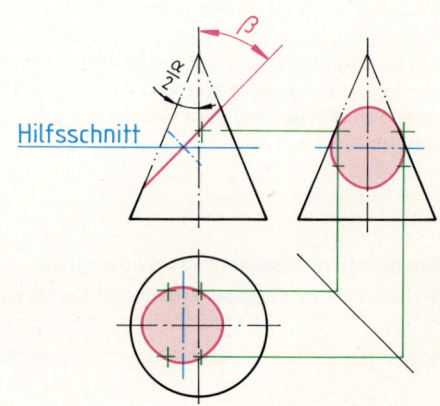

1.5 Kegel mit parallelen und schiefen Begrenzungsflächen

Die Parabel $\beta = \dfrac{\alpha}{2}$

Ohne weitere Hilfsschnitte erhält man in den Ansichten bereits drei Parabelpunkte: den Scheitelpunkt und die beiden Fußpunkte.

Dort, wo die Parabel in der Vorderansicht die Kegelachse schneidet, liegen in der Seitenansicht die Berührpunkte mit den Außenkanten des Kegels.

Jetzt kann man die Parabel bereits skizzieren, wobei folgendes zu beachten ist: Die Äste einer Parabel streben immer näher zusammen, entfernen sich also von den Kegelaußenkanten, bis sie im Unendlichen parallel sind.

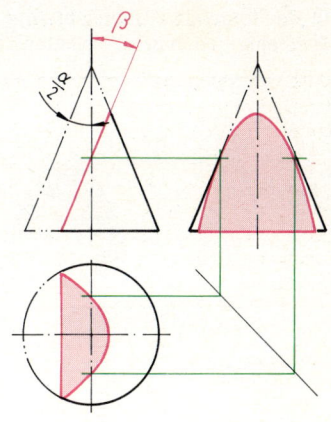

Die Hyperbel $\dfrac{\alpha}{2} > \beta \geq 0°$

Ohne weitere Hilfsschnitte erhält man in den Ansichten drei Hyperbelpunkte: den Scheitelpunkt und die beiden Fußpunkte.

Dort, wo die Hyperbel in der Vorderansicht die Kegelachse schneidet, liegen in der Seitenansicht die Berührpunkte mit den Außenkanten des Kegels.

Jetzt kann man die Hyperbel skizzieren. Folgendes ist dabei zu beachten: Die Äste der Hyperbel laufen immer weiter auseinander.

Eine Sonderform bei der Darstellung in Ansichten liegt dann vor, wenn die zu erzeugende Schnittebene parallel zur Kegelachse verläuft ($\beta = 0°$). In der Draufsicht erscheint die Hyperbel dann als Gerade.

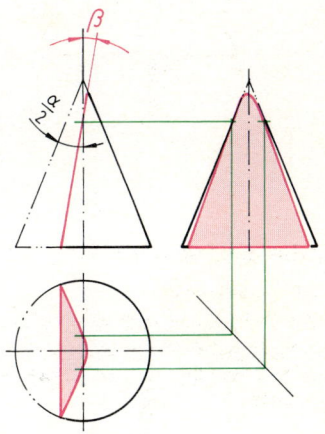

Das Dreieck

Der Schnitt verläuft durch die Kegelspitze **und** $\alpha/2 > \beta \geq 0°$.

Hilfsschnitte sind nicht erforderlich, da sich die Dreieckspunkte in den Ansichten jeweils als Fußpunkte ergeben.

Eine Sonderform bei der Darstellung in Ansichten liegt dann vor, wenn die erzeugende Schnittebene mit der Kegelachse zusammenfällt ($\beta = 0$; Schnitt verläuft durch die Kegelspitze). In der Draufsicht erscheint das Dreieck als Gerade.

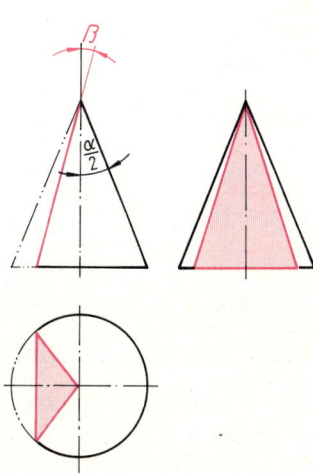

1.5 Kegel mit parallelen und schiefen Begrenzungsflächen — Aufgaben

In der folgenden Übersicht sind noch einmal alle Begrenzungsflächen (Kegelschnitte), ihre Bedingungen und ihre Darstellungen in drei Ansichten zusammengefaßt.

Kegelschnitt					
Begrenzungsfläche	Kreis	Ellipse	Parabel	Hyperbel	Dreieck
Schnittwinkel	$\beta = 90°$	$90° > \beta > \alpha/2$	$\beta = \alpha/2$	$\alpha/2 > \beta \geq 0°$	Schnitt verläuft durch die Spitze $\alpha/2 > \beta \geq 0°$
Vorderansicht	Gerade	Gerade	Gerade	Gerade	Gerade
Seitenansicht	Gerade	Ellipse	Parabel	Hyperbel	Dreieck
Draufsicht	Kreis	Ellipse	Parabel	Hyperbel oder Gerade	Dreieck oder Gerade

Schnittanalyse in drei Ansichten

Aufgaben

1. Übernehmen Sie die Tabelle auf ein gesondertes Blatt.
   Bestimmen Sie die Kegelschnitte 1 bis 7. Tragen Sie alle Ergebnisse in die Tabelle ein.

Nr.	Benen-nung	Schnitt-winkel	Der Schnitt wird in der		
			Vorderansicht	Seitenansicht	Draufsicht
			abgebildet als		
1	?	?	Gerade	?	?
2	?	?	?	?	?
3	?	?	?	?	?
4	?	?	?	?	?
5	?	?	?	?	?
6	?	?	?	?	?
7	?	?	?	?	?

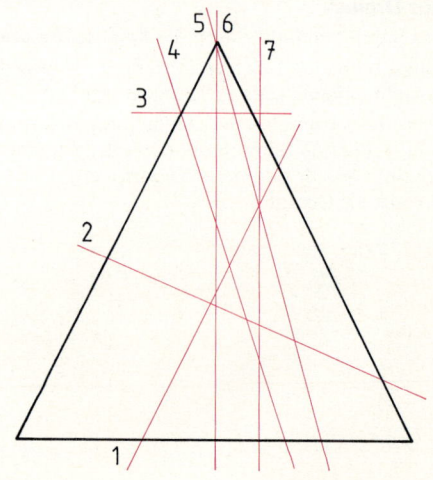

1.5 Kegel mit parallelen und schiefen Begrenzungsflächen — Aufgaben

2. Übernehmen Sie die Darstellung auf ein gesondertes Blatt und zeichnen Sie die Seitenansicht.

3. Übernehmen Sie die Tabelle auf ein gesondertes Blatt. Bestimmen Sie die Kegelschnitte 1 bis 5. Tragen Sie alle Ergebnisse in die Tabelle ein.

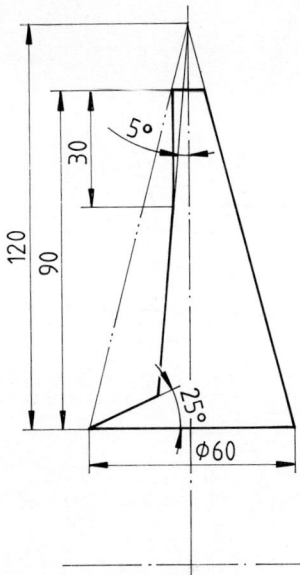

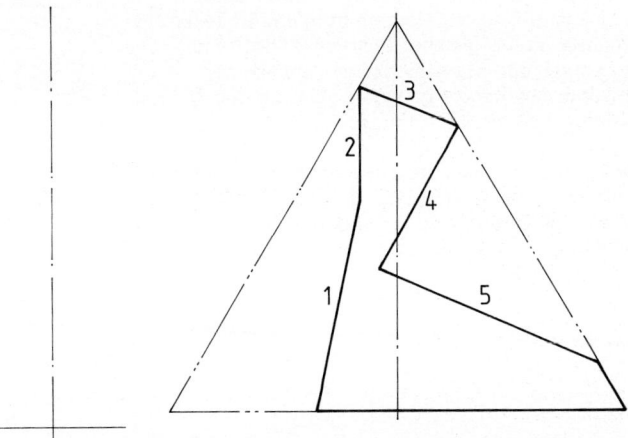

Nr.	Benennung	Schnittwinkel	Der Schnitt wird in der		
			Vorderansicht	Seitenansicht	Draufsicht
			abgebildet als		
1	?	?	Gerade	?	?
2	?	?	?	?	?
3	?	?	?	?	?
4	?	?	?	?	?
5	?	?	?	?	?

4. Zeichnen Sie den Kegel in drei Ansichten.

5. Zeichnen Sie den Kegel, durch den eine Nut läuft, in drei Ansichten.

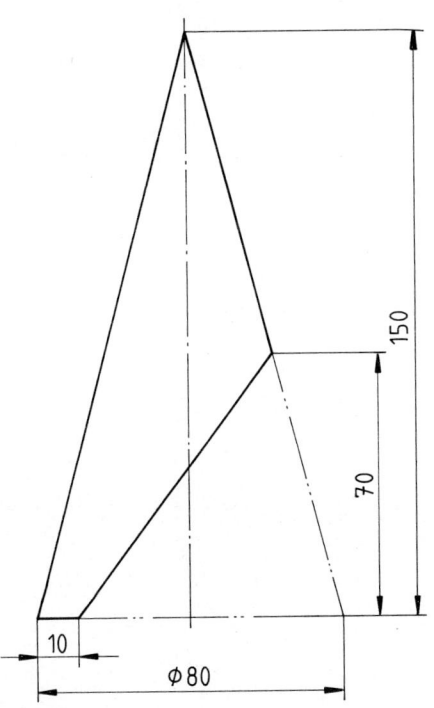

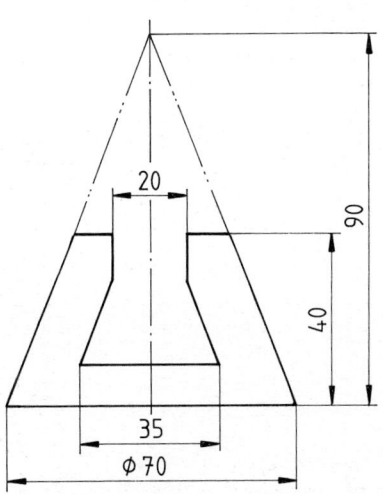

1.5 Kegel mit parallelen und schiefen Begrenzungsflächen

1.5.1 Abwicklung der Mantelflächen mit dem Mantelhilfslinienverfahren

Bei dem Mantelhilfslinienverfahren werden die Punkte der 12er-Teilung von der Draufsicht in die Vorderansicht übertragen. Die Verbindungslinien der Fußpunkte mit der Kegelspitze sind die Mantelhilfslinien. Sie teilen den Kegelmantel in 12 gleiche Sektoren (Abschnitte). Die wahre Länge der Mantellinien ist jeweils nur an der Außenkante des Kegels gegeben. Alle inneren Mantelhilfslinien werden verkürzt dargestellt.

Die Mantelfläche eines spitzen Kegels wird durch den Umfang der Grundkreisfläche $U = d \cdot \pi$ und durch die Länge einer äußeren Seitenlinie l begrenzt.

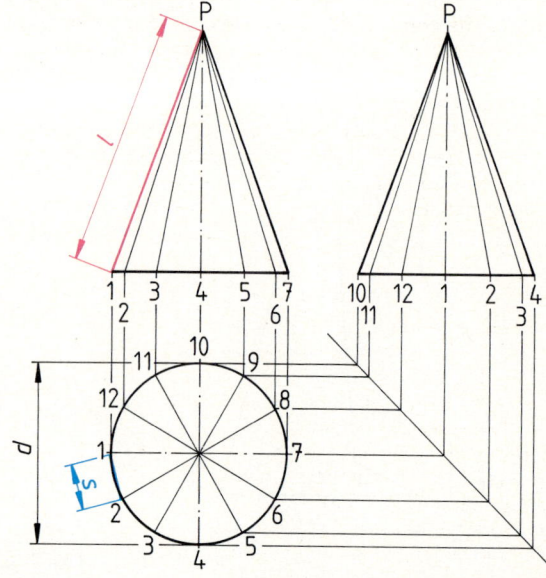

Konstruktionsbeschreibung

Die Grundlinie der Mantelfläche wird zunächst als Kreisbogen mit dem Radius l um den Punkt P geschlagen. Dann wird Punkt 1 angenommen und mit P verbunden. Da die Grundlinie der Abwicklung ein Kreisbogen ist, ist die Länge $U = d \cdot \pi$ nur näherungsweise darstellbar. Aus der 12er-Teilung der Draufsicht wird die Sehnenlänge s mit dem Zirkel übernommen und in Punkt 1 beginnend 12mal auf der Grundlinie abgetragen. Der Ausgangspunkt 1 wird somit auch zum Endpunkt der Abwicklung. Der Endpunkt wird wiederum mit P verbunden.

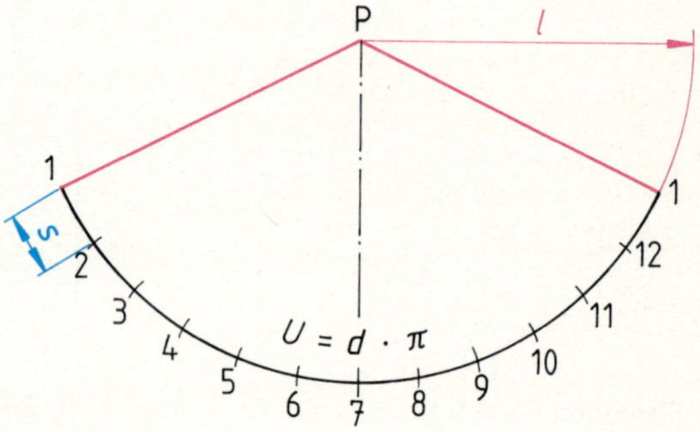

Soll die Abwicklung eines abgeschnittenen Kegels konstruiert werden, so ist dabei zu beachten, daß wahre Längen nur auf den äußeren Mantelhilfslinien, den Kegelbegrenzungslinien, gemessen und abgegriffen werden dürfen. Alle auf inneren Mantelhilfslinien liegenden Punkte bzw. Längen müssen zunächst waagerecht nach außen projiziert werden, bevor von dort die wahren Längen in die Abwicklung übertragen werden können.

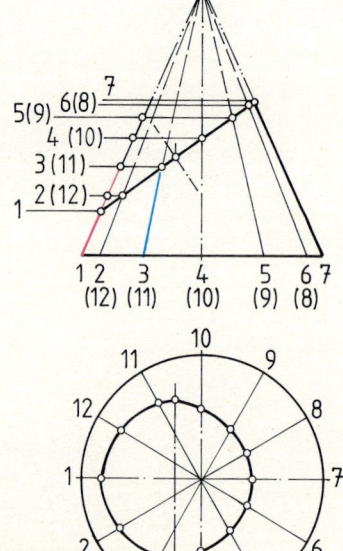
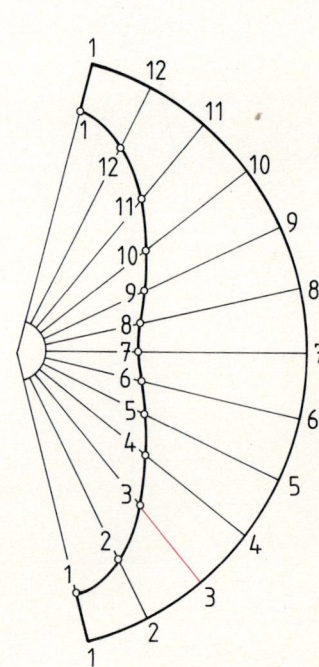

1.5.2 Wahre Größe der Begrenzungsflächen

Für jeden Punkt, der auf der äußeren Kante der Begrenzungsfläche konstruiert werden soll, benötigt man zwei Ortsangaben; z.B. eine „Länge" und eine „Breite". Die Linien der Längenangaben und die der Breitenangaben schneiden sich in dem gesuchten Punkt.

In dem Beispiel sind dies die Schnittpunkte der Begrenzungsfläche mit den Mantelhilfslinien. Als „Längen" werden die wahren Längen auf der äußeren Mantelhilfslinie betrachtet. Die „Breiten" sind die Abstände der in der Draufsicht einander gegenüberliegenden Punkte. Eine Numerierung der Hilfslinien und -punkte erleichtert dabei die Übersicht.

Da bei der Darstellung in Ansichten die einzelnen Ansichten jeweils senkrecht zueinander liegen, kann man in einer Ansicht die Längen und in einer zweiten die dazu gehörenden Breiten abnehmen. Die Begrenzungsfläche muß also in mindestens zwei Ansichten eingezeichnet sein.

Konstruktionsbeschreibung

In den Ansichten werden die Schnittpunkte der Begrenzungsfläche mit den Mantelhilfslinien gekennzeichnet. Dann kann man die Längen l_1 bis l_7 (siehe Beispiel) als wahre Längen in der Vorderansicht abgreifen. Die Breiten sind der Draufsicht zu entnehmen. Man kann sie abmessen, mit dem Zirkel abgreifen oder, wie in dem Beispiel dargestellt, zeichnerisch herausziehen. Auf den Schnittpunkten zusammengehörender Hilfslinien liegen Punkte der Begrenzungsfläche. Die Punkte sind miteinander zu verbinden und ergeben dann die Begrenzungsfläche in wahrer Größe.

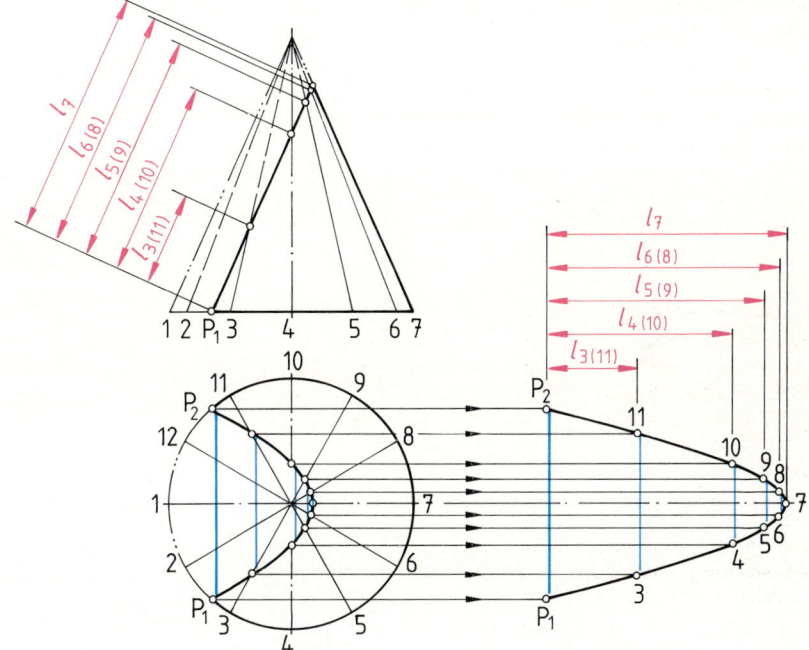

Aufgaben

1. Konstruieren Sie
   a) die drei Ansichten
   b) die Schnittfläche in wahrer Größe
   c) die Abwicklung der Mantelfläche

2. Zeichnen Sie die Vorderansicht und die Draufsicht der Spannschloßmutter. Die beiden Enden sind kegelig abgedreht.

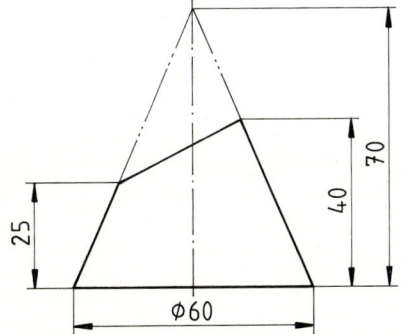
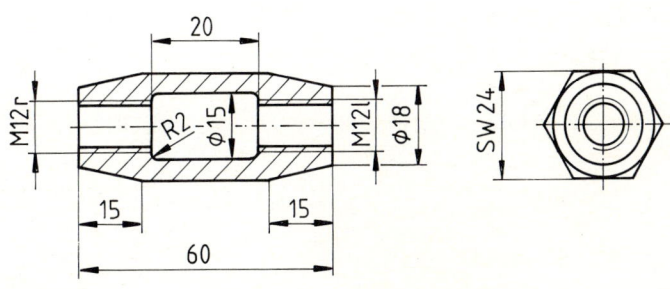

2 Toleranzen und Oberflächenbeschaffenheiten

Die Qualität eines Produktes, z.B. einer Tischbohrmaschine, erfordert häufig größere Genauigkeiten, als sie z.B. durch die Allgemeintoleranzen vorgegeben werden. Durch zusätzliche Angaben werden z.B.

- Maßtoleranzen und Passungen,
- Oberflächenbeschaffenheiten,
- Formtoleranzen und
- Lagetoleranzen

in den Zeichnungen gekennzeichnet. Erst durch das Zusammenwirken aller geforderter Genauigkeiten wird die Qualität der Tischbohrmaschine erreicht.

Für die Festlegung von Genauigkeiten ist es wichtig, die Form von Einzelteilen und Baugruppen zu kennen. Weiter müssen ihre Lage und Funktion im Gesamtzusammenhang bekannt sein. Außerdem müssen die jeweils angrenzenden Teile bekannt sein. Erst durch die Kenntnis aller Bedingungen und deren gegenseitige Beeinflussungen wird die Grundlage für eine Auswahl oder für eine Beurteilung von Toleranzen und Oberflächenbeschaffenheiten möglich.

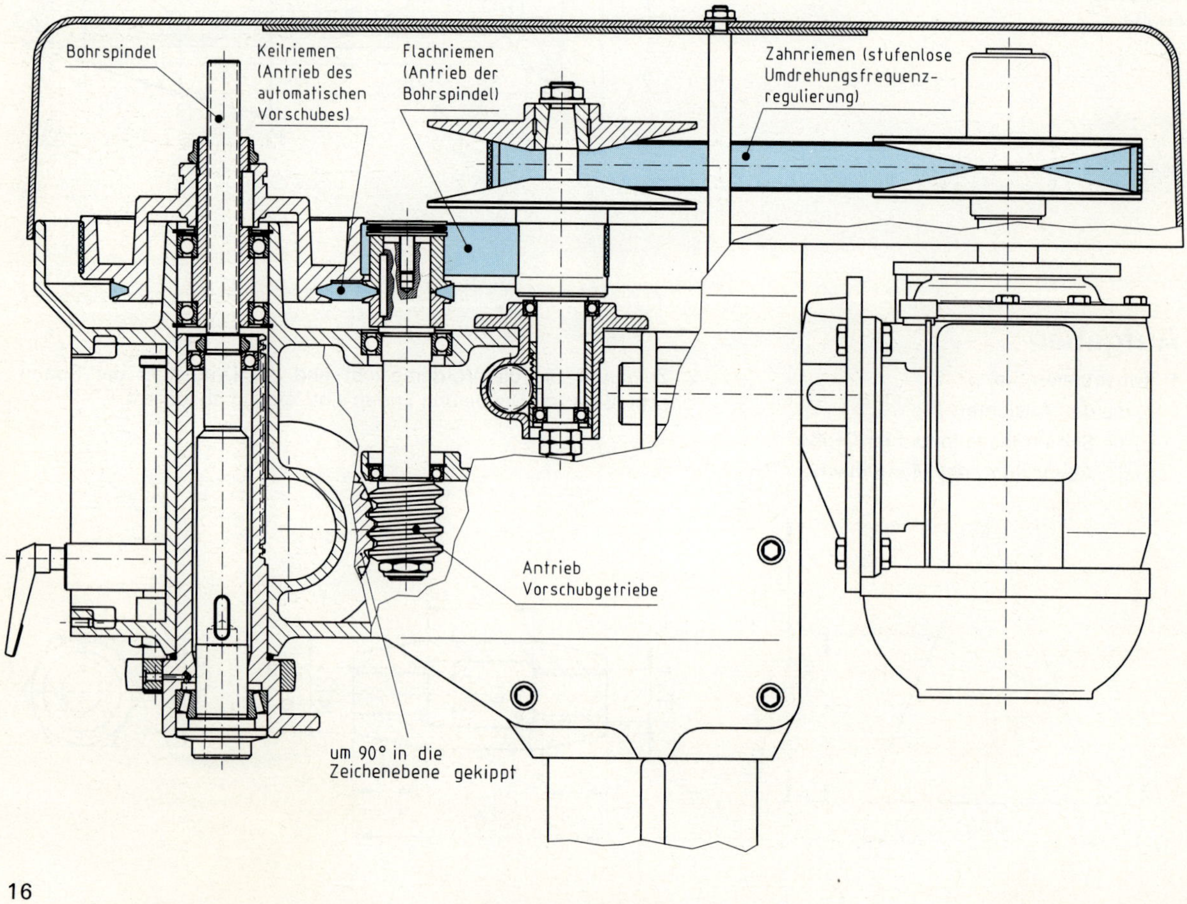

2 Toleranzen und Oberflächenbeschaffenheiten

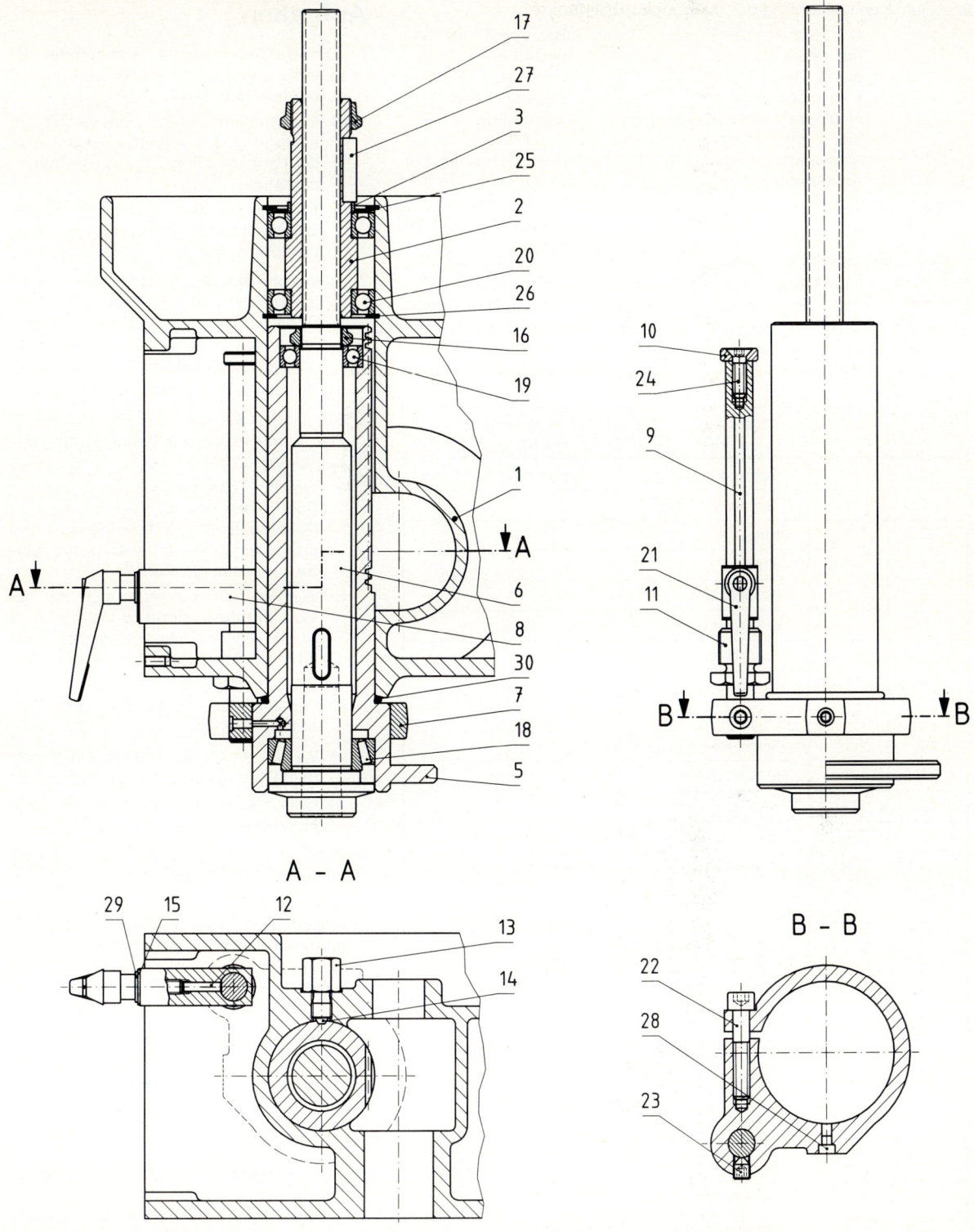

Hinweis
Ab Seite 16/17 sind die meisten Zeichnungen als CAD-Zeichnungen (vgl. Kap. 7) erstellt worden. Systembedingt gibt es dabei Eigenheiten und evt. Normabweichungen.

2 Toleranzen und Oberflächenbeschaffenheiten

Beispiel: **Kennzeichnung der Bohrungsmittelpunkte**

Der Rechner benötigt den Schnittpunkt der Mittellinien nicht. Eine Linienkorrektur müßte hier mit großem Aufwand durchgeführt werden.

Bei von Hand hergestellten Zeichnungen ist die Norm selbstverständlich einzuhalten, da hier der Mittelpunkt einer Bohrung nur durch den Schnittpunkt zweier Linien festgelegt werden kann.

Beispiel: **Gewindedarstellung**

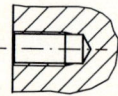

Der Rechner zeichnet maßstäblich. Dicht nebeneinander liegende Linien laufen zusammen.

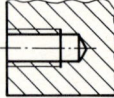

Der Zeichner zeichnet das Detail deutlicher und weicht vom Maßstab ab.

Pos.	Menge	Benennung	DIN-Kurzzeichen Werksnorm
1	1	Gehäuse	Fremdteil
2	1	Mitnehmerhülse	
3	1	Ring	
4		entfällt	
5	1	Pinolenhülse	
6	1	Bohrspindel	
7	1	Aufnahmering	
8	1	Tiefenanschlag	
9		Führungsstange	
10	1	Schaltnocken	
11	1	Stellmutter	
12	1	Bremsstift	
13	1	Gewindebuchse	WN 57–5
14	1	Pinolenführung	WN 57–8
15	1	Ausgleichscheibe	WN 700–18
16	1	Sechskantmutter	WN 840–1
17	1	Sechskantmutter	WN 840–8
18	1	Kegelrollenlager	DIN 720–32007
19	1	Rillenkugellager	DIN 625–6005.2Z
20	2	Rillenkugellager	DIN 625–6007.2Z
21	1	Hebel	Kipp 02208.25
22	1	Schraube	DIN 912–M 10 × 35
23	1	Schraube	DIN 914–M 10 × 12
24	1	Schraube	DIN 7991–M 8 × 25
25	2	Tellerfeder	NIm K 6007
26	1	Sicherungsring	DIN 472–62 × 2
27	1	Paßfeder	DIN 6885–A 10 × 8 × 36
28	1	Einschlag-Kugelöler	DIN 3410–F 6
29	1	Scheibe	DIN 125–8,4
30	1	O-Ring	5 × 59

Aufgaben

1. Zum Bohren muß die Bohrspindel die Schnitt- und die Vorschubbewegung auf den Bohrer übertragen.
   a) Beschreiben Sie den Energiefluß zur Erzeugung der Schnittbewegung von der Paßfeder (Pos. 27) bis zur Bohreraufnahme.
   b) Beschreiben Sie entsprechend den Energiefluß zur Erzeugung der Vorschubbewegung.

2. a) Welche Norm- und Getriebeteile stellen von der Paßfeder (Pos. 27) bis zur Bohreraufnahme jeweils den Energiefluß sicher und welche Funktion übernehmen sie dabei?
   b) Wie werden sie jeweils beansprucht?

3. Betrachten Sie die Teile Pos. 1, Pos. 2, Pos. 5 und Pos. 6 zur Beantwortung der folgenden Fragen:
   a) Welche Teile bewegen sich bei der **Schnittbewegung**, welche sind in Ruhe, welche Teile bewegen sich **relativ** zueinander und welche sind **relativ** zueinander in Ruhe?
   b) Welche Teile bewegen sich bei der **Vorschubbewegung**, welche sind in Ruhe, welche Teile bewegen sich **relativ** zueinander und welche sind **relativ** zueinander in Ruhe?
   c) Welche Teile führen Schnitt- **und** Vorschubbewegung aus?

4. a) Warum wurde für Pos. 18 ein Kegelrollenlager gewählt?
   b) Über welche Bauteile wird sein Spiel eingestellt?

5. Welches Lager stellt das Fest- und welches das Loslager dar?

6. Um eine möglichst genaue Bohrung zu erreichen, müssen die Rundlaufabweichungen des Bohrers und damit die der Bohrspindel möglichst gering gehalten werden.
   a) Nennen Sie die Teile, durch die der Rundlauf des Bohrers beeinflußt wird. Begründen Sie Ihre Aussage.
   b) Worauf ist bei der Fertigung dieser Teile besonders zu achten, damit die Rundlaufabweichungen möglichst gering sind?

7. Reichen für die Abmessungen der einzelnen Teile die Allgemeintoleranzen aus, um einerseits eine exakte Führung und andererseits das erforderliche Spiel für die Bewegungsabläufe sicherzustellen?

8. Bei welchen Teilen sind besondere Maßtoleranzen erforderlich?

9. Nennen Sie die Reihenfolge der Arbeitsschritte, um die Bohrspindel auszubauen.

2.1 Toleranzen für Längen- und Winkelmaße

In der Gesamt-Zeichnung ist zu erkennen, daß die Mantelfläche der Mitnehmerhülse, die zum ⌀ 42 gehört, keine direkte Gegenfläche hat, d.h., sie berührt im Zusammenbau keine andere Fläche. Für die Funktion ist nur wichtig, daß diese Fläche glatt ist, damit bei den Drehbewegungen der Bohrspindel und der Mitnehmerhülse keine Unwucht auftritt. Aus diesem Grund ist das Maß ⌀ 42 auch nicht mit zusätzlichen Abmaßen versehen worden. Es gelten aber, wie auch für alle anderen nicht tolerierten Maße, grundsätzlich die Allgemeintoleranzen nach DIN 7168-m. Der Hinweis auf die Gültigkeit der Allgemeintoleranzen ist in das Schriftfeld oder in dessen Nähe einzutragen. Der Buchstabe m besagt, daß die Allgemeintoleranzen mit dem Genauigkeitsgrad „mittel" anzuwenden sind. Im Maschinenbau wird überwiegend mit dem Genauigkeitsgrad „mittel" gearbeitet.

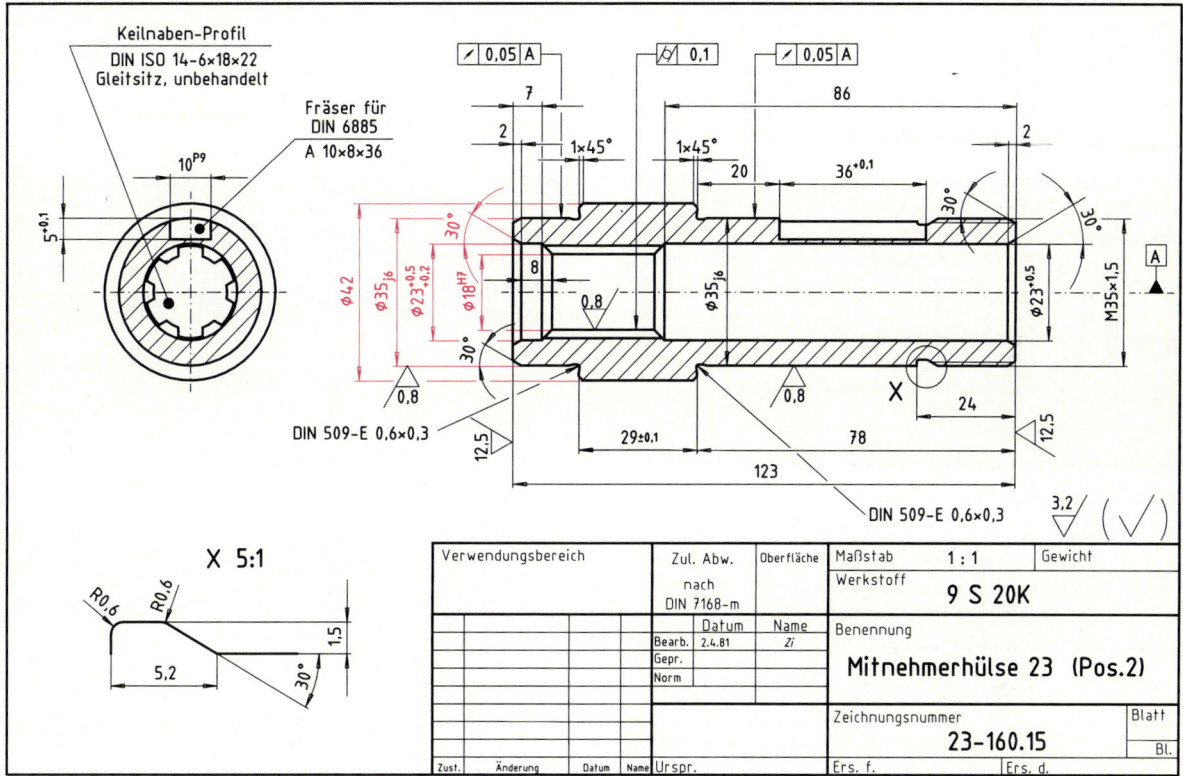

2.1.1 Grenzabmaße

Grenzabmaße legen alle Toleranzen außerhalb der Allgemeintoleranzen und der ISO-Toleranzen fest. Sie werden als Teile der Maße in Ziffern geschrieben. Eine Einheitenangabe entfällt.

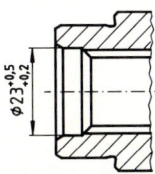

Unabhängig von Vorzeichen wird das obere Grenzabmaß hoch und das untere tief geschrieben. Beide Grenzabmaße werden eine Schriftgröße kleiner geschrieben als die Bemaßung.

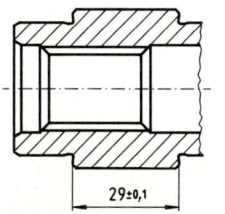

Wenn das obere und das untere Grenzabmaß gleich sind, sollte der Wert nur einmal mit dem Zeichen „±" angegeben werden.

Wenn eines der beiden Grenzabmaße Null ist, wird dies durch die Ziffer „0" nur dann angegeben, wenn es unbedingt erforderlich ist.

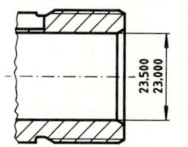

Die Grenzabmaße dürfen als Höchstmaß und als Mindestmaß angegeben werden.

2.1 Toleranzen für Längen- und Winkelmaße — 2.1.2 ISO-Toleranzkurzzeichen

Grenzabmaße werden immer einseitig angenommen, da dies der ungünstigste Fall einer Maßabweichung ist, der vorkommen kann.

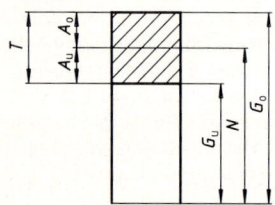

N = Nennmaß
G_o = Höchstmaß
G_u = Mindestmaß
A_o = oberes Grenzabmaß
A_u = unteres Grenzabmaß
T = Maßtoleranz, sie wird auch kurz als Toleranz bezeichnet.

Die Maßtoleranz T wird aus der Differenz zwischen dem Höchstmaß G_o und dem Mindestmaß G_u berechnet.

$$T = G_o - G_u$$

Die Toleranz ist immer ein positiver Wert.

Weitere Beziehungen:
$T = A_o + A_u$
$G_o = N + A_o$
$G_u = N - A_u$

Beispiel:
$N = 80$ mm
$G_o = 80{,}3$ mm
$G_u = 79{,}7$ mm

$T = G_o - G_u$
$T = 80{,}3$ mm $- 79{,}7$ mm
$T = 0{,}6$ mm

2.1.2 ISO-Toleranzkurzzeichen

Die ISO-Toleranzkurzzeichen gehören zu einem geschlossenen System von Grenzabmaßen, die im μm-Bereich liegen. Die jeweiligen Grenzen werden durch Symbole, Buchstaben und Zahlen (vgl. Kap. 2.2.4) beschrieben. Diese vereinfachende, platzsparende Schreibweise erspart in der Zeichnung umständliche und aufwendige Grenzabmaßangaben in μm.

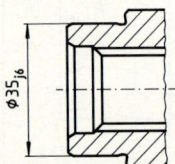

Zusätzlich zum Toleranzkurzzeichen können die Abmaße oder die Grenzabmaße geschrieben werden.

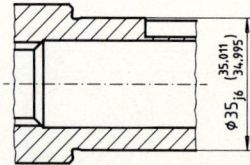

Eintragung bei zusammengehörenden Paßteilen

Zylindrische Fügeflächen
- Gleiche Nennmaße an beiden Teilen: z.B. 12
- Das Toleranzkurzzeichen der Bohrung wird mit großen Buchstaben gekennzeichnet: z.B. H7
- Das Toleranzkurzzeichen der Welle wird mit kleinen Buchstaben gekennzeichnet: z.B. m6

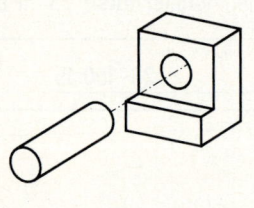 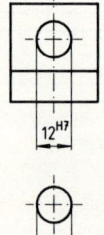

Ebene Fügeflächen
- Es gelten die gleichen Regeln wie beim Eintragen für zylindrische Fügeflächen.

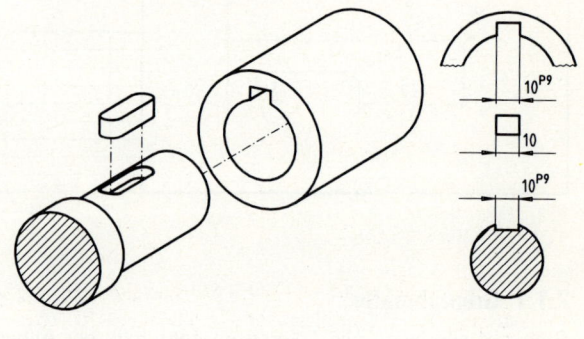

Aufgabe

Berechnen Sie für die nebenstehende Zeichnung jeweils G_o, G_u und T

a) mit Hilfe der Allgemeintoleranzen nach DIN 7168 T1.
b) Mit Hilfe der Grenzabmaße.
c) Mit Hilfe der ISO-Toleranz.

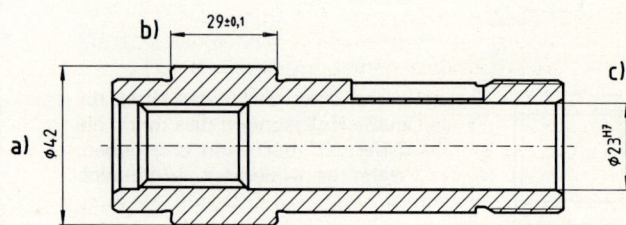

2.1.3 Toleranzen für Winkelmaße

Es gelten die gleichen Regeln, wie für das Eintragen der Toleranzen von Längenmaßen. Zusätzlich müssen bei Winkeln die Einheiten angegeben werden.

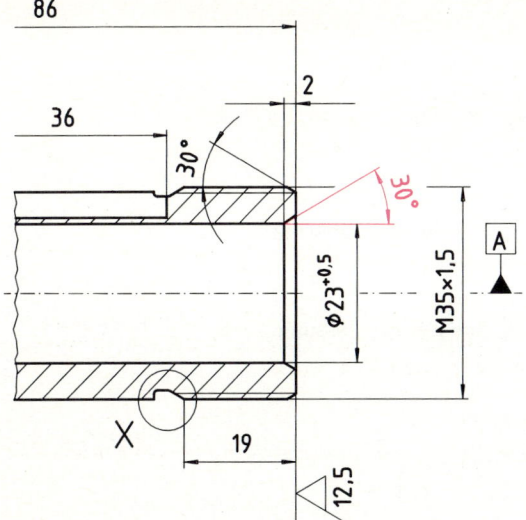

In dem Ausschnitt der Mitnehmerhülse sind die Winkel an den Phasen ohne weitere Angaben bemaßt. Für diese Winkelangaben gelten die Allgemeintoleranzen für Winkelmaße nach DIN 7168–m (vgl. Kap. 2.1).

Für Winkelmaße gibt es nur Allgemeintoleranzen oder Grenzabmaße. Bei den Grenzabmaßen müssen immer die Einheiten mit eingetragen werden.

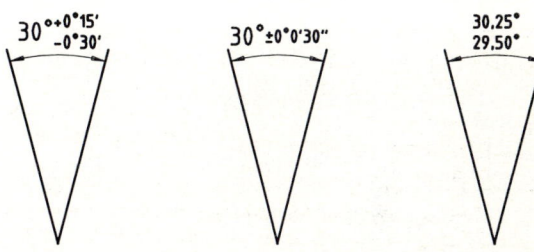

2.2 Passungen

In dem folgenden Beispiel sind die Mitnehmerhülse und die Bohrspindel ausschnittweise dargestellt. In beiden Abbildungen ist jeweils nur ein Maß eingetragen. Das Innenmaß $\varnothing 18$ des Keilnaben-Profils ist mit dem ISO-Toleranzzeichen H7 versehen worden. An der Bohrspindel ist das Maß $\varnothing 18_{-0,200}^{-0,170}$ eingetragen.

Die Bohrung hat eine ISO-Toleranz erhalten, für die es fertige Werkzeuge und Meßzeuge gibt. Der Grund des Keilwellen-Profils ist vom Hersteller mit Grenzabmaßen versehen worden, weil das Istmaß mit Hilfe einer Zweipunktmessung ermittelt wird. Die Größe der Grenzabmaße hat sich aus Erfahrungswerten ergeben. Beide Teile werden zusammengefügt. Sie sind Paßteile.

Mit Hilfe der Grenzabmaße kann man bestimmen, ob die Paßteile leicht ineinander gleiten können, oder ob sie unter großem Kraftaufwand zusammengefügt werden müssen. In der Praxis vergleicht man aber nicht Grenzabmaße, sondern verwendet den Begriff der **Passung** beim Beurteilen und Vergleichen von Fügeteilen.

DIN 7182 T2 beschreibt den Begriff der Passung folgendermaßen:

> Die Passung wird als Differenz zwischen dem Maß der Innenpaßfläche und dem Maß der Außenpaßfläche vor dem Fügen zweier Paßteile berechnet.
>
> Passung ist ein Oberbegriff für alle Arten von Passungen.

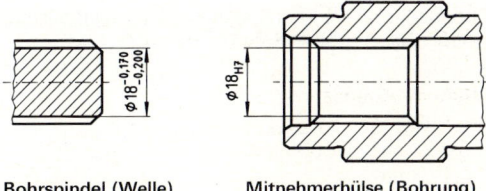

Bohrspindel (Welle)   Mitnehmerhülse (Bohrung)

2.2.1 Höchstpassung und Mindestpassung

Da jedes Maß zwei Grenzabmaße hat, erhält man bei einer Paarung von Mitnehmerhülse und Bohrspindel insgesamt vier Grenzabmaße:

- Zwei für die Außenfläche: G_{oA} und G_{uA} und
- zwei für die Innenfläche: G_{oI} und G_{uI}.

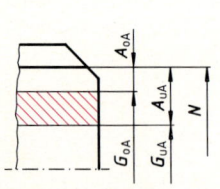

Bohrspindel (Welle)

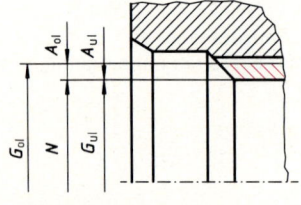

Mitnehmerhülse (Bohrung)

Für die Welle gilt:

$G_{oA} \triangleq$ Höchstmaß der Außenfläche
$G_{oA} = N + A_{oA}$
$G_{oA} = 18,000$ mm $+ (-0,170)$ mm
$G_{oA} = 17,830$ mm

$G_{uA} \triangleq$ Mindestmaß der Außenfläche
$G_{uA} = N + A_{uA}$
$G_{uA} = 18,000$ mm $+ (-0,200)$ mm
$G_{uA} = 17,800$ mm

Für die Bohrung gilt:

$G_{oI} \triangleq$ Höchstmaß der Innenfläche
$G_{oI} = N + A_{oI}$
$G_{oI} = 18,000$ mm $+ 0,021$ mm
$G_{oI} = 18,021$ mm

$G_{uI} \triangleq$ Mindestmaß der Innenfläche
$G_{uI} = N + A_{uI}$
$G_{uI} = 18,000$ mm $+ 0$ mm
$G_{uI} = 18,000$ mm

Mit Hilfe dieser Werte können zwei Passungen berechnet werden:

- **Höchstpassung P_o**

$P_o = G_{oI} - G_{uA}$
$P_o = 18,021$ mm $- 17,800$ mm
$P_o = 0,221$ mm

> Die Höchstpassung ist die größte zugelassene Passung.

Der rechnerische Wert kann positiv oder negativ sein, je nachdem, ob G_{oI} größer oder kleiner als G_{uA} ist.

- **Mindestpassung P_u**

$P_u = G_{uI} - G_{oA}$
$P_u = 18,000$ mm $- 17,830$ mm
$P_u = 0,170$ mm

> Die Mindestpassung ist die kleinste zugelassene Passung.

Der rechnerische Wert kann positiv oder negativ sein, je nachdem, ob G_{uI} größer oder kleiner als G_{oA} ist.

2.2.2 Spiel und Übermaß

> Spiel P_s ist eine positive Passung.

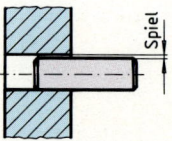

> Übermaß $P_ü$ ist eine negative Passung.

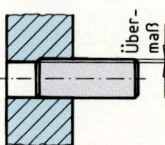

Aus dieser Unterscheidung zwischen Spiel und Übermaß kann man entnehmen, daß **Passung** der übergeordnete Begriff ist.

Die bisher verwendeten Begriffe: Spielpassung, Übergangspassung und Preßpassung sollen nicht mehr benutzt werden. Wenn das Spiel für sich schon eine Passung ist, dann bedeutet der zusammengesetzte Begriff Spiel-Passung nur zweimal das gleiche.

Aus dem Kapitel 2.2.1 kann man entnehmen, daß die Höchstpassung positiv oder negativ sein kann. Dasselbe gilt für die Mindestpassung. Beide Passungen können also ein Spiel oder ein Übermaß sein. Die untenstehende Tabelle zeigt, ob eine gewählte Passung Spiel, Übermaß oder beides hat.

Höchstpassung P_o	Mindestpassung P_u	
+	+	Spiel
+	−	Spiel oder Übermaß
−	−	Übermaß

2.2 Passungen

2.2.3 Toleranzfeld

Als Toleranzfeld bezeichnet man den Bereich zwischen dem Mindestmaß G_u und dem Höchstmaß G_o. Erst, wenn beide Grenzabmaße bekannt sind, kann ein Toleranzfeld gezeichnet werden.
In einem Balkendiagramm wird dabei übersichtlich veranschaulicht, in welchem Bereich ein Istmaß liegen kann. Weiterhin kennzeichnet das Toleranzfeld die Lage der Toleranz zur Nullinie. Diese graphische Darstellungsweise erleichtert die Beurteilung von Passungen und Passungssystemen.

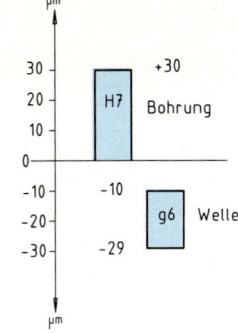

Mit Hilfe von Toleranzfeldern lassen sich die **Größe** und die **Lage** von ISO-Toleranzen übersichtlich darstellen. Im ISO-Toleranzsystem sind die folgenden Abhängigkeiten enthalten:

a) Mit **steigendem Nennmaß** wird die **Toleranz größer**.

	10^{H7}	50^{H7}	90^{H7}	140^{H7}
A_o in µm	+15	+25	+35	+40
A_u in µm	0	0	0	0

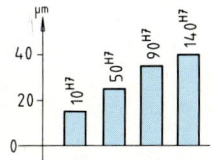

b) Mit der **Zahl** wird die **Toleranzklasse** festgelegt.

	10^{H5}	10^{H6}	10^{H7}	10^{H8}	10^{H10}	10^{H11}	10^{H12}	10^{H13}
A_o in µm	+6	+9	+15	+22	+58	+90	+150	+220
A_u in µm	0	0	0	0	0	0	0	0

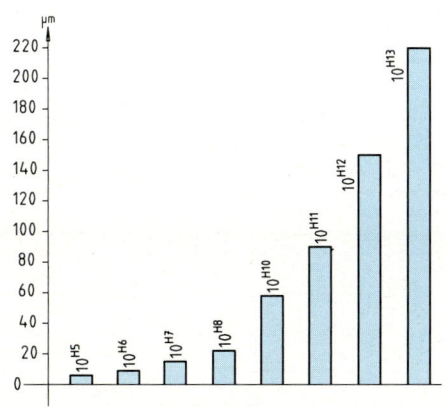

c) Mit dem **Buchstaben** wird die **Lage einer Toleranz** festgelegt.

	10$_{g6}$	10$_{h6}$	10$_{j6}$	10$_{k6}$	10$_{m6}$	10$_{n6}$	10$_{r6}$	10$_{s6}$
A_o in µm	−5	0	+7	+10	+15	+19	+28	+32
A_u in µm	−14	−9	−2	+1	+6	+10	+19	+23

Die Balkendiagramme von c) zeigen, daß die Größe einer Toleranz von der Lage unabhängig ist.

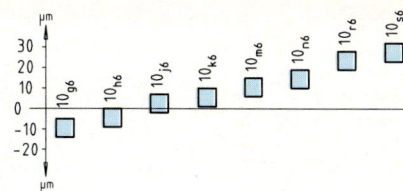

2.2.4 ISO-Paßsysteme

Bei freier Auswahl der Spiele und Übermaße gibt es eine unendlich große Zahl von Passungsmöglichkeiten. Um die Anzahl der vorkommenden Passungen zu begrenzen, ist es sinnvoll, die Passungen in ein System einzubinden. Die ausgewählten Passungen müssen alle Möglichkeiten abdecken und sollen sich dabei dennoch voneinander unterscheiden. Eine solche Auswahl heißt **Paßsystem**. In der Technik werden zwei Paßsysteme unterschieden. Das Paßsystem **Einheitsbohrung** (DIN 7154) und das Paßsystem **Einheitswelle** (DIN 7155).

ISO-Paßsystem „Einheitsbohrung"

Alle Bohrungen sind mit einem H-Toleranzfeld versehen. Damit wird erreicht, daß alle Bohrungen als Mindestmaß das Nennmaß haben. Die unterschiedlichen Spiele und Übermaße erhält man durch die verschiedenen Toleranzen der Wellen.

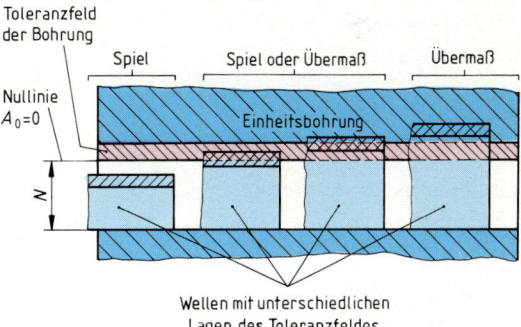

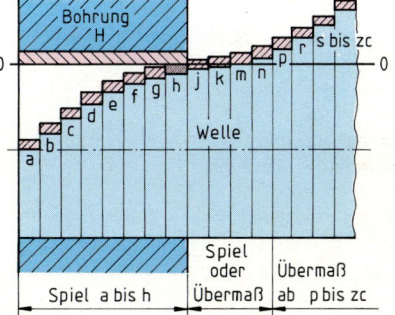

2.2 Passungen — 2.2.5 Paßtoleranz und Paßtoleranzfeld

ISO-Paßsystem „Einheitswelle"

Alle Wellen sind mit einem h-Toleranzfeld versehen. Damit wird erreicht, daß alle Wellen als Höchstmaß das Nennmaß haben. Die unterschiedlichen Spiele und Übermaße erhält man durch die verschiedenen Toleranzen der Bohrungen.

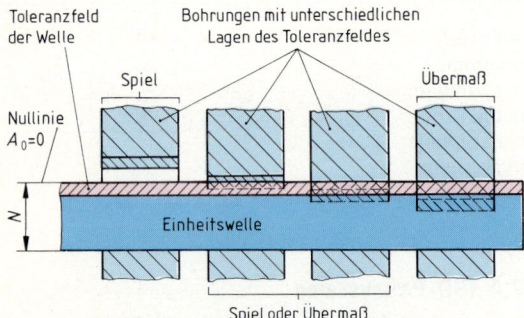

Die Übersicht zeigt alle möglichen Lagen von Paßtoleranzfeldern, die vorkommen können. Sie zeigt:
- wie groß der jeweilige Bereich eines Toleranzfeldes ist, und
- in welcher Beziehung zur Nullinie sich das Toleranzfeld befindet.

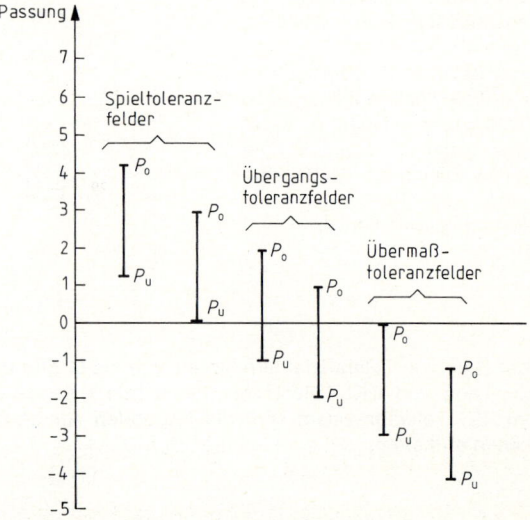

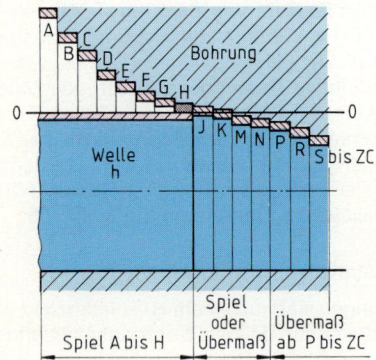

Aufgaben

1. Für die Passung 25^{H6}_{j6} sind folgende Größen gesucht:

Abmaßtabelle

25 H6	+13 0
25 j6	+9 −4

1. Nennmaß
2. Oberes Grenzabmaß der Bohrung
3. Unteres Grenzabmaß der Bohrung
4. Höchstmaß der Bohrung
5. Mindestmaß der Bohrung
6. Maßtoleranz der Bohrung
7. Oberes Grenzabmaß der Welle
8. Unteres Grenzabmaß der Welle
9. Höchstmaß der Welle
10. Mindestmaß der Welle
11. Maßtoleranz der Welle
12. Mindestpassung
13. Höchstpassung
14. Paßtoleranz
15. Passungsart
16. Passungssystem

2.2.5 Paßtoleranz und Paßtoleranzfeld

Die Differenz zwischen Höchstpassung und Mindestpassung ist die **Paßtoleranz**.

Paßtoleranz: $P_T = P_o - P_u$
$P_T = 0,221 \text{ mm} - 0,170 \text{ mm}$
$P_T = 0,051 \text{ mm}$

Wie bei einer Maßtoleranz läßt sich auch bei einer Paßtoleranz der Bereich zwischen Höchstpassung und Mindestpassung als Paßtoleranzfeld darstellen.

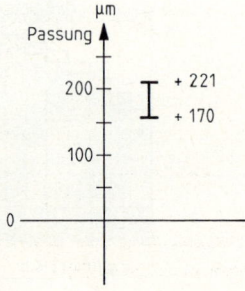

2. Übernehmen Sie die folgende Tabelle auf ein gesondertes Blatt und vervollständigen Sie diese.

Bohrung $\varnothing 40^{H7}$	Welle	Abmaße in µm	P_u in µm	P_o in µm	P_u oder P_o ankreuzen	P_T in µm
	$\varnothing 40_{g6}$	?	?	?	?	?
	$\varnothing 40_{j6}$	?	?	?	?	?
	$\varnothing 40_{n6}$	?	?	?	?	?
	$\varnothing 40_{r6}$	?	?	?	?	?

3. Zeichnen Sie die Maßtoleranzfelder von Aufgabe 1 im Maßstab 1000:1.
4. Zeichnen Sie die Paßtoleranzfelder von Aufgabe 1 im Maßstab 500:1.
5. Zeichnen Sie in die Bohrung $\varnothing 40^{H7}$ mit ihrem Toleranzfeld die vier Wellen mit ihren Toleranzfeldern ein. Die Nennmaße zeichnen Sie im Maßstab 1:1 und die Toleranzfelder im Maßstab: 1 mm = 5 µm.
6. Eine Baugruppe soll mit Hilfe von zwei Stiften an einem Gehäuse so fixiert werden, daß die Stifte im Gehäuse fest sitzen, die Baugruppe aber austauschbar ist.

- Skizzieren und bemaßen Sie die Verbindung für einen Zylinderstift 8 × 20.
- An den Stift ist die vollständige DIN-Kurzbezeichnung zu schreiben.

7. Die Qualität der Bohrmaschine hängt unter anderem von den beiden Paßteilen: Pinolenhülse und Gehäuse ab. Der Hersteller hat die Pinolenhülse mit $\varnothing 62_{g6}$ und das Gehäuse mit $\varnothing 62^{H7}$ bemaßt.
   a) Bestimmen Sie das Passungssystem.
   b) Berechnen Sie die Grenzabmaße, die Höchst- und die Mindestpassung.

2.3 Oberflächenbeschaffenheit

2.3.1 Angabe der Oberflächenbeschaffenheit

Die folgende Abbildung zeigt die Mitnehmerhülse mit hervorgehobenen Angaben der unterschiedlichen Oberflächenbeschaffenheiten dieses Werkstücks. Die Beschaffenheit einer Paßfläche ist genauso für die Qualität eines Produktes von Bedeutung, wie etwa die Form oder die Toleranz. Rauheit, Gestalt und Toleranz müssen so beschaffen sein, daß auch nach dem Fügen das Istmaß noch innerhalb der Grenzabmaße liegt.

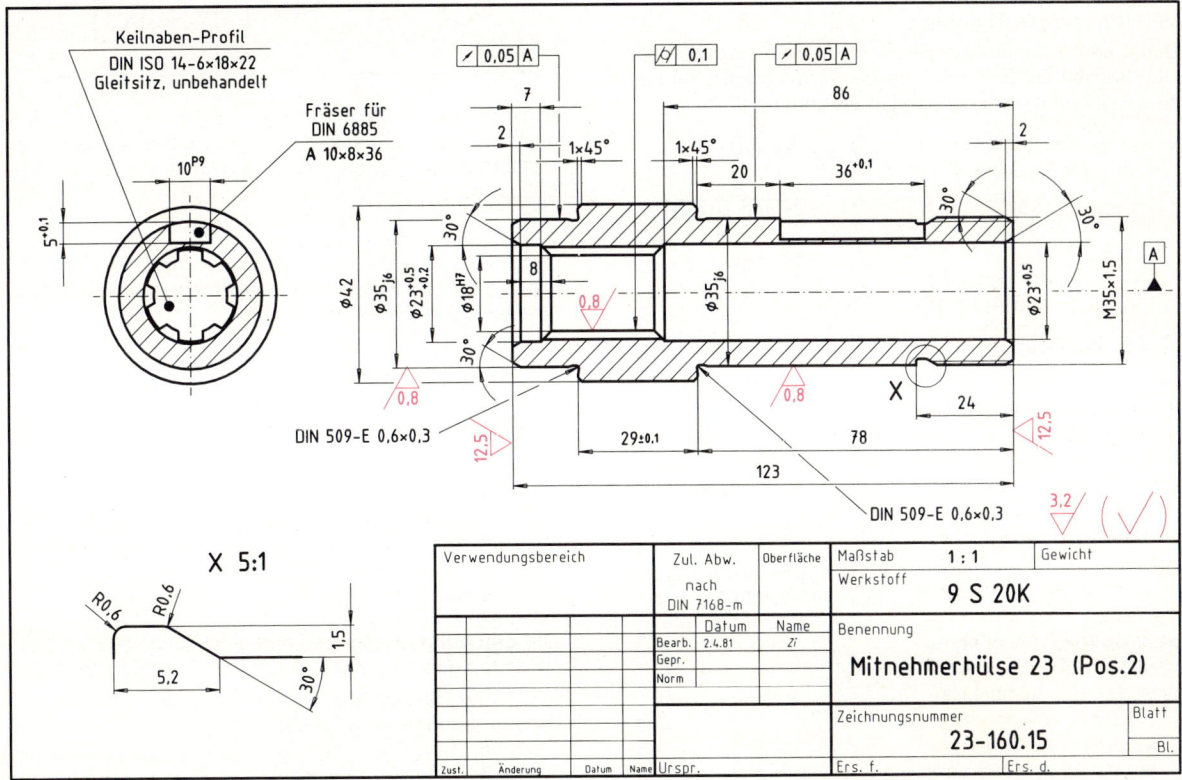

Die Angabe der Oberflächenbeschaffenheit in Technischen Zeichnungen ist in DIN ISO 1302 genormt.

2.3 Oberflächenbeschaffenheit

Grundsätzlich gilt:

- Die einzelnen Angaben sind dem Symbol an bestimmten Stellen zuzuordnen.

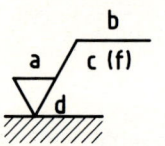

a = Rauheitswert R_a in µm
b = Textangabe; z. B. geschliffen
c = Bezugsstrecke
d = Rillenrichtung
e = Bearbeitungszugabe
f = Rauheitswert R_z; z. B. R_z 25. Dieser Wert darf nur eingetragen werden, wenn R_a nicht eingetragen wird.

- Beim Eintragen der gemittelten Rauhtiefe R_z müssen die Symbole und die Beschriftungen von unten und von der rechten Seite zu lesen sein.

  Textangaben müssen immer waagerecht geschrieben werden (Blattlage beachten).

- Der Mittenrauhwert R_a muß immer entsprechend der Grundregel eingetragen werden.

- Ziffern und Buchstaben müssen in derselben Beschriftungsart eingetragen werden, wie die übrige Bemaßung.

- Jede Oberfläche erhält nur einmal ein Symbol.

- Das Symbol ist möglichst dort einzutragen, wo auch die Bemaßung oder die Lage eingetragen ist.

- Die Symbole, die nicht direkt am Werkstück stehen, werden hinter die Positionsnummer oder in die Nähe des Schriftfelds geschrieben.

Vereinfachende Angaben:

Damit eine Zeichnung nicht durch zu viele Angaben zur Oberflächenbeschaffenheit unübersichtlich wird, gibt es eine Reihe von vereinfachenden Eintragungen.

- Hat ein Werkstück allseitig gleiche Oberflächen, so wird das Symbol nur einmal eingetragen.

  Der Entwurf der DIN ISO 1302 vom April 88 sieht noch eine weitere Möglichkeit vor.

- Hat ein Werkstück gleiche Angaben für mehrere Oberflächen, so kann dies auf verschiedene Weise dargestellt werden.

- Wiederholen sich komplizierte Angaben, oder ist für die Symbole zu wenig Platz vorhanden, so kann eine vereinfachte Eintragung vorgenommen werden.

Diese muß dann in der Nähe des Werkstücks oder des Schriftfelds erläutert werden.

2.3.2 Meßgrößen am Rauheitsprofil

Die innere Gleitfläche der Keilnabe ⌀18 muß auch nach vielen Arbeitsbewegungen noch innerhalb der vorgegebenen ISO-Toleranz H7 liegen. Dies ist nur durch geringe Rauheit bei guter Form- und Maßgenauigkeit und durch gute Schmierung im Betrieb zu erreichen. Was ist aber eine gute geringe Rauheit? Um Rauheiten festlegen und vergleichen zu können, ist die Ermittlung von Rauheitsmeßgrößen genormt worden (DIN 4768). Man unterscheidet dabei zwischen der gemittelten Rauhtiefe R_z und dem Mittenrauhwert R_a.

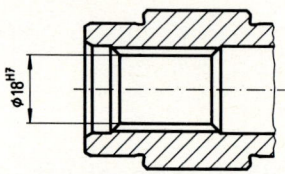

Gemittelte Rauhtiefe R_z

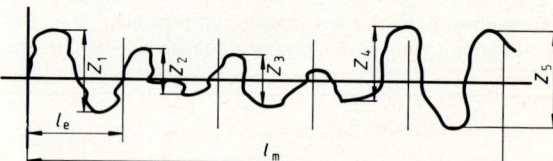

R_z ist die gemittelte Rauhtiefe aus fünf aufeinanderfolgenden Einzelrauhtiefen Z_1 bis Z_5. Die fünf Meßstrecken ergeben insgesamt die zusammenhängende Meßstrecke l_m.

$$R_z = \frac{Z_1 + Z_2 + Z_3 + Z_4 + Z_5}{5}$$

Die R_z-Werte werden von den Meßgeräten selbsttätig errechnet und angezeigt.

Die Einzelrauhtiefe Z ist der Abstand vom höchsten zum tiefsten Punkt innerhalb einer Meßstrecke l_e.

Mittenrauhwert R_a

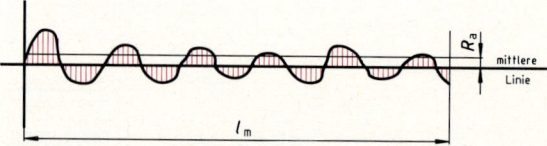

Alle Erhöhungen über der mittleren Linie sind flächengleich mit den Vertiefungen unter der mittleren Linie.

Das farbig gezeichnete Rechteck ist flächengleich mit allen Erhöhungen und Vertiefungen über und unter der mittleren Linie. Die Länge des Rechtecks entspricht der der Meßstrecke l_m. Die Höhe des Rechteckes wird als Mittenrauwert R_a bezeichnet.

2.3.3 Gestaltabweichungen

Formen und Oberflächen ergeben sich bei der Herstellung und Weiterbearbeitung eines Werkstücks. Dabei sind geometrisch ideale Flächen und Formen nicht herstellbar. Sie sind immer abhängig von der Qualität der Maschinen, den Fertigungsverfahren und den Einstellwerten. Die Abweichungen von der Ideal-Oberfläche sind in DIN 4760 „Gestaltabweichungen" beschrieben worden. Die folgende Übersicht zeigt, welche Abweichungen als **Formabweichungen** und welche als **Rauheit** zu bezeichnen sind. Der Oberbegriff hierfür heißt Gestaltabweichung.

Ordnung	1.	2.	3.	4.	5.
Darstellung	Formabweichung	Welligkeit	Rauheit (Profil P)		Gefüge
Bezeichnung	Formabweichung	Wellen	Rillen	Riefen	Gefüge
mögliche Ursachen	Durchbiegungen Führungsfehler	Schwingungen	Vorschub Schneidenform	Spanbildung	Korrosion

2.3.4 Auswahl der Oberflächenbeschaffenheit

Bei der Herstellung entstehen in Abhängigkeit von den Fertigungsverfahren, den Einstellwerten und den geometrischen Bedingungen an der Schneide Rauheiten an der Werkstückoberfläche. Die folgenden Tabellen enthalten Werte, die als Hilfestellung bei der Auswahl von Rauheitsangaben benutzt werden können. Bei allen Verfahren gibt es Streubereiche, die aufgrund verschiedener Fertigung, verschiedener Werkstoffe und verschiedener Genauigkeitsanforderungen entstanden sind. Bei der Fertigung gleichartiger Teile sind die Streubereiche sehr viel kleiner.

Erreichbare Mittenrauhwerte R_a   DIN 4766 T 2

Ansteigender Balken gibt Rauheitswerte an, die nur durch besondere Maßnahmen erreichbar sind.
Abfallender Balken gibt Rauhwerte an, die bei besonders grober Fertigung auftreten.

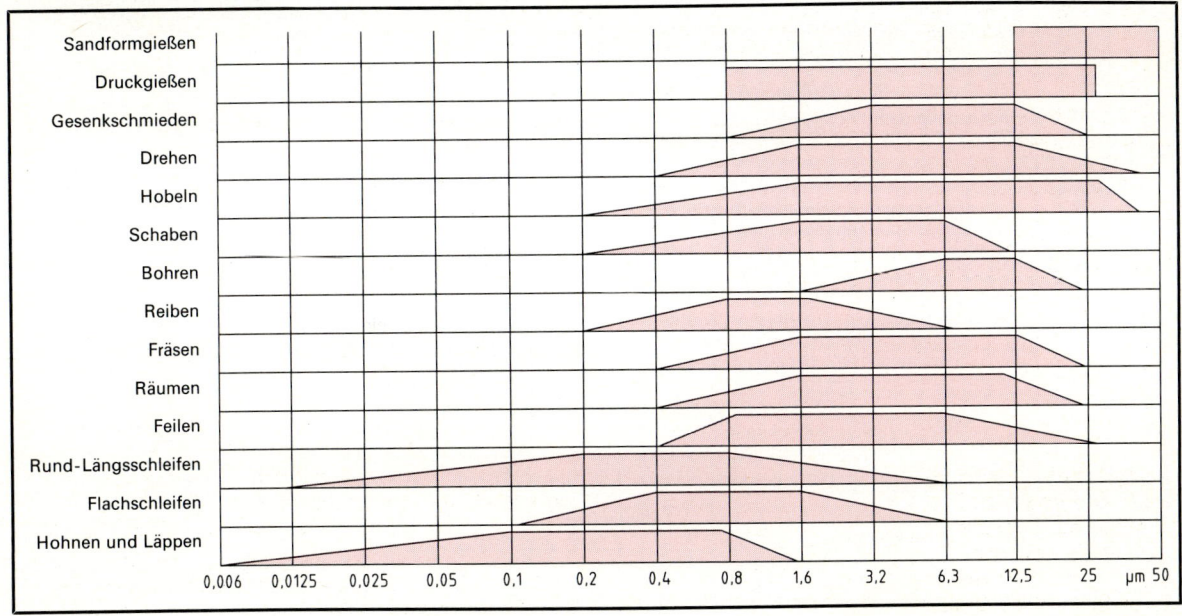

Mittenrauhwert R_a

2.3 Oberflächenbeschaffenheit
2.3.4 Auswahl der Oberflächenbeschaffenheit

Diese Tabelle aus der Praxis gibt einen Zusammenhang zwischen der Art der Funktionsfläche und dem Rauheitswert wieder, wie er sich aus der Erfahrung im täglichen Umgang mit Oberflächenbeschaffenheiten ergeben hat. Zusätzlich sind Beispiele von Funktionsflächen aufgeführt, die eine Zuordnung zu akuten Problemen erleichtern sollen. Außerdem sind Fertigungsverfahren eingetragen und die Kennzeichnung mit Hilfe von Dreiecken, die heute nicht mehr zulässig ist. Sie ist aber immer noch auf vielen Zeichnungen zu finden. Diese Gegenüberstellung zeigt, wie ungenau und unzulänglich die Kennzeichnung mit Hilfe von Dreiecken insbesonders bei großen Genauigkeiten war.

Anwendung der Rauheitswerte R_a und R_z in der industriellen Praxis

Rauheitswert		Fertigungsverfahren		Hinweis auf die zurückgezogene Norm
R_a	R_z	Art der Funktionsfläche	Beispiele	
50	160	Sandformgießen, Freiformschmieden, Rillendrehen — Vorbearbeitete Flächen, Dichtflächen für weiche Dichtungen	Gehäuse-Innenflächen, Halbfertigteile, Schmiedeteile, Flansche	▽
25	100	Gesenkschmieden, Sägen, Schruppen, Schmirgeln, Bohren — Flächen ohne Ansprüche, Verbindungsflächen	Großdrehteile ohne Gegenfläche, Geputzte Brennteile, Durchgangslöcher, Schmiedeteile	▽
12,5	63	Formmasken-, Kokillengießen, Feinschruppen, Strahlen — Blickflächen, Grundflächen roh	Gehäuse-Außenflächen, Drehteile ohne Gegenfläche, Stahlkonstruktionen, Pleuelstangengeschäfte	▽
6,3	40	Druckgießen, Walzen, Senken, Schlichtdrehen — Blickflächen, Stützflächen, Verbindungsflächen, Schmiergleitflächen	Kleindrehteile ohne Gegenfläche, Stanzteile, Klebeteile, Gleitlager für Langsamlauf, Wellen	▽ / ▽▽
3,2	25 / 16	Feingießen, Walzen, Schlichten, Senken, Funkenerodieren — Stützflächen, Fügeflächen, Schmier- und Trockengleitflächen, Dichtflächen, Spannungsgrenzfläche	Gehäuse-Auflage- und Fügeflächen, Handkurbel-Lagerungen, Sitze für RWD-Ringe, Dehnschraubenschäfte	▽▽
1,6	10	Metallspritzgießen, Ziehen, Schleifen, Feinschlichter — Spiel-, Preßpaß-, Schrumpfflächen, Schmiergleitflächen 0,5 bis 1,5 m/s, Dichtflächen, Wälzflächen	Achsschenkelbolzen, Gewinde, Wellenzapfen, Ventilsitze, Zahnflanken, Wälzlagersitze	▽▽
0,8	6,3 / 4	Kunststoffspritzgießen, Glattwalzen, Reiben, Schleifen — Schmiergleitflächen, Preßflächen lösbar, Schichtgrundflächen, Dichtflächen bewegt	Gleitlager, Getriebeteile, Paßbohrungen, galvanisch beschichtete Teile, Ölpumpen, Dichtflächen für RWD-Ringe	▽▽▽
0,4	2,5	Kunststoffspritzgießen, Feinschleifen, Langhubhonen, Läppen — Hochbeanspruchte Schmiergleitflächen, Wälz- und Rollflächen, Schichtgrundflächen	Lagerzapfen, Zahnflanken, Wälzlager, galvanisch beschichtete Teile	▽▽▽
0,2	1,6	Glattwalzen, Polieren, elektrolytisch Polieren, Honen, Läppen — Höchstbeanspruchte Schmiergleitflächen, Meßflächen, Spannungsgrenzflächen, Stoßflächen	Lagerzapfen, Lehren, Meßzeuge, Kurbelwellenradien, Ventilstößel, Pumpenstempel, Hydraulikzylinder	▽▽▽▽
0,1	1	Polierschleifen, elektrolytisch Polieren, Kurzhubhonen, Läppen — Meßflächen, Schneidkörperflächen, Rollflächen, hochwechselbeanspruchte Schmiergleitflächen, metallische Dichtflächen	Lehren, Hartmetall-Schneidplatten, Wälzlager, Düsenhalterbohrungen, Kolbenbolzen > ⌀50, Ventilkegel	▽▽▽▽
0,05	0,63 / 0,4	Trommeln, Kurzhubhonen, Rundläppen, Schwabbeln — Griffflächen, Schmiergleitflächen mit Dichtfunktion, hochwechselbeanspruchte Flächen, Meßflächen	Griffe, Einspritzpumpenelemente, Düsennadeln, Kolbenbolzen < ⌀50, Lehren	▽▽▽▽
0,025	0,25 / 0,16	Polierläppen — Haftflächen	Endmaße	▽▽▽▽

Die Tabelle beinhaltet nur Vergleichswerte aus der industriellen Praxis (Umwertung).
Eine Umrechnung von R_a- auf R_z-Werte ist nicht möglich. Folglich darf auch nicht R_a gleich R_z gesetzt werden.

2.3.5 Zusammenhang zwischen Maßtoleranzen und Oberflächenbeschaffenheiten

Mit den üblichen Lehren
- Grenzlehrdornen und
- Grenzrachenlehren

werden die jeweils höchsten Erhebungen einer Werkstückoberfläche innerhalb vorgegebener Grenzen ermittelt.

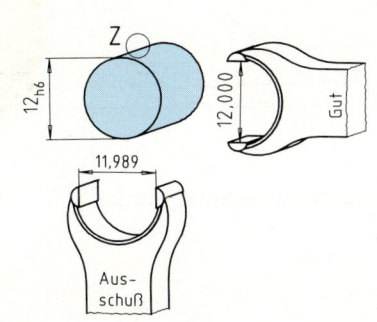

Ein vergrößerter Ausschnitt der Oberfläche zeigt, daß das mit der Lehre festgestellte Istmaß nur die höchsten Stellen erfaßt. Dies ist eine im Meßverfahren enthaltene Ungenauigkeit, die zu Qualitätsmängeln führen kann.

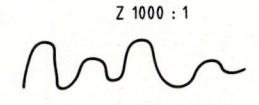

Beispiel:
Bei einer ISO-Toleranz $\varnothing 35_{j6}$ ist die rechnerische Toleranz $T = 16\,\mu m$. Die Rauhtiefe $R_z = 6,3$ bzw. der Mittenrauhwert R_a 0,8 liegt innerhalb der Toleranz.

Die Rauhtiefe $R_z = 25$ bzw. der Mittenrauhwert R_a 3,2 übersteigt deutlich die gewählte Toleranz. Dies könnte einen zu geringen Flächentraganteil zur Folge haben, oder aber sehr schnell zu Qualitätsverlusten führen.

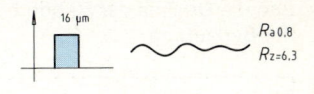

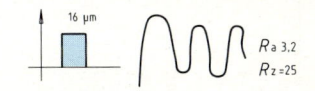

Wie das Beispiel zeigt, gehören die Auswahl einer Toleranz und die Auswahl der Oberflächenbeschaffenheit eng zusammen. Alle gewählten Genauigkeiten eines Werkstücks, einer Baugruppe sollen gleichwertig sein. Einzelne Abweichungen durch zu groß gewählte Werte verschlechtern die Gesamtqualität eines Geräts. Einzelne Abweichungen durch zu klein gewählte Werte verteuern unnötig die Herstellung, ohne die Qualität zu verbessern.

In der Regel wählt man eine Rauheit, die innerhalb der festgelegten Toleranz liegt.

2.4 Form- und Lagetoleranzen

Die äußere Form eines Werkstücks sowie die Lage von Bohrungen und Flächen zueinander sind niemals geometrisch genau herzustellen (vgl. Kap. 2.3.3). Maßtoleranzen begrenzen nur die Istmaße. Da die Istmaße überwiegend durch eine Zweipunktmessung ermittelt werden, werden dabei weder Formabweichungen, wie z.B. Ebenheits- und Rundheitsabweichungen noch Lageabweichungen, wie z.B. Positionsabweichungen erfaßt.

Diese Lücke schließt DIN ISO 1101, in der die Form- und Lagetolerierung, so wie sie in Technische Zeichnungen einzutragen ist, genormt ist. Die Form- und Lagetoleranzen begrenzen Abweichungen einer herzustellenden Form gegenüber

- der geometrisch idealen Form,
- der Richtung und
- dem Ort.

2.4 Form- und Lagetoleranzen

2.4.1 Grundsymbole

In der folgenden Zeichnung der Mitnehmerhülse sind die Form- und Lagetoleranzen hervorgehoben. Für die Funktion und die Qualität der zu bohrenden und zu reibenden Löcher ist insbesondere die Rundlauftolerierung von entscheidender Bedeutung.

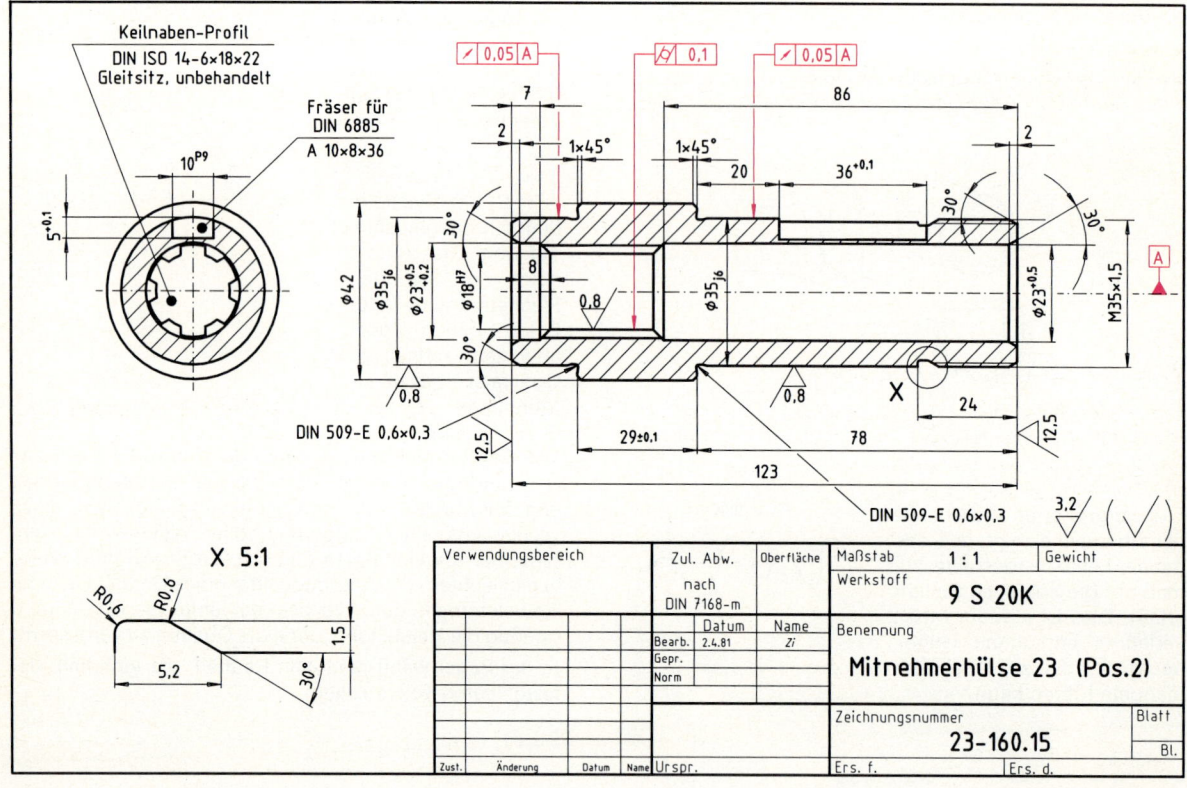

Die Form- und Lagetoleranzen sind unabhängig von den Maßtoleranzen und der Oberflächenbeschaffenheit zu sehen. Sie dürfen auch dann voll ausgenutzt werden, wenn die Maßtoleranzen dies nicht mehr zulassen.

2.4.1 Grundsymbole

Wie aus dem Beispiel der Mitnehmerhülse zu erkennen ist, werden die Form- und Lagetoleranzen besonders gekennzeichnet, um sie von der Bemaßung und weiteren Angaben abzuheben. Im folgenden werden immer wiederkehrende Symbole und Zuordnungen im Zusammenhang dargestellt.

Grundsymbol

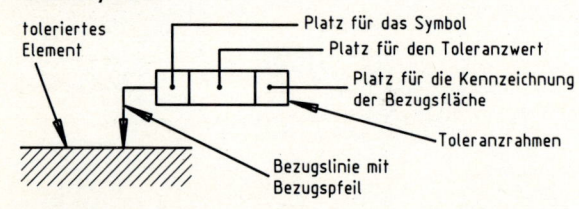

Tolerierte Elemente

Die **Toleranz** bezieht sich auf eine **Kante** oder **Fläche**:

- Der Bezugspfeil wird direkt auf die Konturlinie gesetzt.

  oder

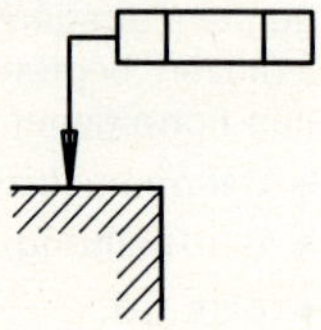

- Der Bezugspfeil wird deutlich neben die Maßlinie auf die Maßbezugslinie gesetzt.

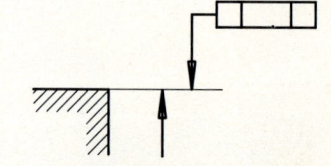

Die **Toleranz** bezieht sich auf eine **Achse** oder **Mittelebene**:

- Der Bezugspfeil wird in Verlängerung der Maßlinie gesetzt.

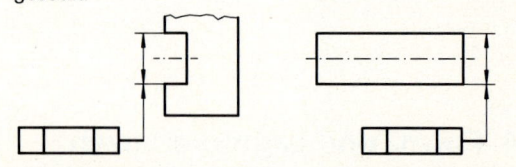

Bezüge

Bei den Lagetoleranzen gibt es neben dem tolerierten Element immer noch eine Bezugsfläche oder eine Bezugsachse. Der Bezug wird mit einem Großbuchstaben in einem Bezugsrahmen gekennzeichnet, der mit einem ausgefüllten oder leeren Dreieck verbunden ist.

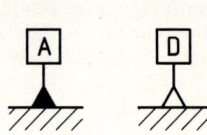

2.4 Form- und Lagetoleranzen 2.4.2 Angabe von Formtoleranzen / 2.4.3 Angabe von Lagetoleranzen

Die **Toleranz** bezieht sich auf eine **Kante** oder **Fläche**:
- Der Bezugsrahmen wird direkt auf die Konturlinie gesetzt.
  oder
- Das Bezugsdreieck wird deutlich neben die Maßlinie auf die Maßhilfslinie gesetzt.

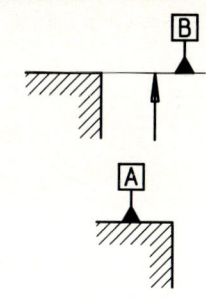

Die **Toleranz** bezieht sich auf eine **Achse** oder **Mittelebene**:
- Das Bezugsdreieck wird in Verlängerung der Maßlinie gesetzt.

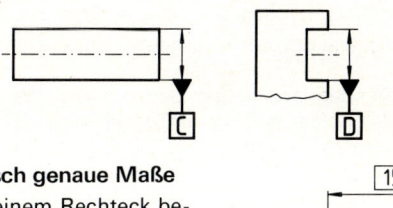

Theoretisch genaue Maße
Maße in einem Rechteck befinden sich am theoretisch genauen Ort.

2.4.2 Angabe von Formtoleranzen

Formtoleranzen begrenzen die **zulässigen Abweichungen** einer **Linie**, **Fläche** oder **Form** von einer geometrisch idealen Form oder von einer vorgegebenen Form bzw. von einem vorgegebenen Profil.

Die herzustellende Zylindermantelfläche muß zwischen den beiden koaxialen Zylindern liegen.

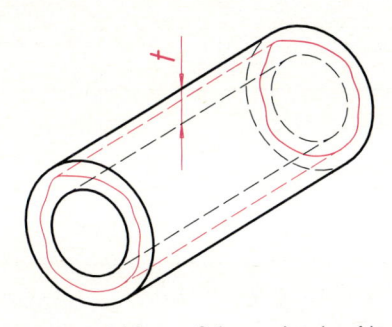

Der Toleranzwert t, hier $t = 0,1$ mm, ist der Abstand der beiden Hüllzylinder.

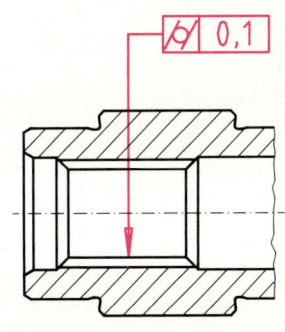

Die tolerierte Eigenschaft – hier die Zylinderform – wird durch ein Symbol ⌭ gekennzeichnet.

Die folgende Übersicht gibt einen Überblick über Symbole, tolerierte Eigenschaften und Beispiele für Zeichnungseintragungen von Formtoleranzen.

Symbol	—	▱	○	⌭
tolerierte Eigenschaft	Geradheit	Ebenheit	Rundheit (Kreisform)	Zylinderform
Eintragung in der Zeichnung	—0,1 / 10₋₀,₂	▱0,05	○0,15	⌭0,1

2.4.3 Angabe von Lagetoleranzen

Lagetoleranzen begrenzen die **zulässigen Abweichungen zweier Elemente** in Beziehung zu einer idealen Bezugsfläche, Bezugsachse oder Bezugsmittelebene.

Die tolerierte Eigenschaft – hier der Rundlauf – wird durch ein Symbol gekennzeichnet.

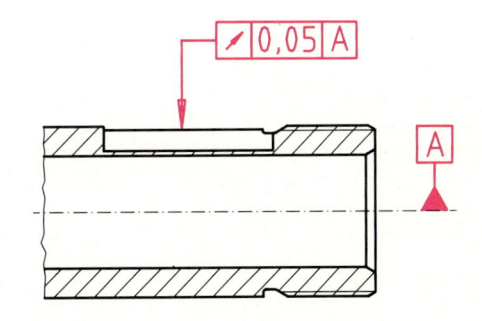

2.4 Form- und Lagetoleranzen

2.4.3 Angabe von Lagetoleranzen

Bei einer Umdrehung um die Bezugsachse muß die Rundlaufabweichung innerhalb der Toleranz t, hier $t = 0,05$ mm, liegen.

Der Toleranzwert t wird an beliebiger Stelle in einer Ebene senkrecht zur Bezugsachse gemessen.

Die folgenden Übersichten geben einen Überblick über Symbole, tolerierte Eigenschaften und Beispiel für Zeichnungseintragungen von Lagetoleranzen.

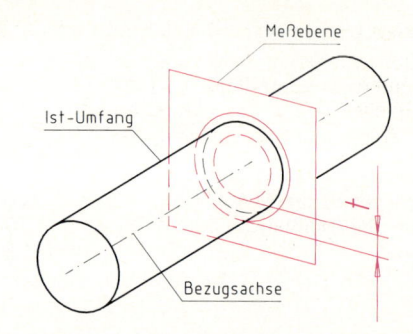

Richtungstoleranzen

Symbol	//	⊥	∠
tolerierte Eigenschaft	Parallelität	Rechtwinkligkeit	Neigung
Eintragung in der Zeichnung	// 0,15 A	⊥ 0,02	∠ 0,01 A

Ortstoleranzen

Symbol	⊕	◎	=
tolerierte Eigenschaft	Position	Konzentrizität und Koaxialität	Symmetrie
Eintragung in der Zeichnung	⊕ 0,1 A ⊕ ⌀0,1	◎ ⌀0,02	= 0,08

Lauftoleranzen

Symbol	↗	
tolerierte Eigenschaft	Rundlauf	Planlauf
Eintragung in der Zeichnung	↗ 0,01 A	↗ 0,02 A

2.4 Form- und Lagetoleranzen — Aufgaben

Aufgaben

1. Übernehmen Sie die Zeichnung der Gewindebuchse und ersetzen dabei die veralteten Angaben durch R_a oder R_z-Werte (vgl. Seite 28)

2. Erläutern Sie die Oberflächenbeschaffenheit und die Formtoleranzen des H-Profils.

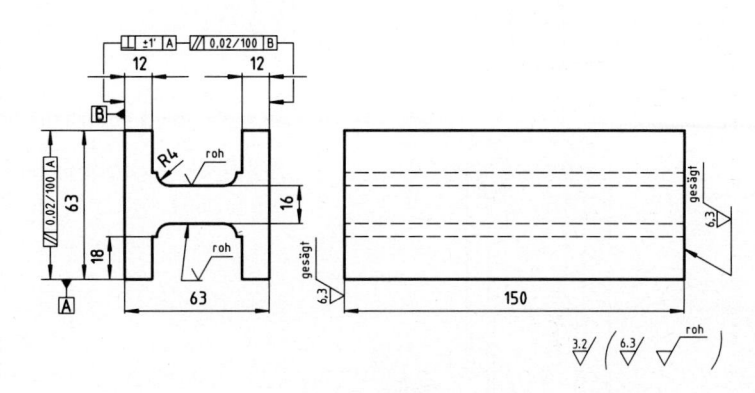

3. Zeichnen oder skizzieren Sie die Flanschscheibe und tragen Sie folgende Angaben ein:
   - Die Oberfläche der Bohrung ist unbearbeitet (roh).
   - Die beiden äußeren Planflächen sind bearbeitet und haben den Rauheitswert R_a 3,2.
   - Die Parallelität der äußeren Planflächen ist mit $t = 0,2$ mm pro 100 mm anzugeben.

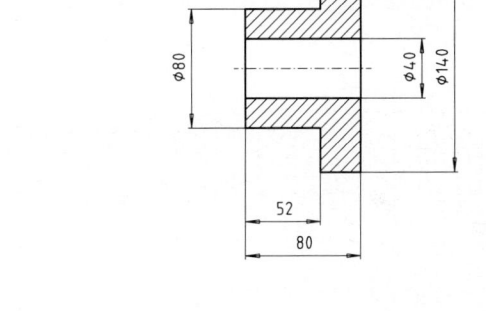

4. Zeichnen oder skizzieren Sie das Prisma und tragen Sie folgende Angaben ein:
   - Die Auflageflächen sind spanend bearbeitet (R_a 3,2) und die Stirnflächen sind gesägt (R_a 6,3) belassen worden.
   - Parallel zur Bezugsfläche „A" hat es die Lagetoleranz $t = 0,02$ mm und senkrecht dazu eine Rechtwinkligkeitstoleranz $t = \pm 0,1'$.
   - Der 90°-Winkel ist mit $\pm 10'$ zu tolerieren.

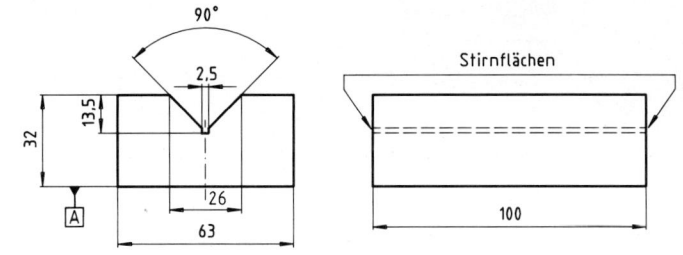

5. Zeichnen oder skizzieren Sie den quadratischen Hohlkörper ($l = 120$ mm) und tragen Sie folgende Bedingungen ein.
   - Die Innenflächen sind roh, die Stirnflächen gesägt (R_a 6,3) und die Auflageflächen spanend bearbeitet (R_a 3,2).
   - Die Parallelität zwischen der Bezugsfläche „A" und deren Gegenfläche ist mit $t = 0,02$ mm pro 100 mm Werkstücklänge anzugeben; für die Seitenflächen ist eine Rechtwinkligkeit zur Fläche „A" von $t = \pm 1'$ anzugeben.
   - Die Parallelität zwischen der Bezugsfläche „B" und deren Gegenfläche ist mit $t = 0,02$ mm pro 100 mm Länge anzugeben.

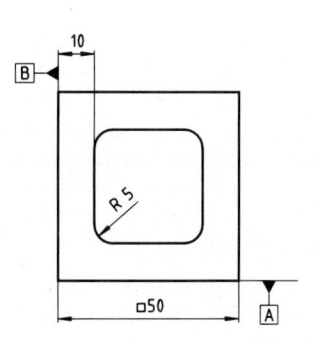

3 Genormte Werkstückdetails

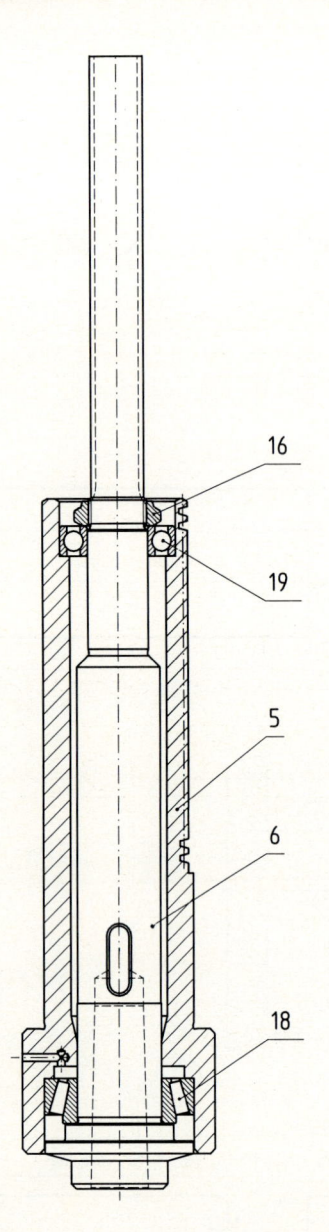

In dem Zeichnungsausschnitt der Gesamt-Zeichnung der Bohrmaschine ist die Baugruppe Bohrspindel/Pinolenhülse dargestellt. Alle zur Gruppe gehörenden Teile können Sie auch dem Stücklistenauszug entnehmen.

Pos.	Menge	Benennung	DIN-Kurzzeichen
5	1	Pinolenhülse	
6	1	Bohrspindel	
16	1	Sechskantmutter	
18	1	Kegelrollenlager	DIN 720–32007
19	1	Rillenkugellager	DIN 625–6005 2Z

In den Fertigungs-Zeichnungen der Einzelteile sind genormte Werkstückdetails enthalten, die im einzelnen erläutert werden sollen. Dazu gehören die zeichnerische Darstellung mit Bemaßung und die Kurzdarstellung mit der Angabe der DIN-Nummern.

3.1 Zentrierbohrungen

Die Bohrspindel ist als Rohteil und als Fertigungsteil dargestellt. Für die spanende Fertigung ist es zunächst erforderlich, daß die Drehachse – die Symmetrielinie – für alle Zylindermantelflächen festgelegt wird. Dies geschieht mit Hilfe von Zentrierbohrungen an beiden Stirnseiten des Werkstücks. Lange nicht unterstützte Werkstücke weichen der Schnittkraft aus, so daß eine mehr konische als zylindrische Form gedreht wird. Wird die Bohrspindel beim Drehen in den Zentrierbohrungen unterstützt und geführt, so ist gewährleistet, daß alle spanend hergestellten Flächen eine ausreichend genaue Kreis- bzw. Zylinderform erhalten. Außerdem ermöglichen Zentrierungen das Umspannen der Werkstücke und deren Weiterbearbeitung auf andere Maschinen; z.B. das Fräsen der Vielkeilnuten.

3.1 Zentrierbohrungen

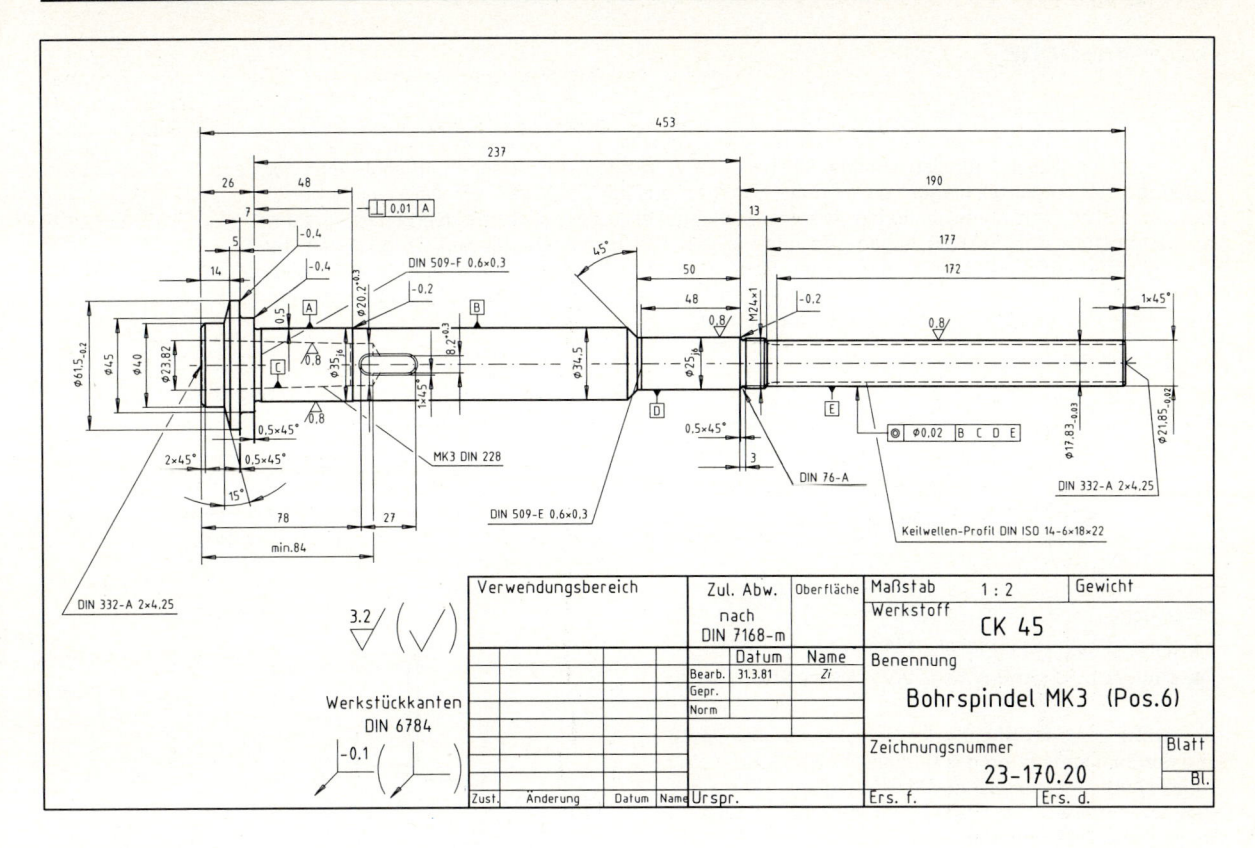

Zentrierungen
- bestimmen die Drehachse des Werkstücks,
- bestimmen die Mittenlage von Bohrungen,
- unterstützen lange Werkstücke beim Zerspanen und
- ermöglichen das Umspannen der Werkstücke.

Die Größe der jeweiligen Zentrierung ist abhängig von
- den Zerspanungskräften,
- dem Werkstückgewicht und
- dem Werkstückdurchmesser.

Mit Hilfe von Auswahltabellen, die den Spanquerschnitt und die Gewichtskraft berücksichtigen, wird die benötigte Größe der Zentrierbohrung vom Konstrukteur bzw. der Arbeitsvorbereitung festgelegt.

Beispiel für eine genormte Angabe:

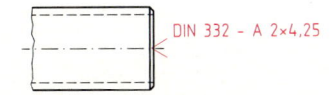

DIN 332 – A 2×4,25

A = Kennbuchstabe für die Form
2 × 4,25 = Durchmesserangaben für die Größe

Die äußere Form und die Größe werden für eine ausgewählte Zentrierung durch den Zentrierbohrer hergestellt. Aus diesem Grund reicht die genormte Angabe mit einem zusätzlichen Symbol in der Zeichnung für die Herstellung meistens aus.

Darstellung des Symbols in Technischen Zeichnungen.

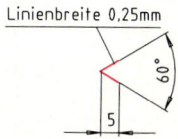

Linienbreite 0,25 mm

Bedeutung des Symbols:

Zentrierung ist am fertigen Teil erforderlich

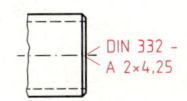

Zentrierung darf am fertigen Teil vorhanden sein

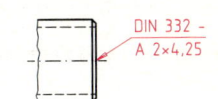

Zentrierung darf am fertigen Teil nicht vorhanden sein

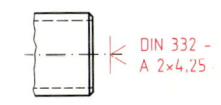

Im Bedarfsfall kann eine Zentrierung auch als Einzelheit dargestellt werden.

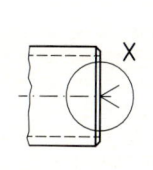

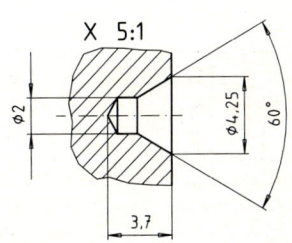

3.2 Freistiche

Am Anfang und Ende der Paßflächen $\varnothing 25_{j6}$ und $\varnothing 35_{j6}$ benötigt man bei der Fertigung einen Auslauf für den Drehmeißel. Ebenso muß für die Herstellung der links vom $\varnothing 35_{j6}$ liegenden Planfläche ein Auslauf für den Drehmeißel geschaffen werden. An dieser Planfläche liegt der Innenring des Kegelrollenlagers an. Für die Funktion zusammengesetzter Teile ist es wichtig, daß ihre Paßflächen richtig anliegen. Ist eine Werkstückecke aber nicht freigearbeitet, so kann das Gegenstück dort Kontakt haben und nicht an der Paßfläche. Aus diesem Grund erhält die Spindel einen Freistich, der alle geforderten Bedingungen (Werkzeugauslauf, richtige Lage aller Paßflächen) erfüllt. Beim Gegenstück, in diesem Beispiel ist es das Kegelrollenlager, ist die Außenecke des Innenrings angefast oder abgerundet.

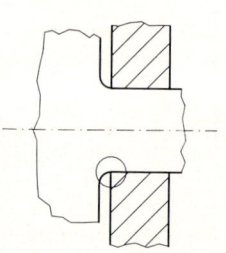

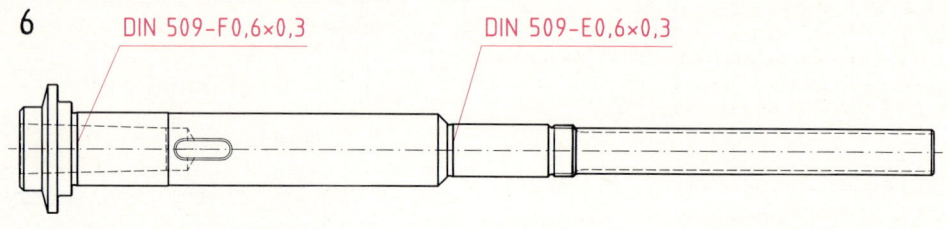

Freistiche
- legen den Werkzeugauslauf fest und
- bewirken die richtige Lage von Paßflächen.

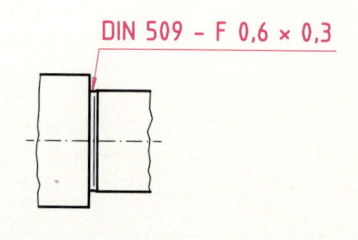

Die Größe eines Freistiches richtet sich nach der Größe und der Beanspruchung des Bauteils. In DIN 509 ist eine Tabelle enthalten, aus der die Zuordnung eines Freistichs zum Durchmesser der Paßfläche entnommen werden kann (siehe Tabellenbuch).

Beispiel für eine genormte Angabe:

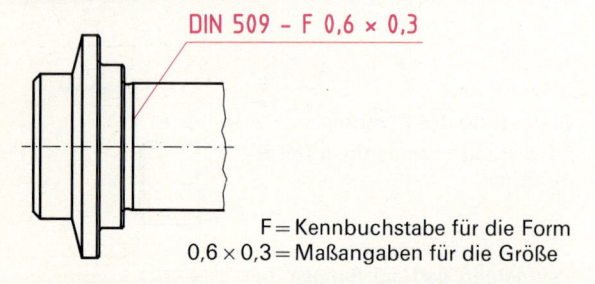

DIN 509 - F 0,6 × 0,3

F = Kennbuchstabe für die Form
0,6 × 0,3 = Maßangaben für die Größe

Für die Kennzeichnung eines Freistichs gibt es eine genormte Kurzdarstellung.

Innen liegende Freistiche

Bei Innenfreistichen können die gleichen Formen, Größen und zeichnerischen Darstellungen wie bei Außenfreistichen verwendet werden.

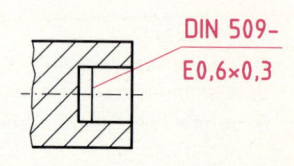

Die Einzelheit „X" zeigt die genormte Darstellung eines Freistichs. Aus der Bemaßung kann der Facharbeiter die Einstellwerte für seine Maschine entnehmen.

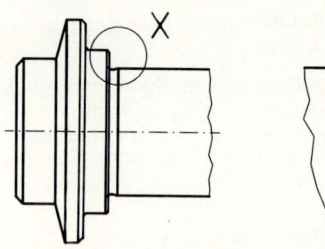

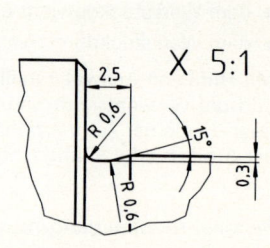

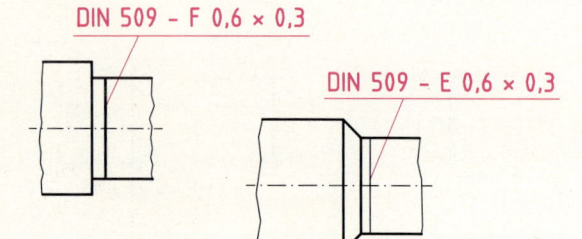

Gegenstücke, wie Buchsen, Gehäuse, Lager usw. von Teilen, die mit einem Freistich versehen wurden, erhalten eine Senkung oder Phase. Die Größe der Senkung ist ebenfalls einer Tabelle der DIN 509 zu entnehmen (siehe Tabellenbuch).

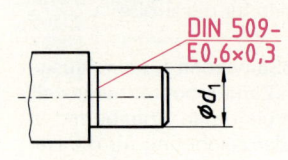

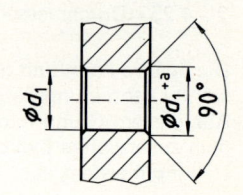

Außen liegende Freistiche

3.3 Gewindefreistich

Aus der Baugruppen-Zeichnung Bohrspindel/Pinolenhülse kann man entnehmen, daß die vier Einzelteile von der Mutter Pos. 17 zusammengehalten werden. Zusätzlich wird mit Hilfe dieser Mutter das Spiel des Kegelrollenlagers eingestellt. Zwischen dem Gewinde M 24 × 1 und der Paßfläche $\varnothing 25_{j6}$ ist ein Gewindefreistich gedreht worden. Dieser Gewindefreistich ermöglicht bei der Gewindeherstellung einen Auslauf des Schneidwerkzeugs. Gewindefreistiche sind breiter als Freistiche nach DIN 509, da das Gewinde auf der Drehmaschine geschnitten wird und folglich einen entsprechend langen Auslauf benötigt. Außerdem muß ein Gewindefreistich tiefer sein als der Kerndurchmesser bei Außengewinden bzw. als der Nenndurchmesser bei Innengewinden.

Beispiel für eine Angabe

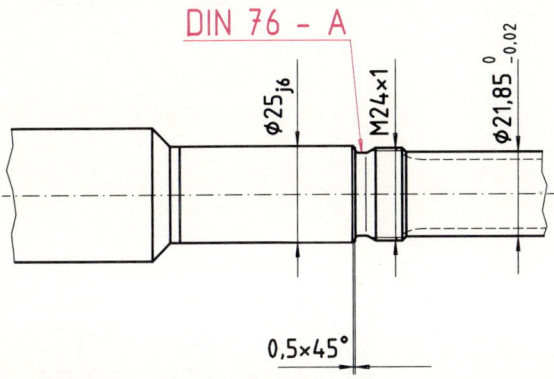

A = Kennbuchstabe für die Form

Auswahl

Gewindefreistiche werden in Abhängigkeit von der jeweiligen Gewindesteigung bestimmt. Da die Steigung die Tiefe der Gewinderille beeinflußt, ist sie auch maßbestimmend für die Gewinderille. Auf diesen Zusammenhang ist besonders bei Feingewinden zu achten, da hier keine Zuordnung zum Nennmaß möglich ist (vgl. Tabellenbuch).

> Gewindefreistiche
> - bestimmen den Auslauf des Schneidwerkzeugs und
> - sind von der Steigung abhängig.

Für die Kennzeichnung gibt es eine Kurzdarstellung:

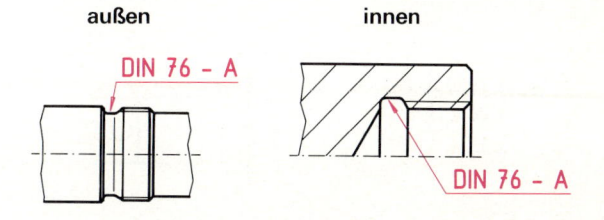

außen   innen

Form A kennzeichnet den Regelfall und Form B die kurze Ausführung.

Die Einzelheit zeigt die bemaßte Darstellung einer Gewinderille. Aus ihr kann der Facharbeiter die für seine Maschine erforderlichen Einstellwerte entnehmen.

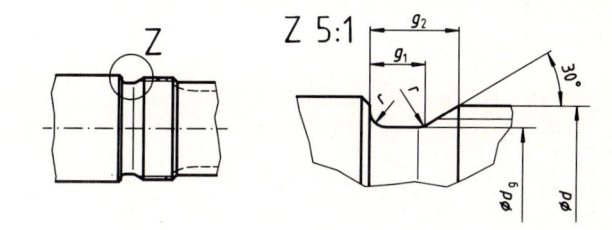

3.4 Rändel

Schrauben und zylindrische Handgriffe, die ohne Hilfsmittel von Hand betätigt werden sollen, werden an der Oberfläche aufgerauht. Sie erhalten eine Rändelung.

Beispiel für eine genormte Angabe:

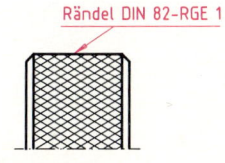

Rändel DIN 82-RGE 1

RGE = Kennbuchstaben für die Form und Ausführung
1 = Teilung in mm

3.5 Grat, Kantenformen

Bei der Herstellung (Gießen, Schmieden usw.) und bei der spanenden Bearbeitung (Bohren, Fräsen usw.) entstehen Werkstückkanten mit besonderen Formen. Dies können Rundungen oder scharfkantiger Grat sein. Grat ist immer zu entfernen, damit:
- bei der Montage und im Betrieb Leichtgängigkeit und richtiger Sitz gewährleistet sind,

- bei der Maßkontrolle keine fehlerhaften Messungen durchgeführt werden,
- bei der Bearbeitung keine Einspannfehler vorkommen und
- keine Verletzungsgefahr besteht.

Soll über eine Kantenform genaueres ausgesagt werden als „gratfrei" oder „allseitig entgratet", so muß dies nach DIN 6784 angegeben werden. In dieser Norm sind die Angaben über Außenkanten und Innenkanten von Werkstücken festgelegt worden.

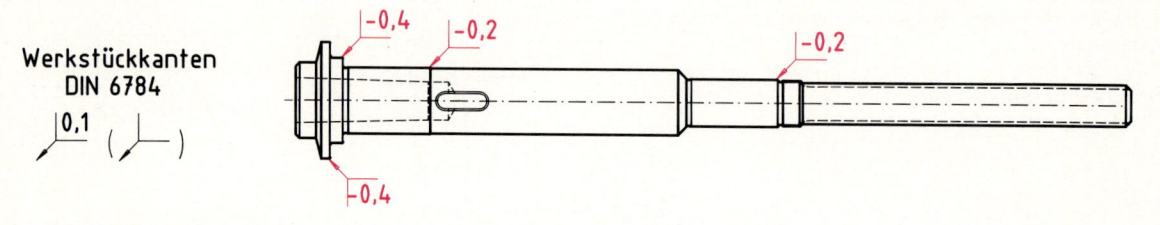

Beispiele für genormte Angaben:

Erläuterung der Form

Die Angaben über Werkstückkanten sind im Schriftfeld oder in der Nähe des Schriftfeldes zu machen.

Wie bei den Angaben zur Oberflächenbeschaffenheit können auch hier Vereinfachungen vorgenommen werden:

Werkstückkanten DIN 6784

Der Kantenzustand kann durch die Art, wie die Angaben an das Symbol geschrieben werden, noch genauer gekennzeichnet werden.

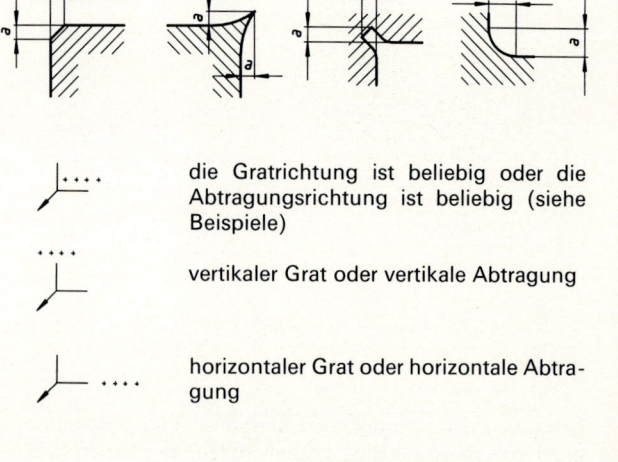

die Gratrichtung ist beliebig oder die Abtragungsrichtung ist beliebig (siehe Beispiele)

vertikaler Grat oder vertikale Abtragung

horizontaler Grat oder horizontale Abtragung

3.6 Härteangaben

Härteangaben sind zusätzliche Angaben, die sowohl die Herstellung als auch die Gewährleistung betreffen. Die Art der Wärmebehandlung erfolgt durch Wortangaben, wie z. B. gehärtet, einsatzgehärtet, randschichtgehärtet usw.

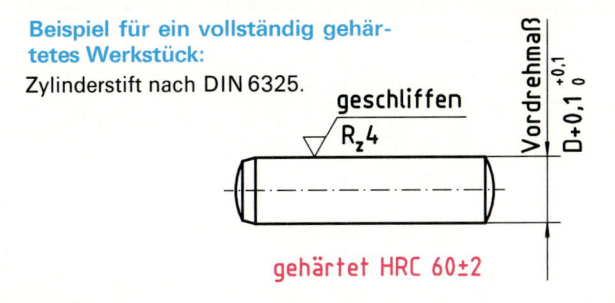

Beispiel für ein vollständig gehärtetes Werkstück:
Zylinderstift nach DIN 6325.

gehärtet HRC 60±2

Gehärtete Teile werden häufig geschliffen. Für diese Nachbehandlung müssen Bearbeitungszugaben, z.B. Vordrehmaße, auf dem Rohling berücksichtigt werden.

Die erforderliche Härte, die Art und Tiefe der Wärmebehandlung, die Bearbeitungszugaben und die Nachbehandlung müssen auf der Zeichnung eingetragen werden. Alle diese Größen werden vom Konstrukteur bzw. der Arbeitsvorbereitung festgelegt. Sollen nur Teilbereiche eines Werkstücks eine Wärmebehandlung erhalten, so ist dieser Bereich in der Zeichnung zu kennzeichnen.

Beispiel für eine örtlich begrenzte Wärmebehandlung

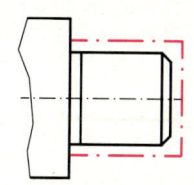

Aufgaben

1. Zeichnen und bemaßen Sie einen Aufspannwinkel in den notwendigen Ansichten, so daß die Form ohne verdeckte Kanten eindeutig zu erkennen und zu bemaßen ist.

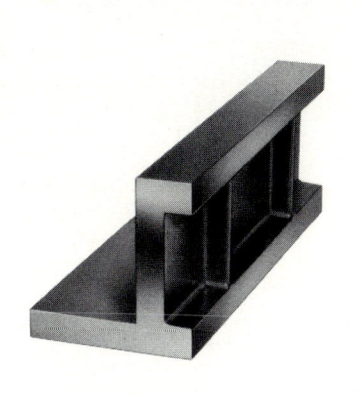

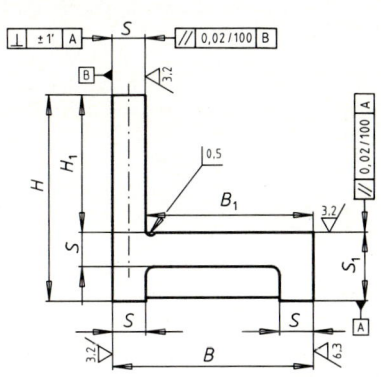

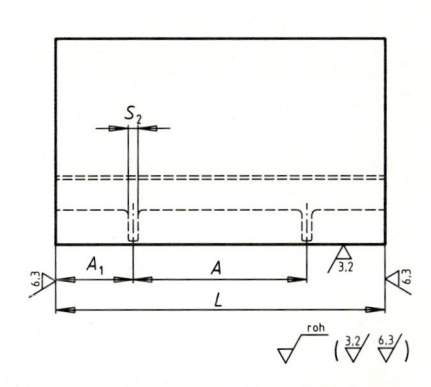

Bestellnummer	L = Länge	B	B_1	H	H_1	S	S_1	S_2	A	A_1	≈ kg L/100
154-01 x	400	200*	120	100	120	80	20	40	6	200	100	3,5
154-02 x	400	200*	150	125	150	100	25	50	8	200	100	5,5
154-03 x	600	300*	185	160	188	125	25	63	10	300	150	7,1
154-04 x	600	300*	232	200	240	160	32	80	12	300	150	11,7
154-05 x	600	300*	290	250	300	200	40	100	16	300	150	18

* Die Längen 200 und 300 mm haben nur eine Verstärkungsrippe

3 Genormte Werkstückdetails — Aufgaben

2. Zeichnen und bemaßen Sie eine Bundbohrbuchse nach DIN 172. Die Bezeichnung D2 DIN 6784 bedeutet, daß eine Abtragung von 0,25 bis 0,5 mm vorzunehmen ist.

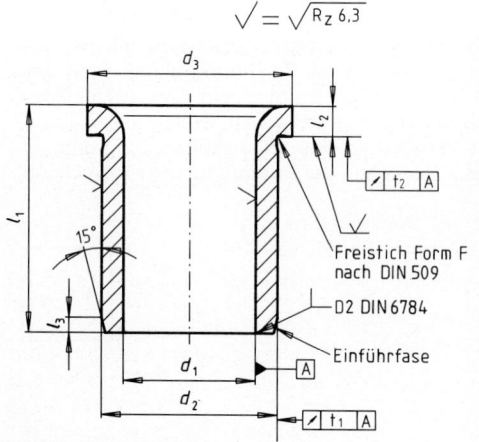

$$\sqrt{} = \sqrt{R_z\,6{,}3}$$

Die Rundung am Bohrereinlauf hat den Radius $R = \dfrac{d_2 - d_1}{2}$. Die Länge der Fase beträgt $l_3 = 4$ mm. Der Toleranzwert der Auflage am Bund ist $t_2 = 2 \times t_1$.

Bohrung-$\varnothing$ d_1 F7	Außen-$\varnothing$ d_2 n6	Bund-$\varnothing$ d_3	kurz, mittel, lang l_1	l_2	t_1
über 22,0 bis 26,0	35	39	20 / 36 / 45	5	0,02
über 26,0 bis 30,0	42	46	25 / 45 / 56	5	0,02
über 30,0 bis 35,0	48	52	25 / 45 / 56	5	0,04
über 35,0 bis 42,0	55	59	30 / 56 / 67	5	0,04
über 42,0 bis 48,0	62	66	30 / 56 / 67	6	0,04
über 48,0 bis 55,0	70	74	30 / 56 / 67	6	0,04
über 55,0 bis 63,0	78	82	35 / 67 / 78	6	0,04
über 63,0 bis 70,0	85	90	35 / 67 / 78	6	0,04
über 70,0 bis 78,0	95	100	40 / 78 / 105	6	0,04

3. Zeichnen Sie die Ziehkeilscheibe Pos. 160 (vgl. Seite 42) nach den folgenden Angaben.
Die Ziehkeilscheibe wird auf $6{,}1^{+0,1}$ mm Breite vorgedreht, 0,5 mm tief eingesetzt und auf 58–60 HRC gehärtet. Die Planflächen des Fertigteils sind auf die Breite $6_{-0,05}$ mm geschliffen. Der Rohling hat einen Rauheitswert $R_a\,3{,}2$ und die geschliffenen Flächen $R_a\,0{,}8$. Die Kanten haben einen Grat $-0{,}3$.

4. Zeichnen Sie die Scheibe nach den folgenden Angaben.
Die Scheibe hat einen Außendurchmesser von 35 mm, einen Innendurchmesser von 25^{H7} mm und eine Breite von $4_{-0,05}$ mm. Die Phasen am Außendurchmesser sind $0{,}5 \times 45°$. Die Planflächen und der Innendurchmesser haben eine Oberflächenbeschaffenheit $R_a\,0{,}8$. Der Innendurchmesser wird geschliffen. Die Kanten am Innendurchmesser haben einen Grat $-0{,}5_{-0,1}$. Das gesamte Werkstück wird 0,3 mm tief eingesetzt und auf 52 HRC gehärtet.

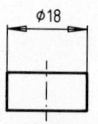

1 Ziehkeilscheibe

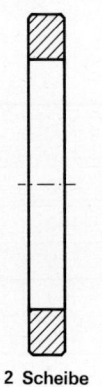

2 Scheibe

5. Zeichnen Sie die Achse Pos. 60 (vgl. Seite 42) nach folgender Skizze und tragen Sie alle Maße und zusätzlichen Angaben ein, so wie sie im Text vorgegeben sind:
Die Achse erhält am Bund einen Freistich. Die Planfläche am Bund soll die Rauhtiefe $R_a\,33{,}2$ erhalten. Der Durchmesser 25_{j6} wird 0,5 tief eingesetzt, auf $55+2$ HRC gehärtet und danach geschliffen. Vor dem Härten hat er das Rohmaß $25{,}1^{+0,1}$. Nach dem Schleifen eine Rauhtiefe $R_a\,0{,}8$. An beiden Enden sind eine Zentrierung und eine Phase $1 \times 45°$ vorzusehen.

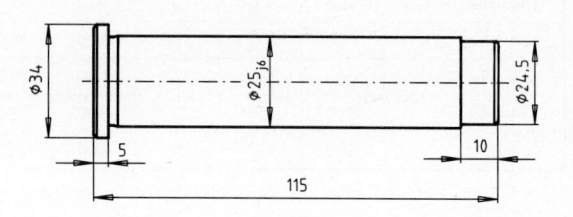

3 Genormte Werkstückdetails — Aufgaben

6. a) Zeichnen und bemaßen Sie eine Führungsbuchse. Die im Text vorhandenen Angaben und Aussagen sind in die Zeichnung zu übertragen.

Am Bund ist ein Freistich vorzusehen.

Fehlende Formtoleranzen und Rauheitswerte sind zu ergänzen.

Die Rundung hat den Radius
$R = \dfrac{d_3 - d_1}{2}$.

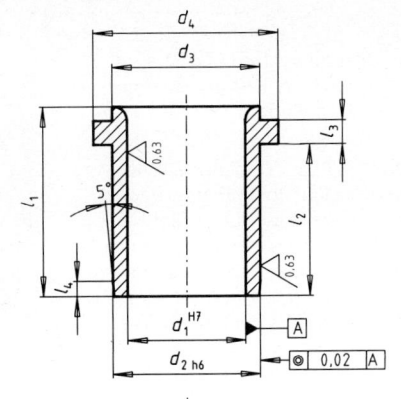

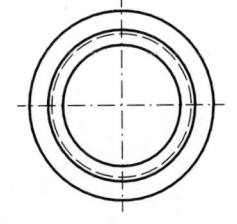

Werkstoff
Stahl 1.7131 (16 MnCr 5)
Härte 61-63 HRC
Lauffläche bronzeplattiert
Führungsdurchmesser ISO H 7
Aufnahmedurchmesser ISO h 6

Wichtig
Durch die galvanisch aufgetragene Bronzeaufschicht auf den gehärteten Stahlmantel ist diese Buchse besonders für hohe Gleitgeschwindigkeiten und starke Seitenbelastung geeignet.

Einbauhinweise
Einpassen in Aufnahmebohrung ISO H 7. Befestigung mit 2 Haltestücken. Die rechtwinklig zur Führungsbohrung geschliffene Bundfläche wird durch die Haltestücke fest auf die Unterlage gepreßt und sorgt für absolut starre Einspannung der Führungsbuchse.

d_1^{H7}	$d_{2\,h6}$	d_3	d_4	l_1	l_2	l_3	l_4	r_1
25	32	32	40	40	30	6,3	3	3
32	40	40	50	50	40	6,3	4	3
40	50	50	63	63	50	6,3	5	3
50	63	63	71	71	56	6,3	6,3	5
63	80	80	90	80	63	10	8	6
80	100	100	112	100	80	10	10	8
100	125	125	140	125	106	10	12,5	10

6. b) Zeichnen und bemaßen Sie ein Haltestück. Haltestück und Führungsbuchse aus Aufgabe 6a sollen zusammenpassen.

Fehlende Rauheitswerte sind zu ergänzen.

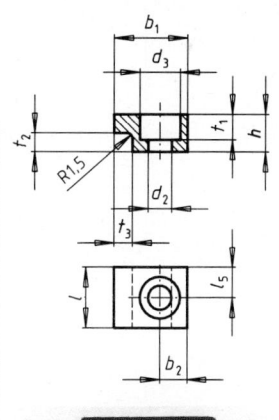

Werkstoff: Stahl

Befestigung
Passende Innensechskantschrauben DIN 912

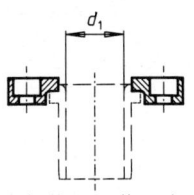

Schraube	d_1	d_2	d_3	b_1	b_2	b_3
M 6 × 16	25	7	11	20	7,5	29
M 6 × 16	32	7	11	20	7,5	33
M 6 × 16	40	7	11	20	7,5	39,5
M 6 × 16	50	7	11	20	7,5	44,5
M10 × 25	63	11,5	17,5	32	11	61,5
M10 × 25	80	11,5	17,5	32	11	71,5
M10 × 25	100	11,5	17,5	32	11	84

Schraube	h	l	l_5	t_1	t_2	t_3
M 6 × 16	10	20	10	7	6,3	5
M 6 × 16	10	20	10	7	6,3	5
M 6 × 16	10	20	10	7	6,3	5
M 6 × 16	10	20	10	7	6,3	5
M10 × 25	16	32	16	11,5	10	10
M10 × 25	16	32	16	11,5	10	10
M10 × 25	16	32	16	11,5	10	10

Befestigung mit zwei Haltestücken

6. c) Entwerfen Sie eine Platte als Träger für die Führungsbuchse und die Haltestücke aus den Aufgaben 6a und 6b.

Tragen Sie alle erforderlichen Maße, Toleranzen, Rauheitswerte usw. ein.

6. d) Erstellen Sie eine Gesamt-Zeichnung für die Teile aus den Aufgaben 6a, 6b und 6c.

Zeichnen Sie die passenden Schrauben ein.

Fertigen Sie eine Stückliste an.

4 Mitnehmer- und Verbindungselemente

Das abgebildete Vorschubgetriebe der Bohrmaschine 23 AV (vgl. Seite 16) wird über den Räderblock Pos. 20, 30 und 120 angetrieben. Diese drei Räder sind ständig im Eingriff mit den Rädern Pos. 90, 100 und 110.

Geschaltet wird mit der Vorschubwählscheibe Pos. 70, deren Drehbewegung vom Ritzel Pos. 80 auf die Ziehkeilwelle Pos. 50 übertragen wird. Durch die Längsbewegung der Ziehkeilwelle wird die Ziehkeilscheibe (Pos. 160) mitgenommen und stellt so die einzelnen Schaltstufen her. Die Enddrehzahlen werden von der Schneckenwelle Pos. 40 mit Hilfe einer magnetischen Kupplung auf ein Schneckenrad und von dort, über die Schneckenradachse auf die Pinolenhülse übertragen.

Vorschubgetriebe 23 AV

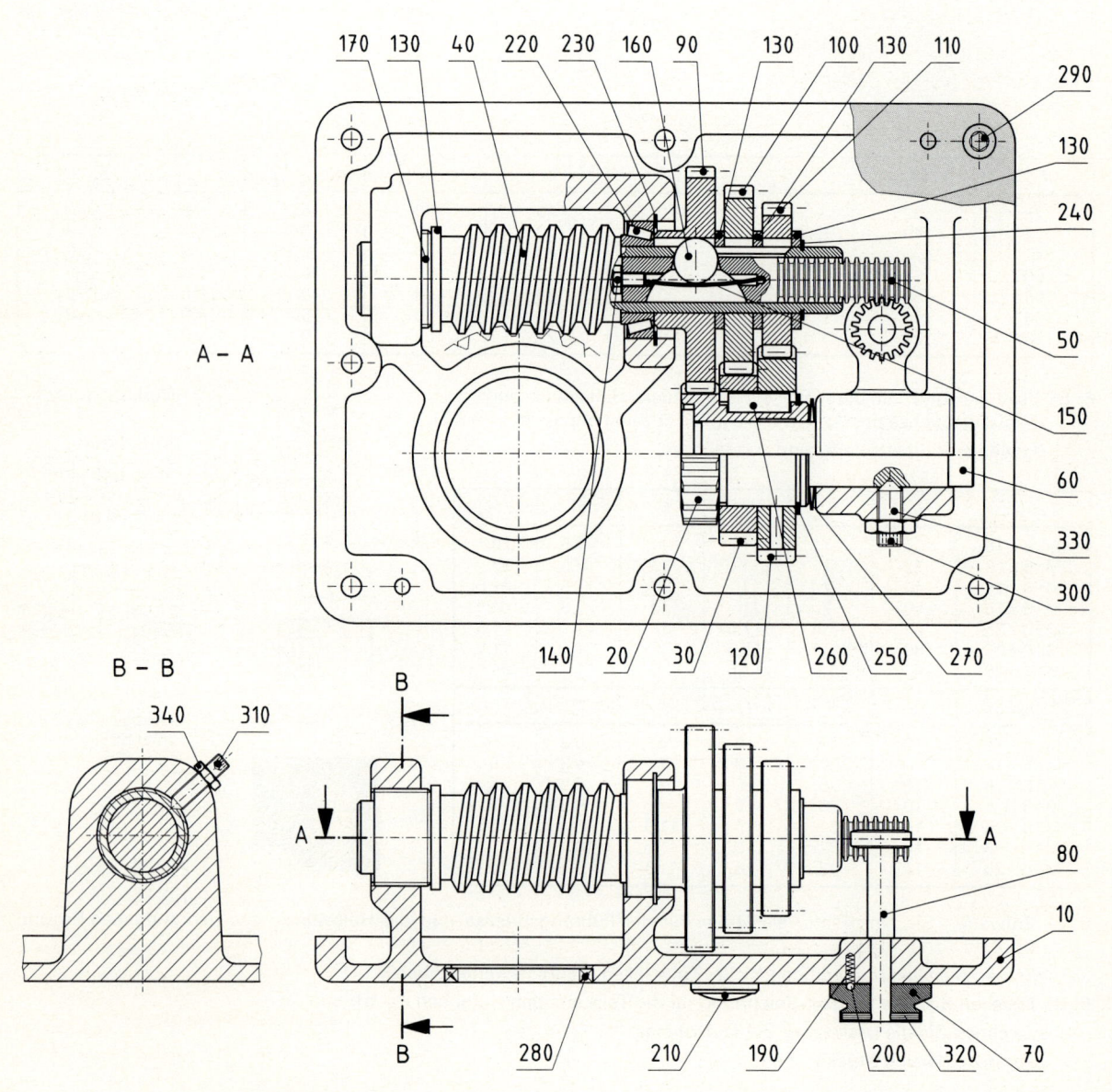

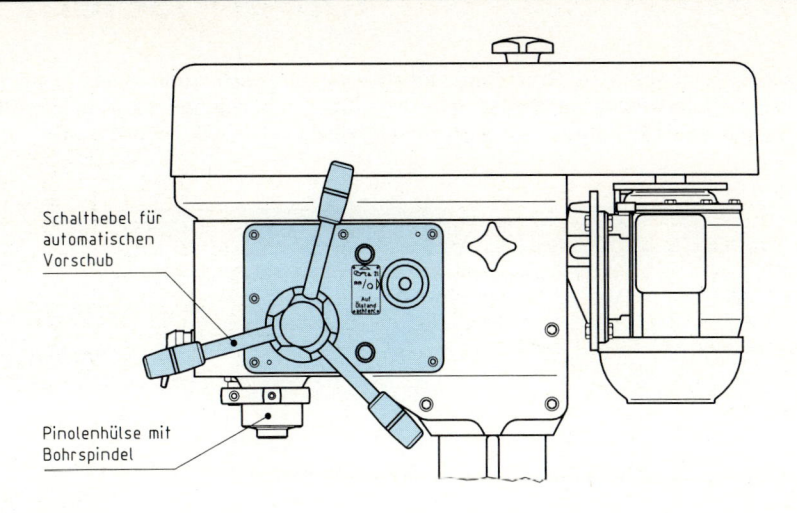

4 Mitnehmer- und Verbindungselemente

Schalthebel für automatischen Vorschub

Pinolenhülse mit Bohrspindel

Abtrieb Vorschubgetriebe

Pos. 40 (Schneckenwelle) Abtriebsrad Vorschubgetriebe

Schneckenrad

Schneckenradachse

Automatischer Vorschub
ein   aus

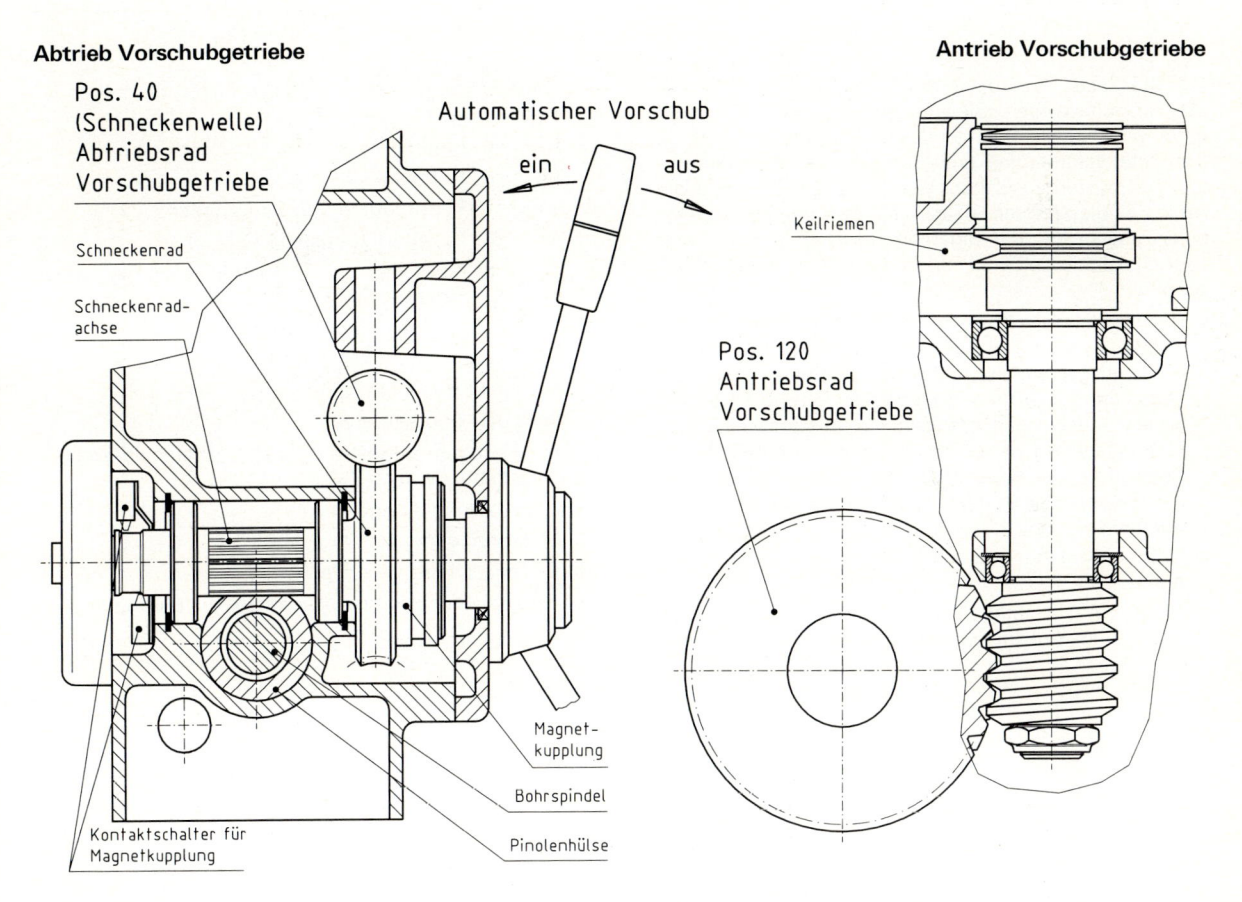

Antrieb Vorschubgetriebe

Keilriemen

Pos. 120 Antriebsrad Vorschubgetriebe

Magnetkupplung

Bohrspindel

Pinolenhülse

Kontaktschalter für Magnetkupplung

Aufgaben

1. Aus welchen Elementen besteht der im Text beschriebene Räderblock?
2. Welche Übersetzungen ermöglicht das Vorschubgetriebe?
3. Beschreiben Sie das Ziehkeilprinzip mit Hilfe dieses Getriebes.
4. Beschreiben Sie die Drehmomentenübertragung im Getriebe.
5. Beschreiben Sie die Arretierung von Pos. 60 in Pos. 10.

4 Mitnehmer- und Verbindungselemente

EDV – Stücklisten

Das Vorschubgetriebe 23 AV gibt es in der Grundform und als Variantenkonstruktion. Beide Formen sind in der Baukastenstückliste mit eigener Teile-Nummer enthalten. Für die Arbeitsvorbereitung, die Montage, die Ersatzteilhaltung usw. ist es wichtig, daß komplette Baugruppen ebenso wie Einzelteile datenmäßig erfaßt werden.

BAUKASTENSTÜCKLISTE							
STÜCKLISTEN NR 2300-183	AI BEZEICHNUNG 00 VORSCHUB/VORSCHUBGET	ZUSATZBEZEICHNUNG				E/Å DAT AUSST/ANZP 13.10.87　　　Z1 10.11.87　　　　1	
POS.ART/TEILE-NR	BEZEICHNUNG	MENGE	ME	CS	L	M	V / VARIANTE
1023-183.28	VORSCHUBGETRIEBE 23AV MONTIERT	1	ST	11	L	1	0
23-183.29	VORSCHUBGETRIEBE 23AVF MONTIERT	1	ST	11	L		AV, F

Die Stückliste des Vorschubgetriebes ist mit Hilfe der EDV erstellt worden. Sie unterscheidet sich von einer genormten Stückliste in der Gliederung und im Umfang. Die Datenverarbeitung ermöglicht es den Betrieben, in den Stücklisten zusätzliche Daten zu erfassen, wie die Artikel-/Teile-Nummer, Daten, die den Einkauf, die Arbeitsvorbereitung, die Lagerhaltung usw. betreffen und spezielle Schlüsseldaten, die das Werkstück näher beschreiben.

- Die Artikel-Teile-Nummer ist eine spezielle Kennzeichnung eines Teiles. Eine Identifikation eines Teiles ist damit gewährleistet. Positionsnummern hingegen gelten immer nur für eine Gesamtzeichnung mit zugehöriger Stückliste. Aus diesem Grund können z. B. die Positionsnummern der Pinolenhülse und der Bohrspindel aus der Gesamt-Zeichnung Seite 17 nicht in die Gesamt-Zeichnung des Vorschubgetriebes übernommen werden.
- ME kennzeichnet eine betriebsinterne Materialangabe.
- CS ist ein Charakter-Schlüssel. Seine Aussagen werden z. B. im Einkauf, von der Arbeitsvorbereitung usw. benötigt.

Die Nummern in der Stückliste haben die folgenden Bedeutungen:

01...05: Kaufteile
06...08: Rohmaterial
11: Endprodukte und Baugruppen
44...46: Eigenfertigungsteile
54...58: Kaufteile mit Materialbestellung ohne Eigenbearbeitung

Die Kaufteile werden untergliedert in:

01: Werkzeuge
03: Nicht genormte Kaufteile
04: DIN- und Normteile
05: Fremdfertigungsteile ohne Materialbestellung (Kaufteile nach Zeichnung)

- L kennzeichnet Lagerteile
- M kennzeichnet Montageteile
- V kennzeichnet Verschleißteile
- Variante kennzeichnet besondere Ausführungen

4 Mitnehmer- und Verbindungselemente

BAUKASTENSTÜCKLISTE

STÜCKLISTEN NR. 23-183.28
AI BEZEICHNUNG 00 VORSCHUBGETIREBE 23AV MONTIERT
ZUSATZBEZEICHNUNG
E/Å DAT 13.10.87 03.03.88

POS.	ART/TEILE-NR	BEZEICHNUNG	MENGE	ME	CS	L	M	V	/
10	23AV-183.01	GETRIEBEFLANSCH	1	ST	46	L	1	0	
20	23AV-183.02	STIRNRAD Z20/STR.	1	ST	44	L	1	0	
30	23AV-183.03	STIRNRAD Z26/STR.	1	ST	44	L	1	0	
40	23AV-183.10	SCHNECKENWELLE	1	ST	44	L	1	0	
50	30AV-183.17	ZIEHKEILWELLE	1	ST	44	L	1	0	
60	30AV-183.18	ACHSE	1	ST	44	L	1	0	
70	23AV-183.21	VORSCHUBWÄHLSCHEIBE	1	ST	44	L	1	0	
80	23AV-183.17	RITZEL	1	ST	44	L	1	0	
90	23AV-183.11	STIRNRAD Z32	1	ST	44	L	1	0	
100	23AV-183.12	STIRNRAD Z26	1	ST	44	L	1	0	
110	23AV-183.13	STIRNRAD Z20	1	ST	44	L	1	0	
120	23AV-183.16	STIRNRAD Z32/GBZ	1	ST	05	L	1	0	
130	50-183.52	SCHEIBE	4	ST	05	L	1	0	
140	50-183.34	FEDERAUFNAHME MBXB	1	ST	46	L	1	0	
150	50-183.35	DRAHTFEDER	1	ST	44	L	1	0	
160	50-183.26	ZIEHKEILSCHEIBE	1	ST	05	L	1	0	
170	50-183.59	GEWINDEBUCHSE	1	ST	44	L	1	0	
180	WN700-22	HINWEISSCHILD	1	ST	04	L	1	0	
190	WN400-11	DRUCKFEDER	1	ST	05	L	1	0	
200	6 MM DURCHM.	KUGEL GÜTEKLASSE 3	1	ST	04	L	1	0	
210	R1/2"MOD240SK12	ÖLAUGE PLEXIKUM	2	ST	04	L	1	0	
220	32005X	KEGELROLLENLAGER DIN720	1	ST	04	L	1	0	
230	DIN7993-B48	SPRENGRING	1	ST	04	L	1	0	
240	DIN471-A25	SICHERUNGSRING	1	ST	04	L	1	0	
250	DIN471-A40	SICHERUNGSRING	1	ST	04	L	1	0	
260	DIN6885-A8X7X25	PASSFEDER	1	ST	04	L	1	0	
270	K6004	TELLERFEDER	2	ST	04	L	1	0	
280	B50X68X8	DIN3760 WELLENDICHTRING	1	ST	04	L	1	0	
290	DIN912-M8×25	SCHRAUBE	1	ST	04	L	1	10	
300	DIN914-M10×30	SCHRAUBE	1	ST	04	L	1	10	
310	DIN914-M6×35	SCHRAUBE	1	ST	04	L	1	10	
320	DIN914-M6×25	SCHRAUBE	3	ST	04	L	1	10	
330	DIN936-M10	MUTTER	1	ST	04	L	1	10	
340	DIN934-M6	MUTTER	1	ST	04	L	1	10	

4.1 Schraubensenkungen

Das Vorschubgetriebe ist in den Deckel hineinkonstruiert. Der Deckel wird an das Gehäuse der Bohrmaschine angeflanscht, d.h., er wird dort festgeschraubt. Dies geschieht mit 7 Schrauben DIN 912- M 8 × 25. In dem Deckel sind dafür Durchgangslöcher und Senkungen vorgesehen.

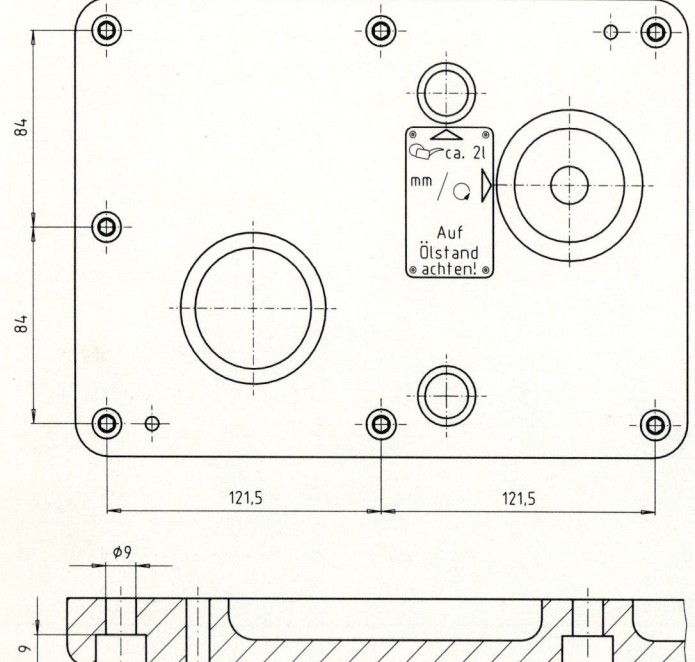

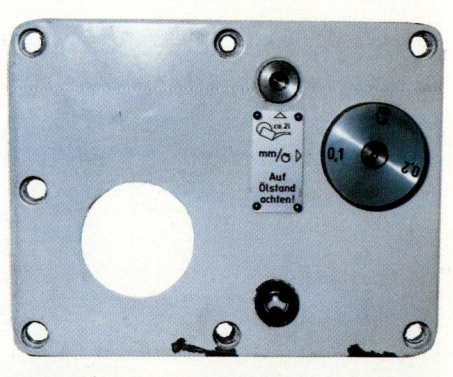

Die Maße für die Durchgangslöcher und Senkungen bestimmt man mit Hilfe des Tabellenbuchs. Sie sind von der Form des Schraubenkopfes abhängig.

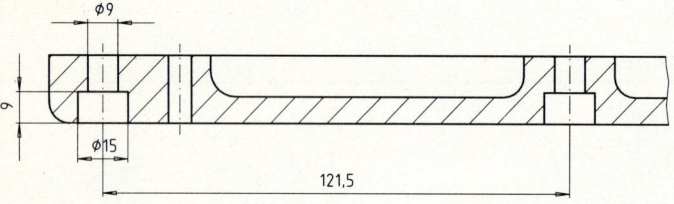

Die Abstände der Gewinde und die der Durchgangslöcher werden nicht mit Grenzabmaßen versehen. Die Grenzabmaße der Allgemeintoleranzen reichen aus, da die Durchgangslöcher sehr viel größer als die Nenndurchmesser der Schrauben sind.

Beispiel:
Das Maß 121,5 hat nach DIN 7168 m Grenzabmaße von ±0,5 mm. Die Durchgangslöcher für M 8 sind 9 mm. Damit ist gewährleistet, daß die Schrauben auch dann noch montierbar sind, wenn der Abstand der Mittelpunkte der Gewinde 121,0 mm und der der Durchgangslöcher 122,0 mm beträgt.

Aufgabe

Welchen Maximalabstand dürfen M 6 Schrauben haben, wenn die Allgemeintoleranzen DIN 7168 m und die Angaben für Durchgangslöcher nach DIN 74 gelten?
Für die Kennzeichnung von Senkungen gibt es genormte Kurzdarstellungen.

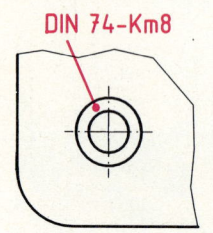

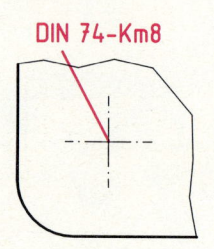

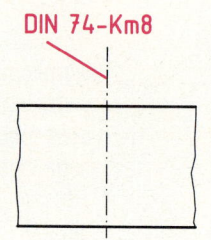

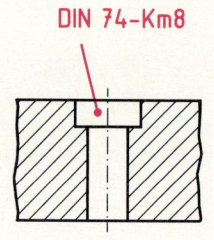

Beispiele für genormte Angaben (ohne Maßeintragung)

4.2 Stiftverbindungen – Montagehinweise

Die Schrauben bewirken, daß der Deckel kraftschlüssig am Gehäuse befestigt ist. Eine genaue Lagefixierung, vor allem während der Belastungen im Betrieb, ist damit nicht gewährleistet. Sie ist aber unbedingt erforderlich, da sonst die Zahnräder nicht richtig ineinandergreifen, was Verschleiß und Laufgeräusche zur Folge hätte.

Die endgültige Lagefixierung des Deckels wird bei der Montage vorgenommen. Nachdem der Deckel und damit das Getriebe genau ausgerichtet ist, werden zwei Stiftlöcher gebohrt und gerieben. Erst die Stifte garantieren eine einwandfreie Lagefixierung.

Die Stiftlöcher werden nur in der Teil-Zeichnung bemaßt, die für den Anreißvorgang maßgeblich ist. Zusätzlich wird dort der Montagehinweis eingetragen. Soll das Stiftloch in einem Teil vorgebohrt werden, so ist dies in der Zeichnung zu vermerken. In allen anderen Teil-Zeichnungen der Teile, die durch Stifte fixiert werden sollen, werden nur die Montagehinweise eingetragen. Dazu wird entweder ein Mittlinienkreuz oder eine unbemaßte Bohrung als Ausgangspunkt für die Bezugslinie gezeichnet.

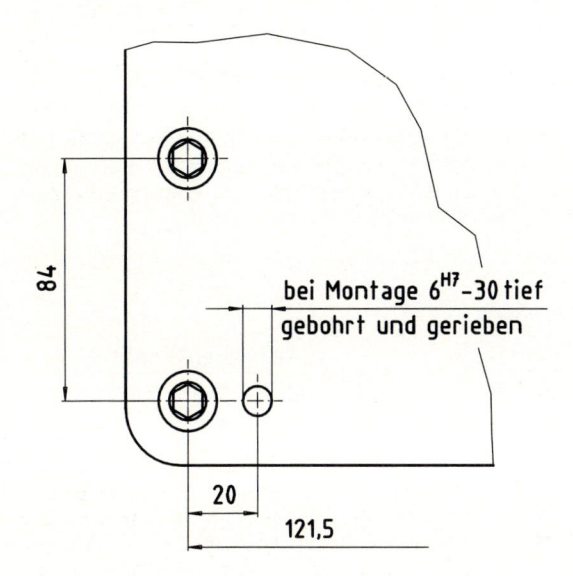

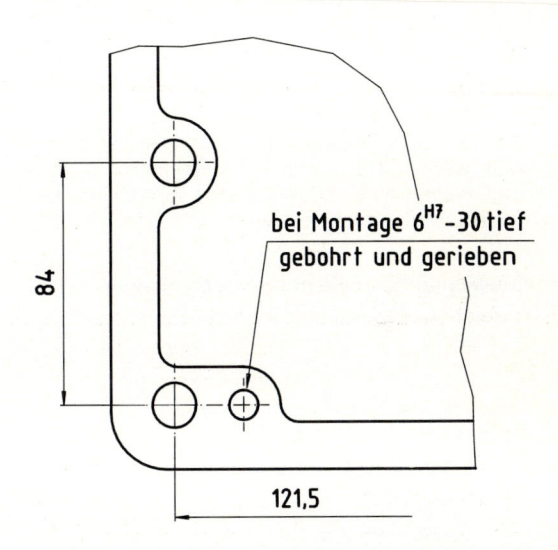

4.3 Paßfederverbindungen – Keilwellen/Keilnaben

Der antreibende Räderblock besteht aus drei Stirnrädern, die über eine Paßfeder miteinander formschlüssig verbunden sind. In das Stirnrad Pos. 20 und in die Stirnräder Pos. 30 und Pos. 120 sind jeweils Nuten eingearbeitet, in die eine Paßfeder als formschlüssiges Verbindungselement hineinpaßt.

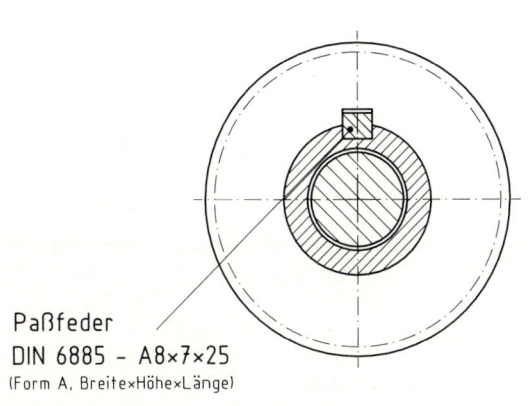

Paßfeder
DIN 6885 – A8×7×25
(Form A, Breite×Höhe×Länge)

Beispiel für eine genormte Kennzeichnung

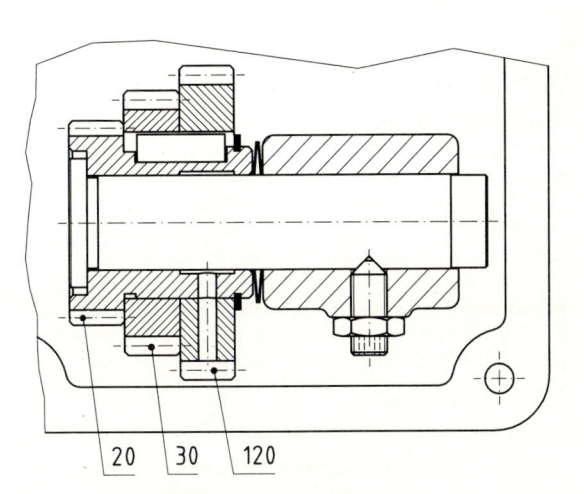

4.4 Sicherungsringe

In Abhängigkeit vom geforderten Sitz der Paßfeder ist die Breite der Nuten zu tolerieren. Die erforderlichen Passungen und Grenzabmaße für die Wellennut und für die Nabennut kann man dem Tabellenbuch entnehmen. Sie sind vom Wellendurchmesser abhängig.

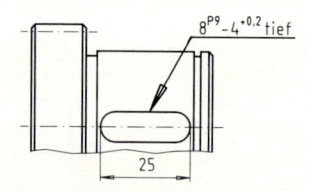

Beispiel für eine vereinfachte Darstellung

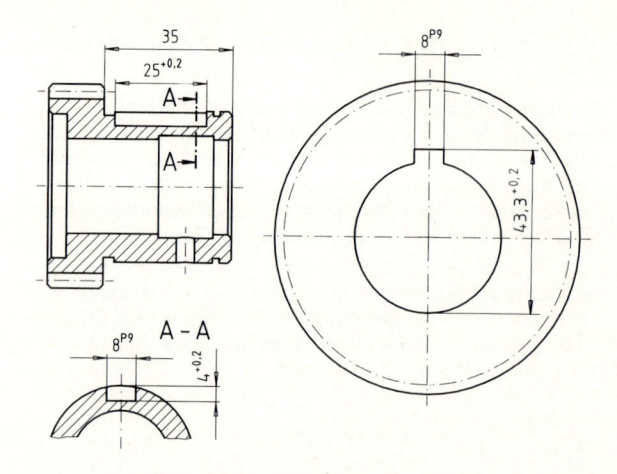

Keilwellen und Keilnaben

Statt einer Paßfeder kann auch eine Keilwelle/Keilnabe gewählt werden. Diese Profile werden immer dann bevorzugt, wenn während des Betriebes sowohl eine formschlüssige Verbindung bestehen soll, als auch eine Längsbewegung möglich sein muß. Beispiel hierfür sind die auf Seite 17 gezeigte Verbindung der Bohrspindel Pos. 6 und der Mitnehmerhülse Pos. 2, sowie schaltbare Getriebestufen in Werkzeugmaschinen.

Keilwelle und Keilnabe mit geraden Flanken

Kennzeichnung: Keilzahl n · Innendurchmesser d_1 · Außendurchmesser d_2

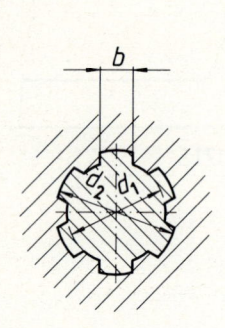

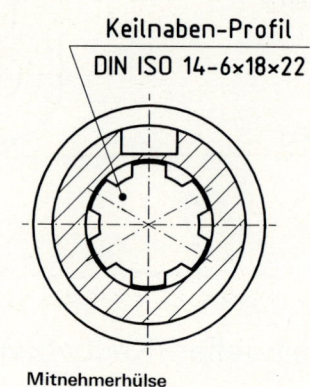

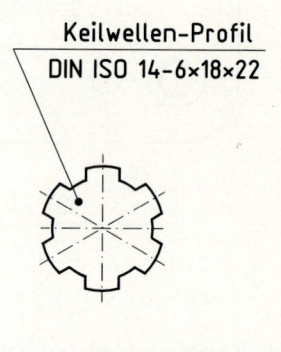

4.4 Sicherungsringe

Damit die beiden Stirnräder Pos. 30 und Pos. 120 nicht vom Stirnrad Pos. 20 herunterrutschen können, sind sie durch einen Sicherungsring arretiert worden.

Der Sicherungsring sitzt in einer Ringnut in Pos. 20 und wird so gegen seitliches Wegrutschen gehalten.

Bemaßt wird grundsätzlich über die Breite des zu haltenden Teils bis zur Außenkante der Ringnut. Dieses Maß erhält die Grenzabmaße „0" und „+0,1". Die Breite der Nut ist dem Tabellenbuch zu entnehmen. Sie ist vom Durchmesser der Welle abhängig.

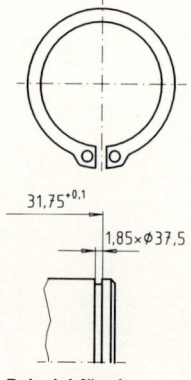

Beispiel für eine vereinfachte Darstellung

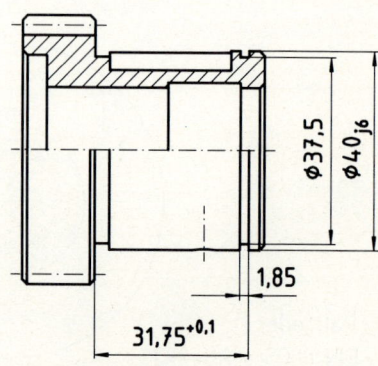

Beispiel für eine genormte Kennzeichnung:
Sicherungsring   DIN 471–40 × 1,75
(Wellendurchmesser × Dicke)

4.5 Kegelverbindungen

Eine weitere Mitnehmerverbindung ist der **Kegel** oder **Konus**. Aufgrund der großen Normalkräfte, die bei einer Kegelverbindung auftreten, kann diese Verbindungsart als kraftschlüssig angesehen werden. Erst, wenn die Kraft am Umfang die Reibungskraft übersteigt, tragen die Flanken der zusätzlich eingebauten Federn. Die Verbindung ist dann formschlüssig.

In Abhängigkeit von der Form des Kegel werden verschiedene Verbindungen unterschieden:

- **Morsekegel:**

  Sie finden z.B. als Aufnahmekegel für Bohrfutter und Bohrer in Bohrmaschinen und Reitstöcken Verwendung (vgl. „Bohrspindel MK3 auf Seite 35).

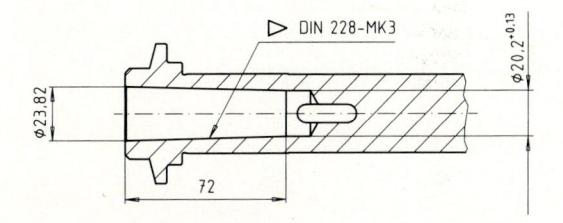

- **Kegelige Wellenenden:**

  Sie werden z.B. für die Aufnahme von Riemenscheiben verwendet oder bei anderen zylindrischen Teilen mit konischer Aufnahme, bei denen eine geringfügige seitliche Lageverschiebung zulässig ist. Die genormten kegeligen Wellenenden haben eine Verjüngung von 1:10 (Kegelverhältnis).

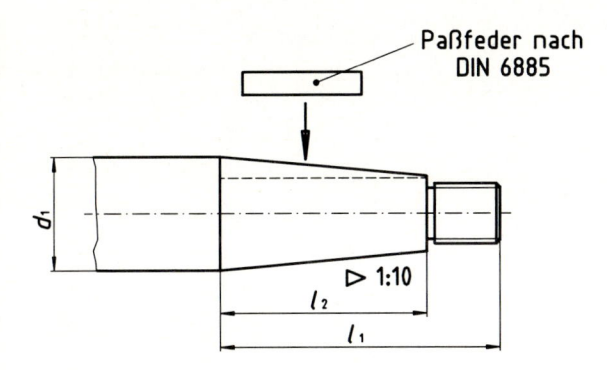

- **Frei bemaßte Kegel:**

  Die Hauptmaße sind
  - der große Kegeldurchmesser,
  - die Kegellänge und
  - das Kegelverhältnis.

  Weitere Maße werden in Klammern angegeben, da sie eine Überbemaßung darstellen. Sie sind häufig für die Fertigung erforderlich, wie
  - der kleine Kegeldurchmesser und
  - der Einstellwinkel.

Das Kegelverhältnis C wird nach folgender Formel berechnet:

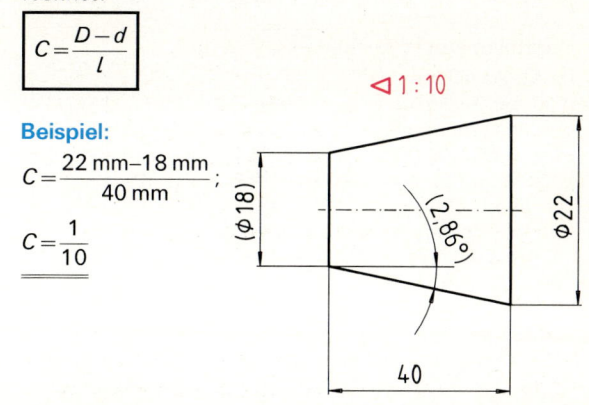

$$C = \frac{D-d}{l}$$

Beispiel:

$$C = \frac{22\,\text{mm} - 18\,\text{mm}}{40\,\text{mm}};$$

$$C = \frac{1}{10}$$

- **Kegelstifte:**

  Sie dienen in der Bohrung als kraftschlüssige Verbindungen; sie dienen gleichzeitig als formschlüssige Lagefixierung der Teile.

  Beispiel
  für eine genormte Kennzeichnung:
  Kegelstift DIN 1–A 6 × 30
  (Ausführung; kleiner Kegeldurchmesser × Länge)

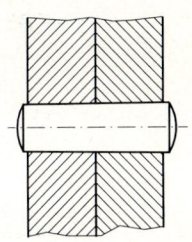

- **Neigung, Verjüngung**

  Ebene, schräg zur Hauptachse verlaufende Flächen haben eine Neigung bzw. Verjüngung:

  Beispiele:
  Neigungen sind einseitig

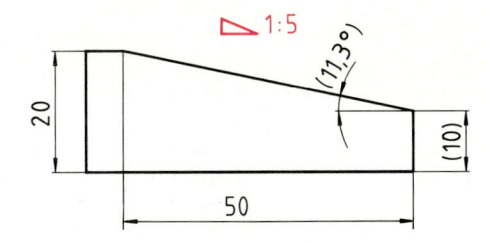

  Verjüngungen sind vierseitig

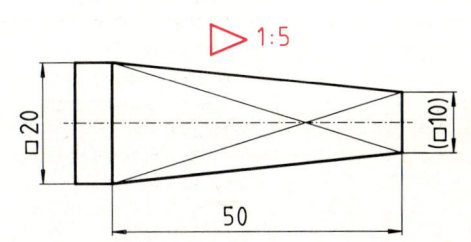

Das Symbol kennzeichnet die Richtung der Neigung bzw. der Verjüngung.

4.6 Zahnräder

Das genaue Zahnprofil wird in technischen Zeichnungen nicht dargestellt. Als Symbol zur Kennzeichnung von Verzahnungen wird auf Höhe des Teilkreisdurchmessers eine Strichpunktlinie gezeichnet.

Darstellungen in Ansichten
In die Ansichten wird der Teilkreisdurchmesser eingetragen. Die Zahnfußfläche kann zusätzlich durch eine schmale Vollinie gekennzeichnet werden.

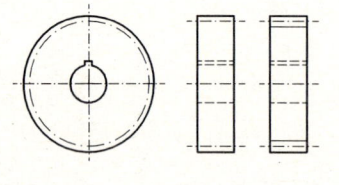

Darstellung im Schnitt
Bei Schnittdarstellungen werden die Zähne grundsätzlich in Ansicht gezeichnet. In die sichtbaren Zahnflanken werden die Teilkreisdurchmesser eingetragen.

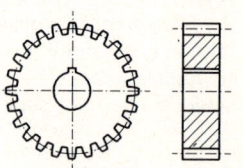

Bemaßung von Zahnrädern
Zu der bereits bekannten Bemaßung eines zylindrischen Werkstücks kommen die speziellen Verzahnungsangaben hinzu:

- Teilkreisdurchmesser d,
- Zähnezahl z,
- Modul m und
- betriebsspezifische Angaben.
- Bezugsgröße für die Form- und Lagetoleranzen ist immer die Radachse.

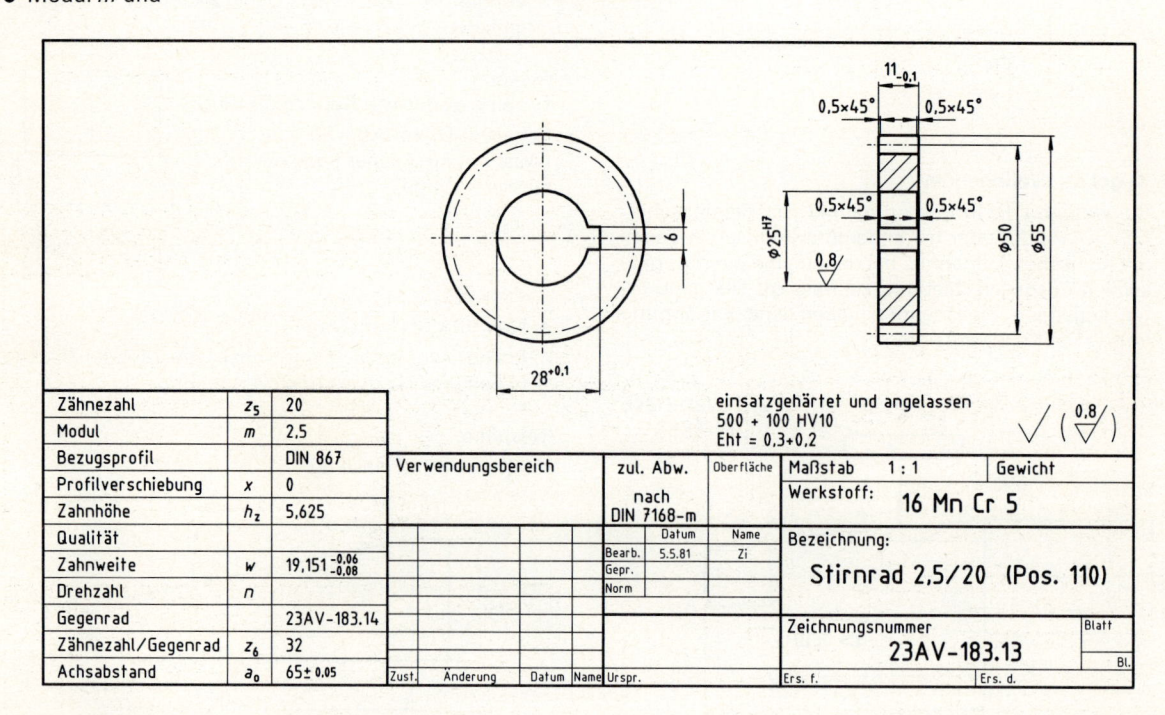

Zähnezahl	z_5	20
Modul	m	2,5
Bezugsprofil		DIN 867
Profilverschiebung	x	0
Zahnhöhe	h_z	5,625
Qualität		
Zahnweite	w	$19,151_{-0,08}^{-0,06}$
Drehzahl	n	
Gegenrad		23AV-183.14
Zähnezahl/Gegenrad	z_6	32
Achsabstand	a_0	65± 0,05

einsatzgehärtet und angelassen
500 + 100 HV10
Eht = 0,3+0,2

Maßstab 1:1
Werkstoff: 16 Mn Cr 5
Bezeichnung: Stirnrad 2,5/20 (Pos. 110)
Zeichnungsnummer: 23AV-183.13

Zahnradpaare
Bei der Darstellung von Zahnradpaaren ist darauf zu achten, daß die Teilkreise sich berühren. Die Kopfkreise greifen dann zwangsläufig ineinander. Bei Schnittdarstellungen werden nur dann verdeckte Kanten gezeichnet, wenn dies zum Verständnis unbedingt erforderlich ist.

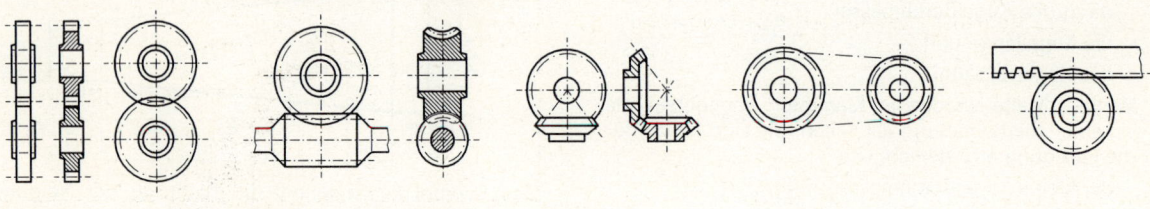

Stirnradpaar   **Schnecke und Schneckenrad**   **Kegelradpaar**   **Kettenräder**   **Zahnstange**

4.7 Lager

Der Ausschnitt aus der Gesamt-Zeichnung (Kap. 2) zeigt die Lagerung der Mitnehmerhülse im Gehäuse. Zwei Rillenkugellager DIN 625–6007. 2ZR ermöglichen die Drehbewegung der Mitnehmerhülse gegenüber dem Gehäuse. Das untere Lager ist ein Festlager. Es führt die Hülse in axialer und in radialer Richtung. Das obere Lager ist ein Loslager. Es führt die Hülse nur in radialer Richtung. In axialer Richtung wird das Lager durch eine Tellerfeder nach unten gedrückt. Dadurch wird eine Längsausdehnung der Hülse bei Erwärmung ermöglicht.

Zeichnerische Darstellung

Nicht zerlegbare Lager gelten in Gesamt-Zeichnungen als **ein** Normteil. Aus diesem Grund erhalten der Innen- und der Außenring die gleiche Schraffur.

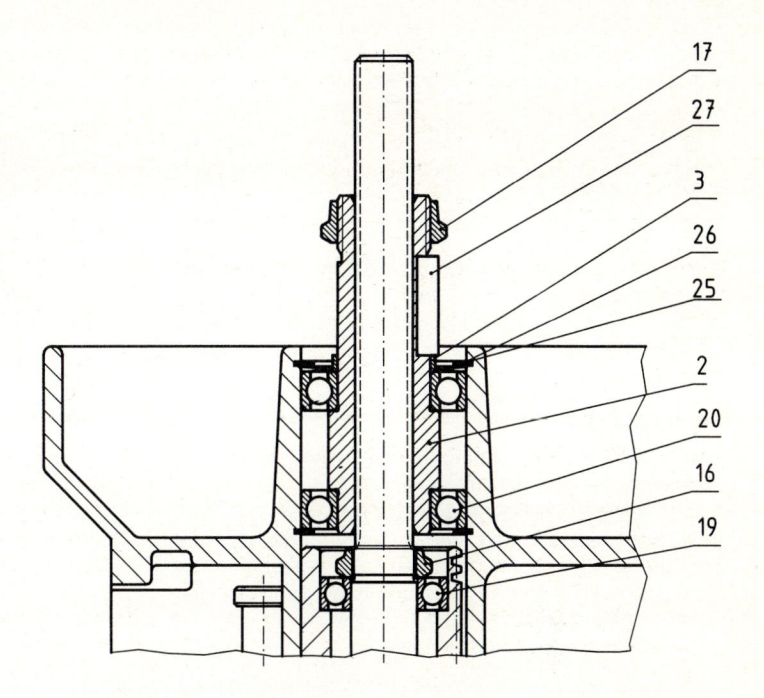

Einbautoleranzen

Die Maßtoleranzen für den Außenring und den Innenring von Wälzlagern sind von den Herstellern so vorgegeben (ISO-Toleranz PO), daß das jeweilige Istmaß immer kleiner als das Nennmaß ist oder es im Grenzfall genau erreicht.

Beispiel: DIN 625–6007.2Z

Dies ist ein Lager der Reihe 60 nach DIN 625, das die Kennziffer 07 hat. Die Symbole 2Z bedeuten, daß das Lager gekapselt ist. Die Grenzabmaße der ISO-Toleranz kann man den Kugellagerkatalogen entnehmen. Für das gewählte Beispiel ergeben sich die folgenden Nennmaße und Grenzabmaße:

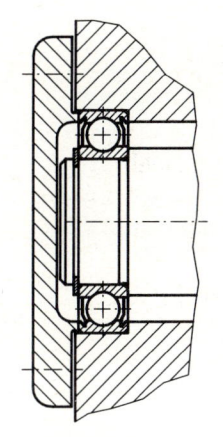

Innenring $\varnothing 35_{-12}^{\ 0}$
Außenring $\varnothing 62_{-13}^{\ 0}$

Die Lagerhersteller geben Empfehlungen für die Gehäuse- und Wellentoleranzen. Die Toleranzen sind von der Belastungsart (Punktlast/Umfangslast) und von der während des Betriebes auftretenden Belastung abhängig.

Belastungsart	Belastung		empfohlene Gehäusetoleranz
Punktlast für den Außenring	Loslager leicht verschiebbar		H7
	Loslager höhere Genauigkeit		H6
Umfangslast für den Außenring	klein		K7
	normal		M7
	hoch		N7
	starke Stöße		P7

Außenring

Belastungsart	Belastung		empfohlene Wellentoleranz
Punktlast für den Innenring	Loslager		g6/h6
Umfangslast für den Innenring	bis 40 mm $\varnothing$	normal	j6
	bis 100 mm $\varnothing$	klein	j6
		normal-hoch	k6
	bis 200 mm $\varnothing$	klein	k6
		normal-hoch	m6
	> 200 mm $\varnothing$	normal	m6
		hoch	n6

Innenring

Aufgaben

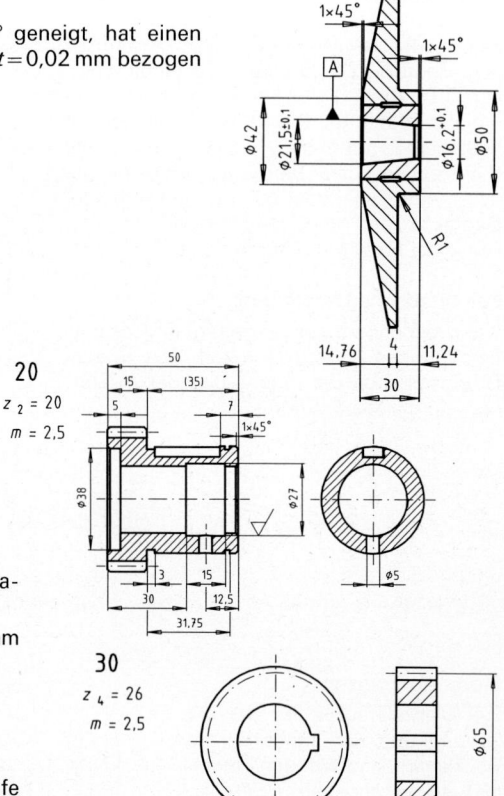

1. Zeichnen und bemaßen Sie die Stellscheibe für die stufenlose Änderung der Umdrehungsfrequenz. Der Aufnahmekegel hat den Rauheitswert R_a 1,6 und das Kegelverhältnis 1:5. Berechnen Sie die Kegellänge.

   Der Außendurchmesser beträgt 175 mm.

   Die schräge Fläche, auf der ein Riemen gleitet, ist unter 12,5° geneigt, hat einen Rauheitswert R_a 0,8 und eine Richtungstoleranz der Neigung von $t = 0,02$ mm bezogen auf die Fläche „A".

   Alle nicht benannten Flächen haben den Rauheitswert R_a 3,2.

2. Zeichnen Sie das Stirnrad (Pos. 20) mit Hilfe der folgenden Angaben:

   Das Stirnrad wird auf Pos. 60 ($\varnothing 25_{j6}$) aufgesteckt und erhält die ISO-Toleranz F7 mit einer entsprechenden Oberflächenbeschaffenheit. Die fehlenden Maße für die Paßfeder DIN 6885–A 8 × 7 × 25 sind einzutragen.

   Die Maße für den Sicherungsring DIN 471–A 40 sind zu ergänzen bzw. einzutragen.

   Alle nicht bemaßten Fasen sind 0,5 × 45°. Der Teilkreisdurchmesser und der Außendurchmesser sind mit Hilfe der Verzahnungsangaben zu berechnen. Der Außendurchmesser für die Aufnahme der Stirnräder (Pos. 30 und 120) ist 40_{j6}.

   Die Rauheitswerte sind einzutragen.

3. Zeichnen Sie das Stirnrad (Pos. 30) mit Hilfe der folgenden Angaben:

   Das Stirnrad wird auf Pos. 20 (Aufgabe 2) gesteckt und erhält am Innendurchmesser die ISO-Toleranz H7.

   Die fehlenden Maße für die Paßfeder Pos. 260 sind einzutragen.

   Alle Fasen sind 0,5 × 45°.

   Die Breite erhält die Abmaße 0 / −0,1.

   Der Teilkreisdurchmesser und der Außendurchmesser sind mit Hilfe der Verzahnungsangaben zu bestimmen.

   Die Rauheitswerte sind einzutragen.

4. Zeichnen Sie das Stirnrad (Pos. 120) nach den folgenden Angaben:

   Das Stirnrad wird auf Pos. 20 (Aufgabe 2) gesteckt und erhält am Innendurchmesser die ISO-Toleranz H7.

   Die fehlenden Maße für die Paßfeder Pos. 260 sind einzutragen.

   Alle Fasen sind 0,5 × 45°.

   Die Breite erhält die Abmaße 0 / −0,1.

   Der Teilkreisdurchmesser und der Außendurchmesser sind mit Hilfe der Verzahnungsangaben zu bestimmen.

   Die Rauheitswerte sind einzutragen.

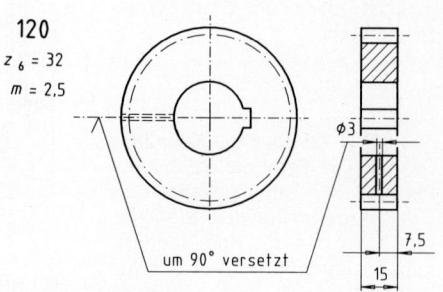

5. Zeichnen oder skizzieren Sie die Achse der Rollenlagerung unter Berücksichtigung der folgenden Angaben:

   Der Wellenabsatz $\varnothing 36$ ist 12 mm breit. Am Innenring herrscht Punktlast.

   Am Wellenabsatz ist jeweils ein Freistich vorzusehen.

   Die Außenkanten des Absatzes erhalten eine Fase 0,5 × 45°.

   Die Auflagefläche für den Innenring ist geschliffen, neben dem Lagersitz erhält die Achse die ISO-Toleranz e8.

Pos.	Menge	Benennung	DIN-Kurzzeichen
1	1	Achse	
2	1	Rolle	
3	1	Deckel	
4	1	Ring	
5	1	Rillenkugellager	DIN 625–6206
6	1	Filzring	DIN 5419–30
7	12	Schraube	DIN 912–M 6 × 12
8	1	Einschlag-Kugelöler	DIN 3410–F8

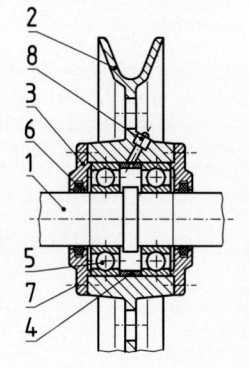

5 Teil-Zeichnungen, Gesamt-Zeichnungen, Montagepläne

5.1 Zeichnungslesen (Bohrvorrichtung)

Diese Bohrvorrichtung ist überwiegend aus vorgefertigten Fremdteilen und aus Normteilen hergestellt worden. Die Fremdteile brauchten nur geringfügig bearbeitet zu werden, um als Einzelteil in die Vorrichtung eingebaut werden zu können.

Für den Betrieb, der mit diesen Hilfsmitteln seine Vorrichtungen baut, werden der Konstruktionsaufwand verringert, die Herstellung verbilligt und die Fertigungszeit verkürzt. Die vorgefertigten Teile garantieren zusätzlich eine bestimmte Genauigkeit, so daß der Einsatz von Werkzeugmaschinen auf ein Minimum reduziert werden kann.

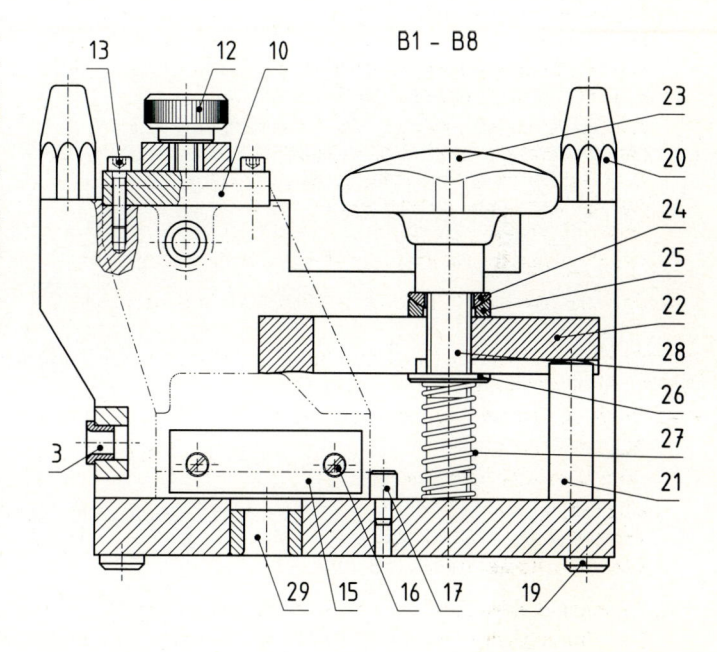

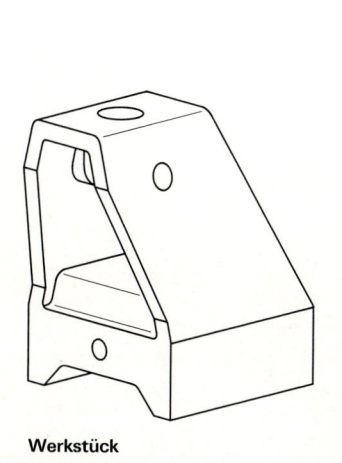

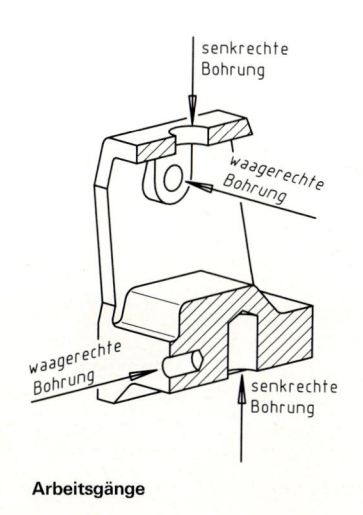

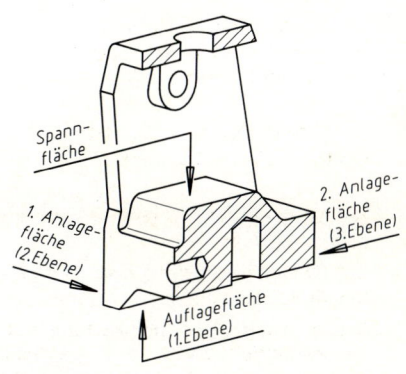

Werkstück **Arbeitsgänge** **Aufspannung**

5.1 Zeichnungslesen (Bohrvorrichtung)

Aufgaben

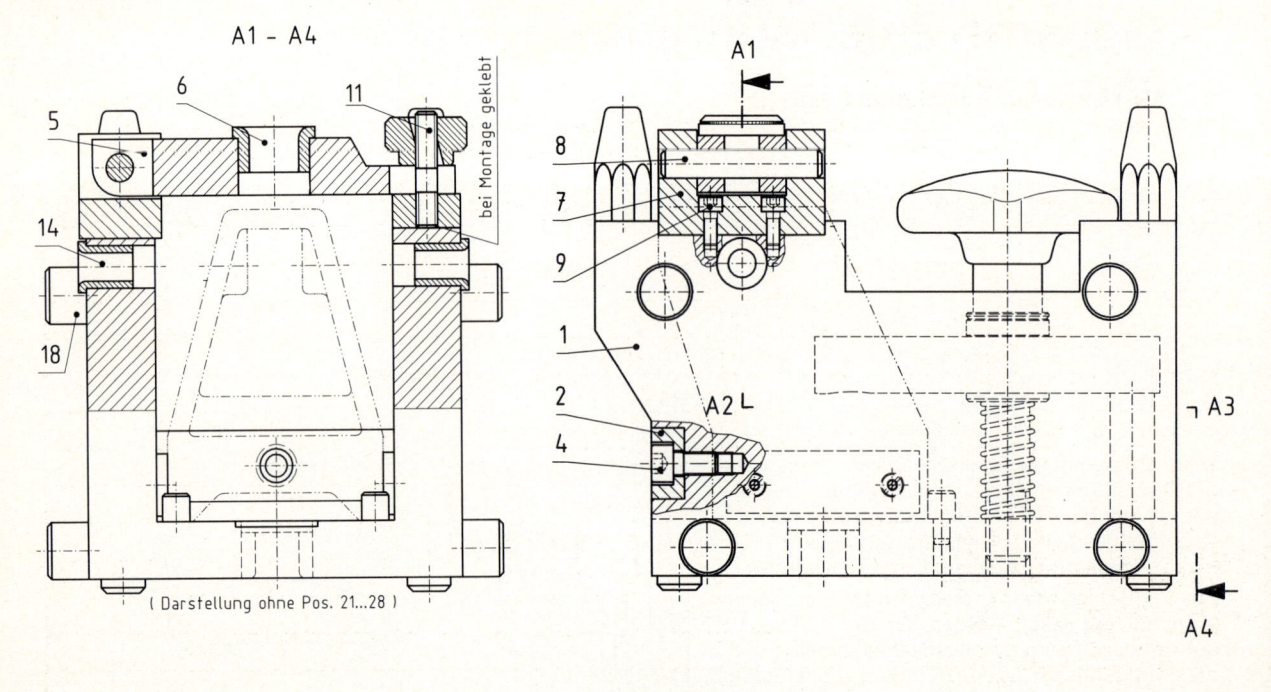

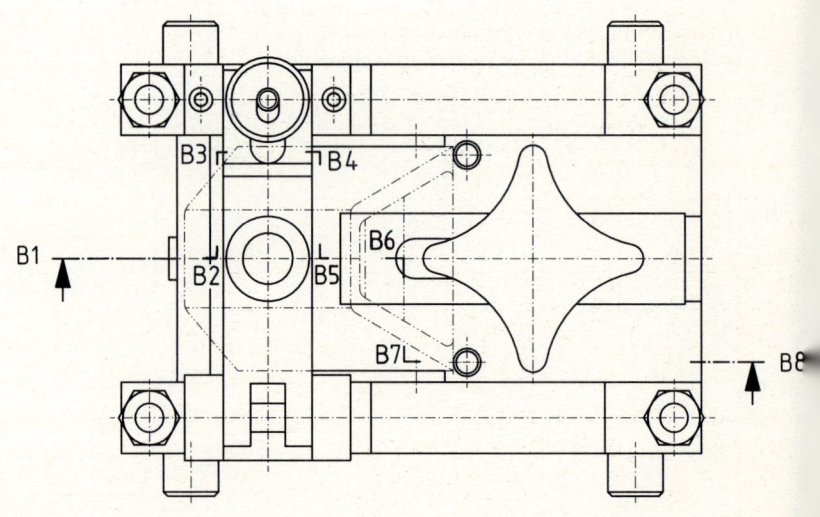

1. Wie viele Auflageflächen hat die Vorrichtung?
2. Welche Aufgabe haben die Aufnahmebolzen Pos. 18?
3. Welche Aufgabe haben die Aufnahmebolzen Pos. 19?
4. Wie wird die Stange Pos. 2 fixiert und gehalten?
5. Wie viele Bohrungen werden an einem Werkstück gebohrt?
6. Wie wird das Werkstück in der Vorrichtung zentriert? Gibt es Einstellmöglichkeiten?
7. Beschreiben Sie einen Werkstückwechsel

5.2 Bestimmung von Maßen mit Hilfe der Stücklistenangaben

Die DIN-Kurzzeichen kennzeichnen jedes einzelne Normteil, so daß mit Hilfe des Tabellenbuches alle erforderlichen Maße bestimmt werden können. Benötigt werden nur die Einbaumaße, die in die Teil-Zeichnungen einzutragen sind. Nur sie sind für den Verwender von Normteilen wichtig. Alle weiteren Maße sind nur für den Hersteller von Bedeutung.

Pos.	Menge	Benennung	DIN-Kurzzeichen	Bestellnummer
1	1	U-Profil		168-06
2	1	Stange	Flach DIN 174–25 × 12 × 127–USt 37–2 K	
3	1	Bundbohrbuchse	DIN 172–A 8 × 12	
4	2	Schraube	DIN 912–M 8 × 16–8.8	
5	1	Spannklappe		421-10
6	1	Bundbohrbuchse	DIN 172–A 18 × 16	
7	1	Lagerbock	Flach DIN 174–25 × 32 × 62–USt 37–2 K	
8	1	Zylinderstift	DIN 7–8 m6 × 60–St 50 K	
9	2	Schraube	DIN 912–M 5 × 10–8.8	
10	1	Auflager	Quadrat DIN 668–20 × 62–ST 37 K	
11	1	Stiftschraube	DIN 939–M 8 × 30–8.8	
12	1	Schnellspann-Rändelmutter		603-08
13	2	Schraube	DIN 912–M 5 × 35–8.8	
14	2	Bundbohrbuchse	DIN 172–A 10 × 20	
15	2	Platte	Flach DIN 174–20 × 4 × 72–USt 37–2 K	
16	4	Schraube	DIN 963–M 4 × 10–4.8	
17	2	Aufnahmebolzen	DIN 6321–A 10 × 10	
18	8	Aufnahmebolzen	DIN 6321–A 20 × 15	
19	4	Aufnahmebolzen	DIN 6321–A 16 × 8	
20	4	Fuß	DIN 6320–40 × M 10	
21	1	Auflagestift		213-16 × 50
22	1	Spanneisen		401-121
23	1	Kreuzgriff		617-116
24	1	Kugelscheibe		742-116
25	1	Kegelpfanne		742-316
26	1	Scheibe	DIN 125–A 17–St	
27	1	Druckfeder		765-16
28	1	Stiftschraube	DIN 939–M 16 × 105–8.8	
29	1	Bohrbuchse	DIN 179–A 16 × 16	

Aufgaben

1. Welchen Durchmesser haben die Bohrungen im Werkstück?
2. Skizzieren oder zeichnen Sie ein Gewindegrundloch für Pos. 20 in Pos. 1 im Maßstab 2:1.
3. Skizzieren oder zeichnen Sie ein Grundloch für Pos. 19 in Pos. 1 im Maßstab 2:1. Tragen Sie Maße und Rauheitswerte ein.
4. Skizzieren oder zeichnen Sie eine Bohrung für Pos. 18 in Pos. 1 im Maßstab 2:1. Tragen Sie Maße und Rauheitswerte ein.

5.3 Herstellen bzw. Ergänzen von Teil-Zeichnungen nach Angaben

Die Maße, die für das Zusammenwirken bzw. den Zusammenbau mehrerer Teile erforderlich sind, sind von den umgebenden Teilen abhängig. Ihre Nennmaße müssen mit den entsprechenden Nennmaßen in anderen Teil-Zeichnungen übereinstimmen. Die notwendigen Einbaumaße für die Normteile sind mit Hilfe der DIN-Kurzzeichen der Stückliste und des Tabellenbuches zu ermitteln. Abmaße, Toleranzen und Passungen sind in Abhängigkeit von der jeweiligen Funktion und der Art des Fügens auszuwählen. Rauheitswerte, Zentrierungen, Freistiche usw. sind mit Hilfe von Tabellen festzulegen.

Aufgaben

1. Der Ausschnitt aus der Vorderansicht zeigt die Befestigung von Pos. 7 an Pos. 1 und die Verbindung von Pos. 5 mit Pos. 7.

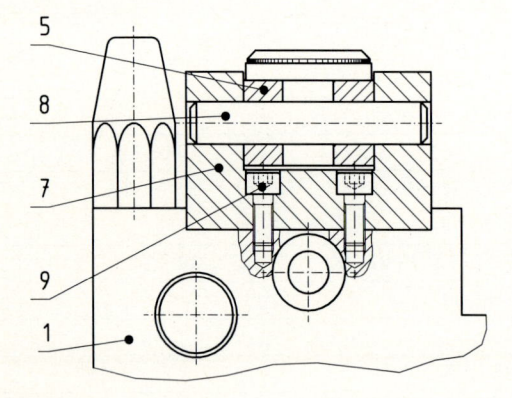

1.1 Durch welche Faktoren wird die Lage der Bohrung (Pos. 6) bestimmt?

1.2 Durch welche konstruktiven Maßnahmen kann die Bohrbuchse Pos. 6 besser fixiert werden?

1.3 Zeichnen oder skizzieren Sie den Lagerbock Pos. 7 in den notwendigen Ansichten und Schnitten. Alle fehlenden Maße sind mit Hilfe der angrenzenden Teile, der Stückliste, des Tabellenbuches und der Funktion zu bestimmen. Tragen Sie die erforderlichen Toleranzen und Rauheitswerte ein. In der Ecke zwischen Pos. 7 und Pos. 1 ist eine Fase vorzusehen.

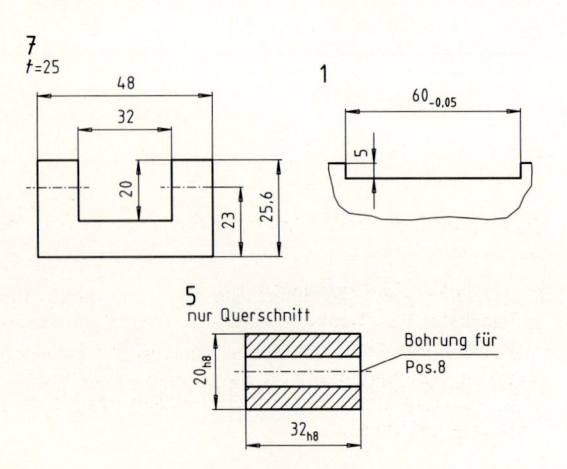

2. Die Ausschnitte aus der Gesamt-Zeichnung zeigen die Befestigung von Pos. 10 mit Pos. 1.

2.1 Wie ist Pos. 11 gegen Verdrehen gesichert?

2.2 Wie ist das Auflager Pos. 10 fixiert?

2.3 Worauf ist bei der Montage des Auflagers zu achten?

2.4 Zeichnen oder skizzieren Sie das Auflager in den notwendigen Ansichten und Schnitten. Alle fehlenden Maße sind mit Hilfe der angrenzenden Teile, der Stückliste, des Tabellenbuchs und der Funktion zu bestimmen. Die Bohrungen sind jeweils mittig vorzusehen.

Tragen Sie die Toleranzen und die erforderlichen Rauheitswerte ein.

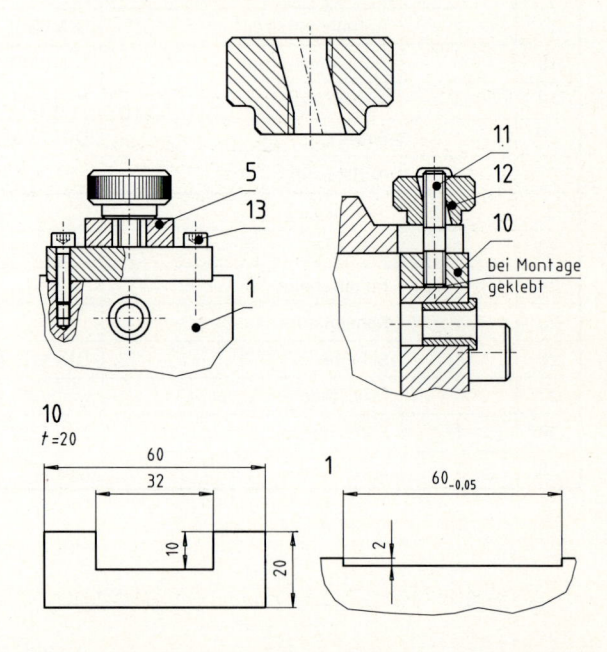

3. Zeichnen Sie Pos. 2 in den notwendigen Ansichten und Schnitten. Pos. 2 hat einen Querschnitt von 25 mm × 12 mm und ist fertig bearbeitet 125 mm lang. Pos. 1 hat eine Stegbreite von 20 mm. Alle anderen Maße sind mit Hilfe der Stückliste und des Tabellenbuchs zu bestimmen.

Tragen Sie die Toleranzen und die erforderlichen Rauheitswerte ein.

5.4 Herstellen einer Teil-Zeichnung nach eigenem Entwurf

Das Werkstück soll, wie im Bild dargestellt, zwei Bohrungen erhalten. Deshalb muß die Spannplatte Pos. 5 ausgewechselt werden.

Bei Änderungen am Bauelement ist es sinnvoll, die äußere Form zu erhalten, damit sich an angrenzenden Teilen keine Folgeänderungen ergeben. Ist dies nicht möglich, sind Neukonstruktionen mit in die Überlegungen einzubeziehen.

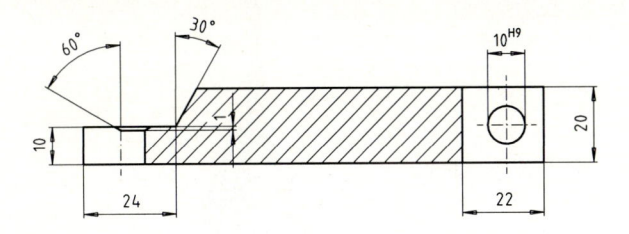

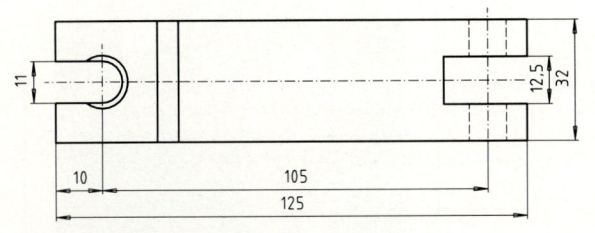

Spannplatte Pos. 5

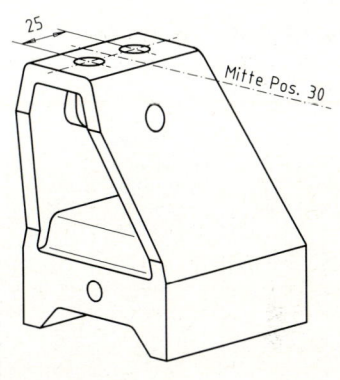

Geändertes Werkstück

Aufgaben

1. Die neue Bohrplatte Pos. 30 soll zwei Bundbohrbuchsen Pos. 31 der Form A für 12 mm Bohrungen aufnehmen. Die Lage der Bohrbuchsen ist der Skizze zu entnehmen. Die Bohrplatte Pos. 30 ist als Fertigungsteil zu planen, da es kein entsprechendes Kaufteil gibt.

1.1 Konstruieren und zeichnen/skizzieren sie eine Bohrplatte, die die geforderten Bedingungen erfüllt und die in die vorhandene Bohrvorrichtung (Seite 53) eingebaut werden kann. Die fehlenden Maße entnehmen Sie der Kaufteilzeichnung und den entsprechenden Tabellen. Wählen Sie einen Materialquerschnitt aus, der wenig spanende Arbeit erforderlich macht.

1.2 Fertigen Sie eine Stückliste für die neuen Teile an.

1.3 Fertigen Sie einen Arbeits-Plan an.

5.5 Funktions- und Baueinheiten

Der Eiffelturm ist ein funktional und baulich abgegrenztes **System**. Er wird heute als Aussichtsturm und als Fernmeldeturm genutzt. Beide Nutzungen sind innerhalb des Bauwerks als Einzelsysteme zu betrachten. Jedes dieser Systeme hat **Eingangsgrößen** (Input) und **Ausgangsgrößen** (Output), die jeweils an den Systemgrenzen (Schnittstellen) auftreten. Die **Funktion** eines Systems ist die Umsetzung der Eingangsgrößen in die Ausgangsgrößen innerhalb eines Systems.

Funktional und baulich abgegrenzte Systeme können untergliedert werden:

- **Systeme** in **Subsysteme** und
- **Funktionen** in **Teilfunktionen**.

Die Untergliederung von Systemen wird mit Hilfe von Betrachtungsebenen durchgeführt. Die Betrachtungsebenen folgen in der Reihenfolge: System – Einrichtung – Gruppe – Element.

5.5 Funktions- und Baueinheiten

Die Übersicht zeigt die Betrachtungsebenen für den Eiffelturm als Aussichtsturm.

Begriffe mit Erläuterungen	Funktional abgegrenztes System	Baulich abgegrenztes System		Abbildung
System: Gesamtheit der zur Erfüllung der Aufgabe erforderlichen technischen Mittel	Transportsystem	Aussichtsturm		
Einrichtung: Zusammenfassung von Gruppen und/oder Elementen zu einem abgeschlossenen Erzeugnis	Funktionale Einrichtung: Personenbeförderung	Bauliche Einrichtungen Anlage: Aufzug	Gerät: Antrieb Kabine	
Gruppe: Zusammenfassung von Elementen, aber noch kein selbständig verwendbares Erzeugnis	Funktionsgruppe: Drehmomentenwandlung	Baugruppe: Getriebe		
Element: Vom Betrachter als unteilbare Einheit angesehen	Funktionselement: Zahntrieb	Bauelement: Zahnrad Welle		

Aufgaben

1. Entwickeln Sie eine Übersicht der Betrachtungsebenen für die Fernmeldeanlage des Eiffelturms.

2. Stellen Sie in einer Übersicht die Betrachtungsebenen einer Bohrmaschine mit automatischem Vorschub dar.

5.6 Aufbauübersicht

Ähnlich wie die Funktions- und Baueinheiten sind auch die **Zeichnungs-** und **Stücklistensätze** strukturiert. Ein fertigungsgerechter Zeichnungs- und Stücklistensatz beinhaltet die Darstellung des komplexen Erzeugnisses, die Darstellung der Gruppen-Zeichnungen und die Einzelteil-Zeichnungen. Zu allen Zeichnungen gehören die entsprechenden Stücklisten bzw. Stücklistenangaben. Zeichnungssätze und Stücklistensätze sind hierarchisch geordnet. In der Aufbauübersicht ist diese Ordnung dargestellt.

Aufbauübersicht

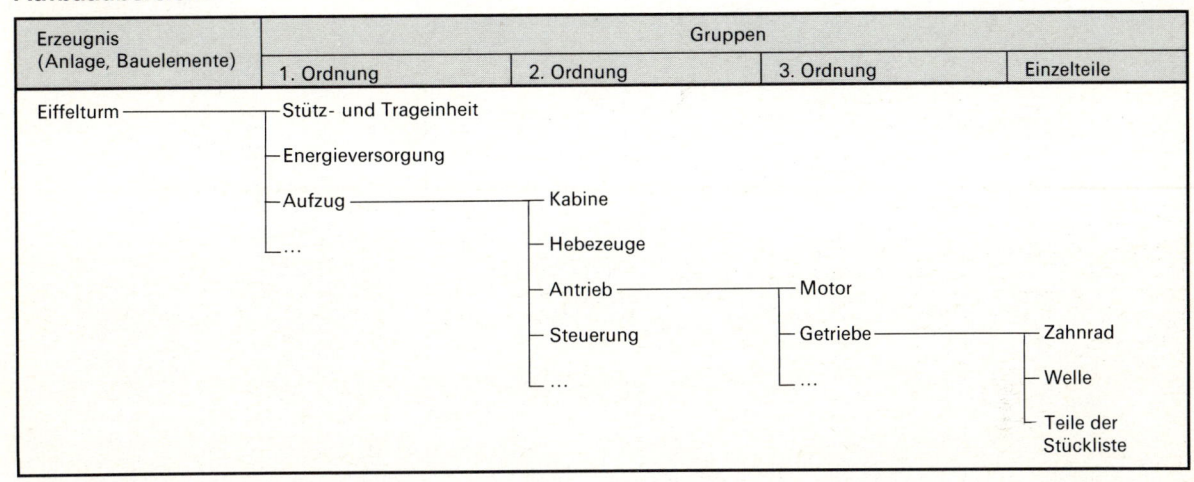

Erzeugnis (Anlage, Bauelemente)	Gruppen			Einzelteile
	1. Ordnung	2. Ordnung	3. Ordnung	
Eiffelturm	Stütz- und Trageinheit			
	Energieversorgung			
	Aufzug	Kabine		
	...	Hebezeuge		
		Antrieb	Motor	
		Steuerung	Getriebe	Zahnrad
		...		Welle
				Teile der Stückliste

Die Übersicht zeigt, wie Gruppen und Teile im Gesamtzusammenhang zu sehen sind. Für den Herstellungsgang ist es wichtig, für jede Gruppe eine Zeichnung und eine Stückliste zu haben (vgl. Seite 44 und 45). In der jeweils höheren Ordnung sind Gruppen und Einzelteile aus unteren Ordnungen zusammengefügt. Die neuen Gruppen müssen für die Lagerhaltung, Instandhaltung, den Montageverlauf usw. jeweils als selbständige Einheiten betrachtet und entsprechend dargestellt werden. Jede Gruppe kann ihrerseits am Anfang einer Aufbauübersicht als eigenständiges Erzeugnis stehen.

5.7 Gesamt-Zeichnung

Aufbau und Einzelteile

Für den Betrieb eines Aufzuges sind insgesamt sechs Getriebe im Einsatz, die teilweise hintereinander geschaltet sind. Sie haben am Antriebsritzel Leistungsaufnahmen von 0,37 kW; 0,75; 1,1 kW bzw. 2,2 kW.

Die Gesamt-Zeichnung und die Stückliste sind einer Betriebsanleitung eines Getriebes mit $P_N = 1{,}1$ kW entnommen. Diese Unterlagen werden z. B. für die Wartung und für Reparaturen benötigt. Aus ihnen kann man den Aufbau des Getriebes, die Informationen für die Wartung und die Anzahl und die Benennungen aller Einzelteile entnehmen.

Die in der Stückliste fehlende Pos. 6, das Antriebsritzel, gehört zur Anbaugruppe und ist in der entsprechenden Gruppenstückliste aufgeführt. Nur so können Doppelangaben vermieden werden. Alle anderen nicht aufgeführten Positionen sind gestrichen worden.

5.7 Gesamt-Zeichnung

Stirnradgetriebe SK 63

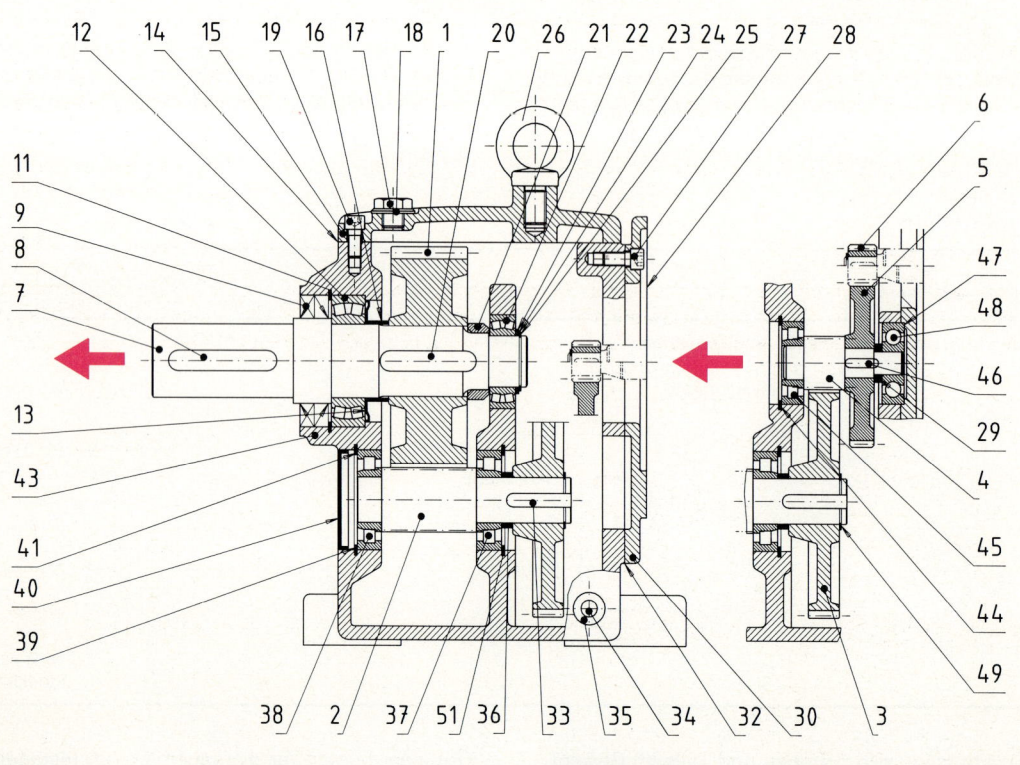

Pos	Benennung	Maße	Norm	Stk
01	Abtriebsrad RE	$z=54, m=3,50$		1
02	Ritzel-Welle II	$z=13, m=3,50$		1
03	Antriebsrad LKS	$z=93, m=2,00$		1
04	Ritzel-Welle I	$z=19, m=2,00$		1
05	Antriebsrad	$z=117, m=1,25$		1
07	Abtriebswelle	65×80		1
08	Paßfeder	$18 \times 11 \times 60$ A	DIN 6885	1
09	Wellendichtring AS	$75 \times 120 \times 12$	DIN 3760	1
11	Sicherungsring	I 120	DIN 472	1
12	Pend. Rollenlager	22213 E	DIN 635	1
13	Nilos-Ring	6213 AV		1
14	Gehäuse-Dichtung	$s = 0,5$		1
15	Gehäusedeckel			1
16	Distanzbuchse	$66 \times 75 \times 21,2$		1
17	Entlüftungsschraube	$M24 \times 1,5$	DIN 910	1
18	IT-Öldichtung	$24 \times 29 \times 2$	DIN 7603	1
19	Zylinderschraube	$M12 \times 25$	DIN 912	8
20	Paßfeder	$B 18 \times 11 \times 70$	DIN 6885	1
21	Distanzbuchse	$50 \times 70 \times 20$		1
22	Pend. Rollenlager	22209 E	DIN 635	1
23	Stützscheibe	$45 \times 55 \times 3,0$	DIN 988	1
24	Paßscheibe	$45 \times 55 \times 0,1$	DIN 988	2
25	Sicherungsring	A 45	DIN 471	1
26	Ringschraube	M20	DIN 580	1
27	Zylinderschraube	$M12 \times 25$	DIN 912	7
28	Motordichtung	300S/230/265	$s = 0,5$	1
29	Distanzbuchse	$21 \times 35 \times 7,2$		1
30	Getriebedeckel	300S		1
32	Getriebe-Dichtung		$s = 0,5$	1
33	Paßfeder	$B 12 \times 8 \times 45$	DIN 6885	1
34	Verschlußschraube	$M24 \times 1,5$	DIN 908	2
35	IT-Öldichtung	$24 \times 29 \times 2$	DIN 7603	2
36	Distanzbuchse	$41 \times 52 \times 9$		1
37	Zylinderrollenlager	NJ 308E	DIN 5412	1
38	Zylinderrollenlager	NJ 308E	DIN 5412	1
39	Sicherungsring	I 90	DIN 472	1
40	Verschlußkappe	90×8		1
41	Paßscheibe	$70 \times 90 \times 0,1$	DIN 988	2
43	Fußgehäuse			1
44	Sicherungsring	I 72 $\times$ 2,5	DIN 472	1
45	Zylinderrollenlager	NJ 206E	DIN 5412	1
46	Paßfeder	$B 8 \times 7 \times 28$	DIN 6885	1
47	Paßscheibe	$56 \times 72 \times 0,1$	DIN 988	2
48	Kugellager	6404	DIN 625	1
49	Sicherungsring	$A 40 \times 1,75$	DIN 471	1
51	Sicherungsring	I 90	DIN 472	1

Aufgaben

1. Warum ist das Getriebe in zwei Schnitten dargestellt?
2. Beschreiben Sie den Übergang von der einen Schnittdarstellung in die andere.
3. Wie viele Lager sind in dem Getriebe eingebaut? Welche Positionsnummern haben sie?
4. Wie und an welchen Stellen ist das Getriebe gegen Ölaustritt bzw. gegen Verschmutzung von außen gesichert?
5. Welche Positionsnummer hat das Gehäuse?
6. Welche Positionsnummern haben die Deckel?

5.7 Gesamt-Zeichnung

7. Welche Normteile verbinden Gehäuse und Deckel?
8. Warum gibt es die beiden Teile-Nummern Pos. 19 und Pos. 27 obwohl es jeweils die gleichen Schrauben sind?
9. In welchen Einzelteilen liegen die Wellenlagerungen?
10. Warum müssen Doppelangaben in Stücklisten vermieden werden?
11. Erklären Sie die unterschiedlichen Abmessungen der Mitnehmerverbindungen der Teile Pos. 20, 33 und 46.
12. Alle Wellenlagerungen sind im Gehäuse enthalten.
    a) Welchen Vorteil hat das für die Fertigung?
    b) Welchen Vorteil hat das für die Funktion?
13. Wodurch wird die äußere Form von Pos. 21 bestimmt?

Wirkungsweise und Funktion

Das Getriebe hat drei Zahnradpaare oder Stufen. Das Foto zeigt die räumliche Anordnung der Zahnräder im Gehäuse. Soll die Wirkungsweise des Getriebes dargestellt werden, so kann dies mit Hilfe graphischer Symbole geschehen. Graphische Symbole sind geeignet für Skizzen, für Planungen, als Grundlage für Berechnungen usw. Die Zeichnung zeigt dann den schematischen Aufbau des Getriebes.

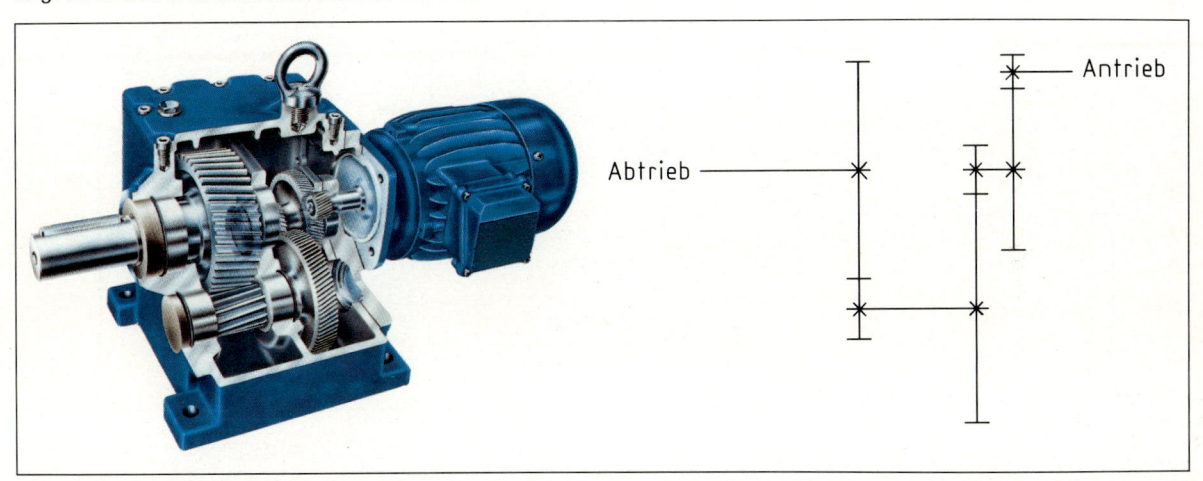

Die Auswahl weiterer graphischer Symbole ermöglicht die schematische Darstellung anderer Gruppen.

Graphische Symbole für Getriebe – Zeichenerklärung				
Stirnräder	**Schraubenräder**	**Kegelräder**	**Schneckenräder**	**Zahnstangentrieb**
geradverzahnt / schrägverzahnt				
Räderbefestigungen				**Verbindungen**	**Kupplungen**
drehfest axial gesichert	drehfest axial verschiebbar	lose axial gesichert	lose axial verschiebbar	Ziehkeilgetriebe	Lager allgemein	Zahnkupplung / Rad mit Rad und Welle mit Rad	elektromagnetische Kupplung

Aufgaben

1. Skizzieren Sie das abgebildete Getriebe Seite 60 mit Hilfe graphischer Symbole in Ansichten.

    Tragen Sie die Drehrichtungen ein.

    Tragen Sie die Verbindungen ein.

    Tragen Sie die Räderbefestigungen ein.

5.7 Gesamt-Zeichnung

2. Skizzieren Sie eine schematische Darstellung des Vorschubgetriebes von Seite 42

3. Bestimmen Sie Zähnezahlen und Module der Zahnräder. Das Antriebsritzel hat die Zähnezahl $z = 9$.
   Berechnen Sie die jeweiligen Teilkreisdurchmesser.

4. Berechnen Sie die Einzelübersetzungen und die Gesamtübersetzung.

5. Das Antriebsritzel hat bei einer Nennleistung $P_N = 1{,}1$ kW ein Nenndrehmoment $M_1 = 7{,}56$ Nm und eine Nennumdrehungsfrequenz $n_1 = 1390$ min. Berechnen Sie für alle Zahnräder die jeweiligen Drehmomente und Umdrehungsfrequenzen.

6. Berechnen Sie die Umfangsübertragungskräfte F_u in den Zahneingriffen der drei Getriebestufen mit Hilfe der Werte von Aufgabe 3, 4 und 5.

Erstellung einer Gesamt-Zeichnung nach Angaben

Mit Hilfe der gegebenen Teil-Zeichnungen der Positionen 2 und 3 und der Normteilangaben der Stückliste ist die Gruppe Ritzelwelle II des Getriebes Seite 60 als Gesamt-Zeichnung zu erstellen.

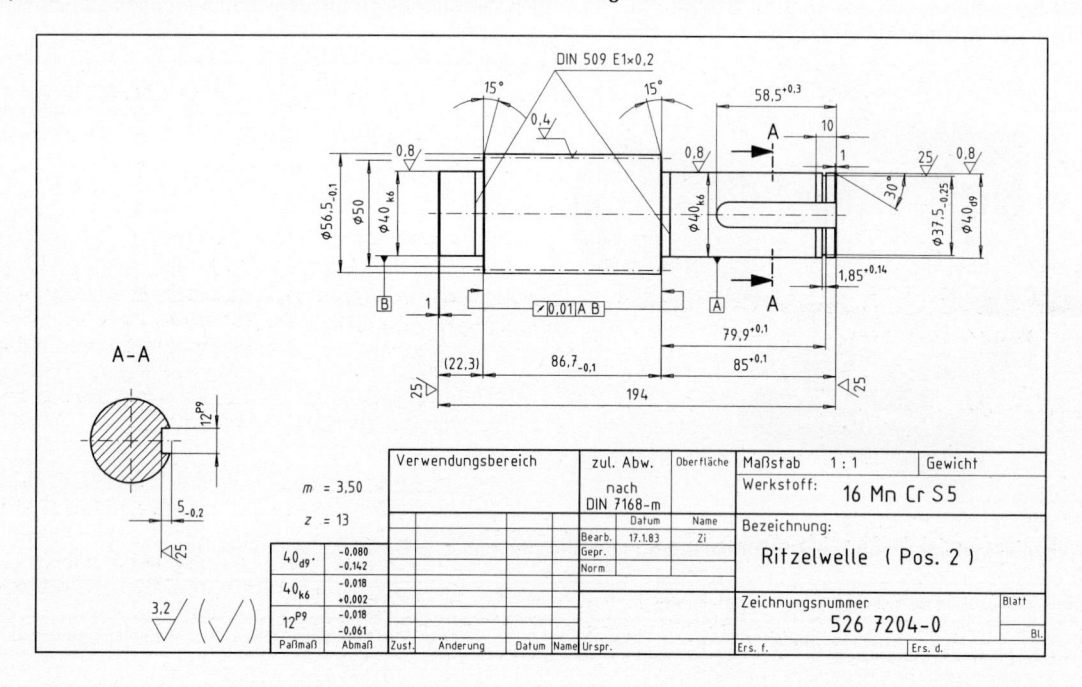

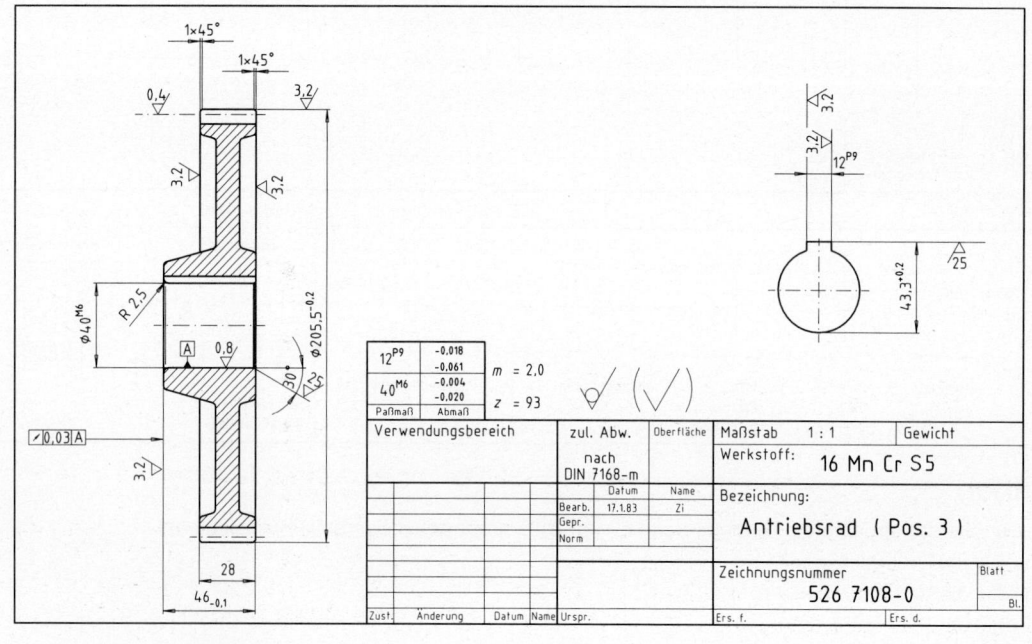

5.8 Strukturstufen – Montageplan

Erzeugnisse, wie z. B. das Getriebe SK 63 (Kap. 5.7), werden in mehreren aufeinanderfolgenden Zusammenbaustufen (Strukturstufen) montiert. In der ersten Stufe werden Einzelteile zu einer Gruppe zusammengefügt.

Beispiel:
Vormontage der Ritzelwelle II zur Gruppe II.2 aus den Einzelteilen Pos. 2, 33, 36, 37 und 38.

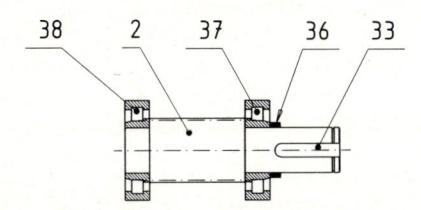

Die Gruppe wird in einer zweiten Stufe mit einem oder mehreren Einzelteilen oder mit einer oder mehreren Gruppen zu einer neuen Einheit ergänzt.

Beispiel:
Die Gruppe II.2 wird mit den Einzelteilen Pos. 39, 40, 41 und 51 in das Gehäuse Pos. 43 eingebaut und durch das Einzelteil Pos. 3 ergänzt. Es entsteht die Gruppe II.1.

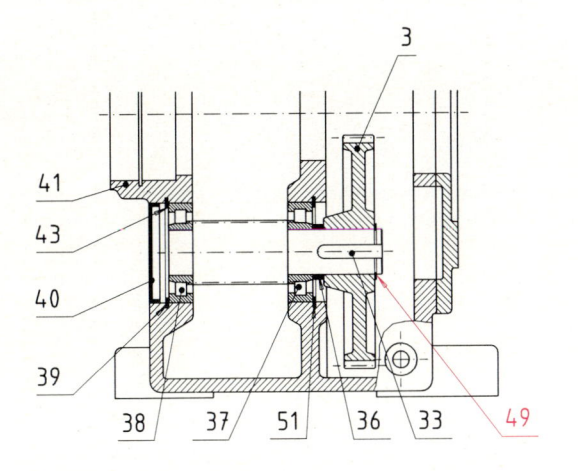

In einer weiteren Stufe wird die Gruppe weiter ergänzt bzw. die Montage abgeschlossen.

Beispiel:
Durch den Einbau von Pos. 49 sind alle Montagearbeiten beendet. Die Ritzelwelle II ist vollständig eingebaut.

Der Zusammenfluß der Teile und Gruppen wird graphisch in Strukturstufen dargestellt. Die einzelnen Strukturstufen entstehen jeweils, wenn Einzelteile zu einer Gruppe oder wenn eine Gruppe mit weiteren Einzelteilen und/oder Gruppen zu einer neuen Gruppe zusammengefügt wird.

Stufe 0   Zusammenbaustufe aller Teile und Gruppen

Stufe 1

Stufe 2

Stufe 3

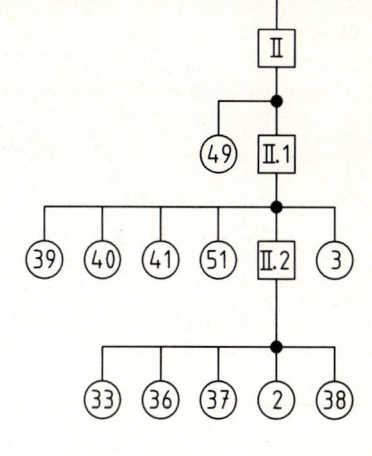

Zeichenerklärung:
- ☐ Gruppe, Erzeugnis
- ◯ Einzelteil
- ⌒ Halbzeug
- ◯(1) Mengenangabe als Hochzahl

Hinweis:
Wird eine Stückliste nach Strukturstufen gegliedert, so brauchen bei der Montage die Einzelteile nicht mühsam in der Stückliste bzw. in der Gesamtzeichnung gesucht zu werden.

Die abgebildeten Strukturstufen gelten nur für die Ritzelwelle II, die auf dem Einzelteil Pos. 2 aufgebaut sind.

In der Stufe 0 wird das Getriebe fertigmontiert. Neben den Wellen und Zahnrädern müssen auch die Deckel, die Ölablaßschraube usw. montiert werden.

Aufgaben

1. Erstellen Sie die Strukturstufen für die Ritzelwelle Pos. 4.
2. Erstellen Sie die Strukturstufen für die Abtriebswelle Pos. 7.
3. Erstellen Sie die Strukturstufen für die Baugruppe Bohrspindel (Pos. 6) von Seite 34.
4. Erstellen Sie die Strukturstufen für die Baugruppe Mitnehmerhülse (Pos. 2) von Seite 17.

Montageverlaufsplanung – Arbeitsplanung

Aus den Strukturstufen läßt sich die Reihenfolge der Arbeitsgänge bei der Montage entnehmen. Außerdem können alle Teile, die zu einer Stufe gehören, sicher erfaßt werden.

In einem **Montage-Plan** werden die einzelnen Arbeitsschritte, die benötigten Einzelteile, Gruppen, Werkzeuge, Vorrichtungen und Hilfsstoffe aufgeschrieben. Am Ende der Überlegung steht dann ein Arbeitsplan für die Montage einer Gruppe bzw. eines Geräts.

Montageplan

1. Lager Pos. 37 auf die Ritzelwelle II Pos. 2 aufziehen.
2. Distanzbuchse Pos. 36 auf die Ritzelwelle II aufstecken.
3. Paßfeder Pos. 33 in die Ritzelwelle II einbauen.
4. Lager Pos. 38 auf die Ritzelwelle II aufziehen.
5. Sicherungsring Pos. 51 in das Gehäuse Pos. 43 einbauen.
6. Antriebsrad Pos. 3 in das Gehäuse einlegen.
7. Vormontierte Ritzelwelle II von der Abtriebsseite in das Gehäuse einsetzen.
8. Antriebsrad Pos. 3 auf Ritzelwelle II aufziehen.
9. Sicherungsring Pos. 39 einbauen, dabei eventuell vorhandenes Lagerspiel mit Paßscheiben Pos. 41 ausgleichen (Spiel $\leq 0{,}1$ mm).
10. Verschlußkappe Pos. 40 in das Gehäuse einsetzen.
11. Sicherungsring Pos. 49 einbauen.

Aufgaben

1. Erstellen Sie einen Montage-Plan für die Ritzelwelle I Pos. 4 mit den dazugehörigen Einzelteilen.
2. Erstellen Sie einen Montage-Plan für die Abtriebswelle Pos. 7 mit den dazugehörigen Einzelteilen.
3. Erstellen Sie einen Montage-Plan für die Baugruppe Bohrspindel (Pos. 6) von Seite 34.
4. Erstellen Sie einen Montage-Plan für die Baugruppe Mitnehmerhülse (Pos. 2) von Seite 17.

5.9 Strukturnetz

Die Zusammenhänge eines Montage-Plans und die Strukturstufen eines Erzeugnisses können graphisch in einem Plan dargestellt werden. Wegen der vielen Verbindungen und Verzweigungslinien erhält ein solcher Plan ein netzartiges Aussehen und wird deshalb als **Strukturnetz** bezeichnet.

Ein Strukturnetz enthält alle Einzelteile einer Gruppe oder eines Geräts. Zusammengehörende Teile sind – ähnlich wie bei einem Anordnungs-Plan – in ihrer Lage zueinander abgebildet. Die perspektivischen Darstellungen der Teile sind durch Symbole ersetzt worden.

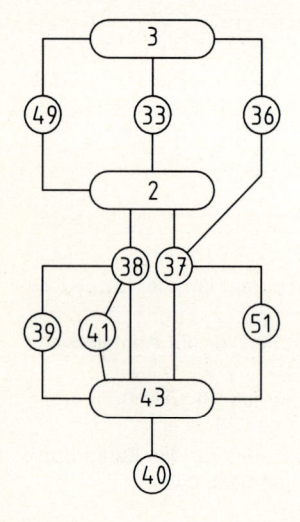

Zeichenerklärung:

- ⬭ Fertigungsteil
- ○ Normteil/Fremdteil
- — Verbindungen zwischen den Teilen
- ○$^{(2)}$ Mengenangaben als Hochzahlen

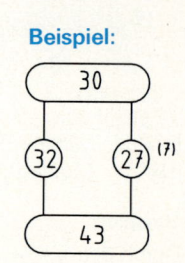

Beispiel:

5.10 Stoßdämpfer

Durch zusätzliche Wortangaben an den Verbindungslinien wie z. B. „verschraubt", „verstiftet", „eingepreßt" usw. kann die Verbindungsart genauer gekennzeichnet werden. Ebenso kann man zum besseren Verständnis die Positionsnummern durch die Benennungen ersetzen.

Mit Hilfe eines Strukturnetzes werden übergeordnete Zusammenhänge schematisch dargestellt.

- Die **Lage der Teile** zueinander wird deutlich
  – aber nicht die Form der Teile.
- Der **funktionale Zusammenhang** wird gezeigt
  – es wird aber nicht gezeigt, wie die Teile zusammengefügt sind.
- Ein schneller und vollständiger **Überblick** ist gewährleistet
  – aber keine Aussage über Details.

Ein Strukturnetz ist schnell zu skizzieren bzw. zu zeichnen. Es hilft:
- bei der Planung,
- bei der Auswahl der Norm- und Fremdteile,
- bei der Auswahl und Zusammenstellung aller vorkommenden Werkstückdetails und Sonderangaben wie Toleranzen, Passungen, Rauheiten usw.,
- bei der Analyse von Gruppen und Geräten,
- bei der Arbeitsplanung, speziell der Montageplanung.

Aufgaben

1. Skizzieren oder zeichnen Sie ein Strukturnetz für die Ritzelwelle I Pos. 4.
2. Skizzieren oder zeichnen Sie ein Strukturnetz für die Abtriebswelle Pos. 7.

5.10 Stoßdämpfer

Stoßdämpfer (Seite 66) sind geschlossene hydraulische Systeme. Die von außen einwirkende Kraft wird über den Kolben auf das Öl übertragen. Das Öl wird durch Drosselöffnungen in den Absorber und von dort in den Raum oberhalb des Kolbens gedrückt. Proportional zum Hub nimmt die Zahl der freien Drosselöffnungen unterhalb des Kolbens ab. Damit wird erreicht, daß der Staudruck vor dem Kolben annähernd gleich bleibt. Entsprechend ist die vom Stoßdämpfer erzeugte Bremskraft während eines Hubs als konstant anzusehen. Die Einfahrgeschwindigkeit des Kolbens nimmt somit linear ab.

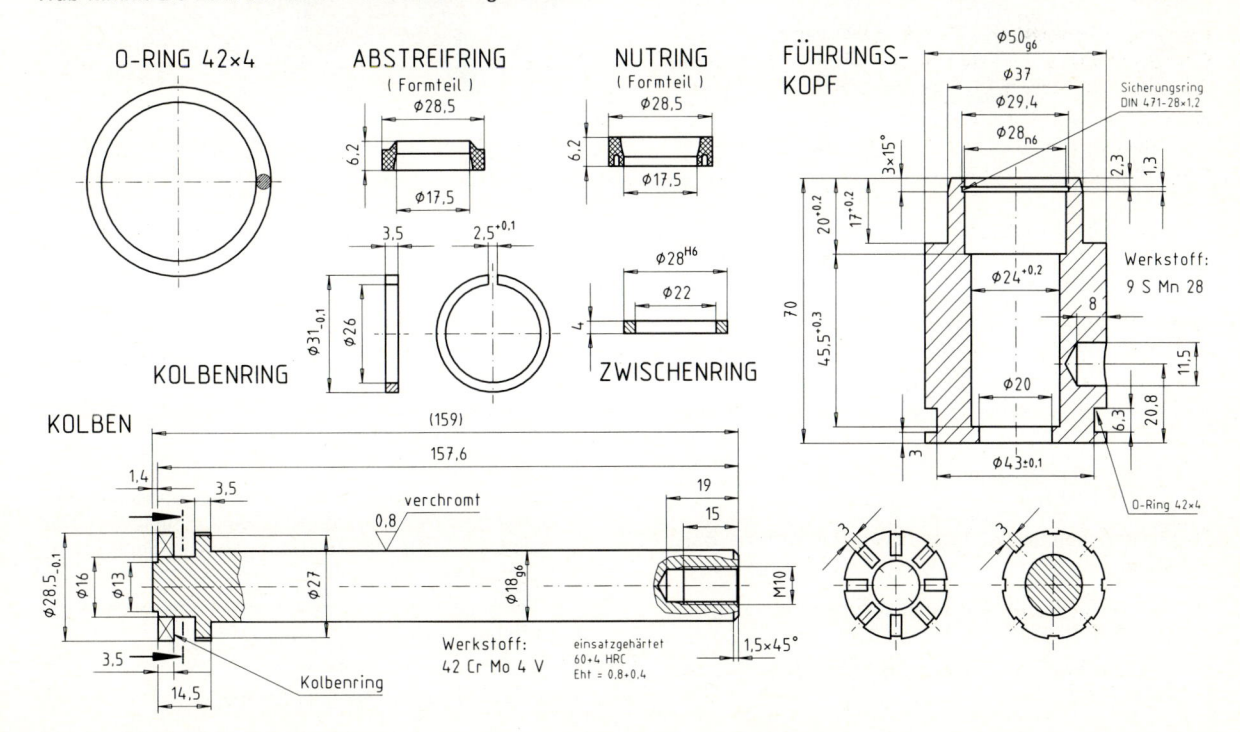

5.10 Stoßdämpfer

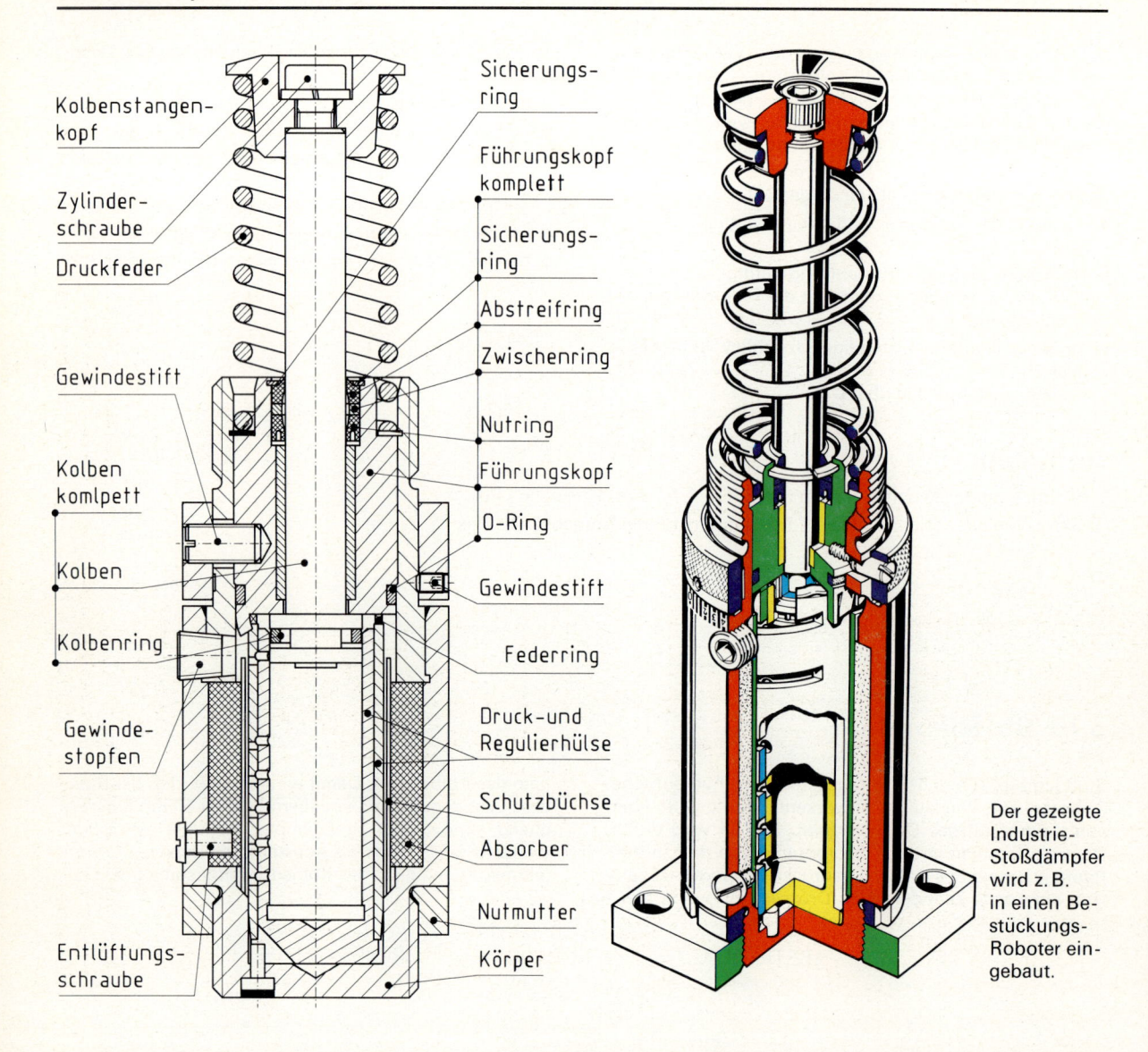

Bildbeschriftungen (linke Schnittzeichnung):
- Kolbenstangenkopf
- Zylinderschraube
- Druckfeder
- Gewindestift
- Kolben komplett
- Kolben
- Kolbenring
- Gewindestopfen
- Entlüftungsschraube
- Sicherungsring
- Führungskopf komplett
- Sicherungsring
- Abstreifring
- Zwischenring
- Nutring
- Führungskopf
- O-Ring
- Gewindestift
- Federring
- Druck- und Regulierhülse
- Schutzbüchse
- Absorber
- Nutmutter
- Körper

Der gezeigte Industrie-Stoßdämpfer wird z. B. in einen Bestückungs-Roboter eingebaut.

Aufgaben

1. Skizzieren Sie ein Kraft-Weg-Diagramm für die Bremskraft $F_{Br} = 540$ N und den Hub $h = 12{,}5$ mm.
2. Welche speziellen Formen der Arbeit entstehen innerhalb des Stoßdämpfers, wenn dieser belastet wird.
3. Welche der Arbeitsformen aus Aufgabe 2 bewirkt die schnelle Rückstellung bei Entlastung?
4. Beschreiben Sie den Weg des Hydrauliköls bei Belastung.
5. Wie wird mit Hilfe des beweglichen Kolbenrings die schnelle Rückstellung ermöglicht?
6. Beschreiben Sie den Weg des Hydrauliköls bei Entlastung.
7. Durch Verschieben der Regulierhülse gegenüber der Druckhülse wird die Größe der Drosselöffnungen verändert.

    Wie wird diese Einstellbewegung vom Einstellring nach innen übertragen?
8. Welche Funktion hat der Stift?
9. Erstellen Sie für den kompletten Führungskopf eine Baugruppen-Zeichnung und eine Stückliste. Die Maße sind den Teil-Zeichnungen von Seite 65 zu entnehmen.
10. Erstellen Sie für den Kolben einen Fertigungsplan.
11. Erstellen Sie die Strukturstufen.
12. Skizzieren Sie ein Strukturnetz.
13. Fertigen Sie einen Montageplan an.

5.11 Vorschubgetriebe einer Drehmaschine

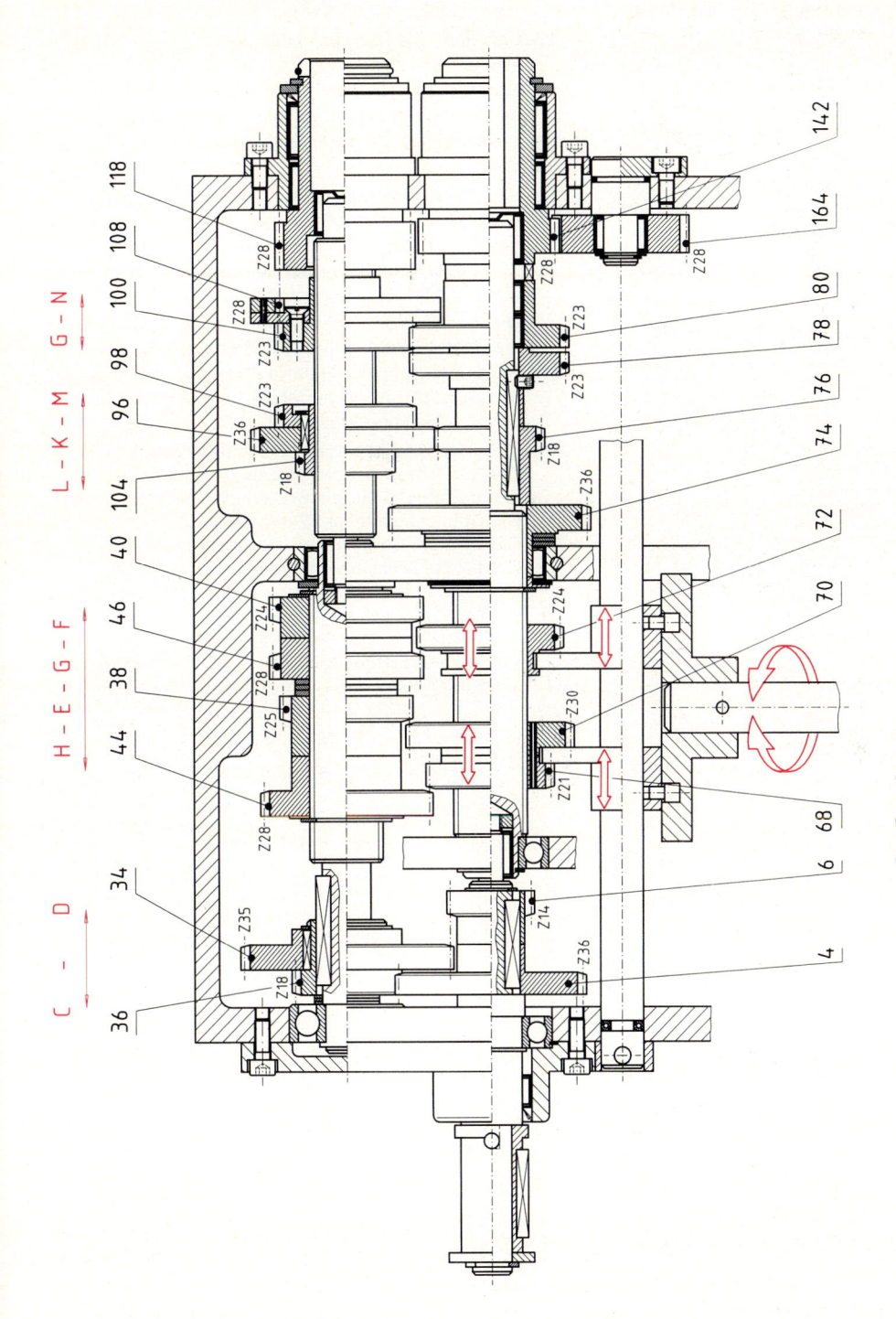

Mit Hilfe dieser Zeichnung sollen möglichst viele Einzelheiten dargestellt werden. Aus diesem Grund sind das Gehäuse und die Wellen teilweise im Schnitt, teilweise in Ansicht gezeichnet. Diese Gesamt-Zeichnung zeigt die Funktion des Getriebes, die Verbindung von Einzelteilen und die Grenze der Baugruppen.

bungen. Die Kombination beider Rädertypen ermöglicht in den einzelnen Schaltstufen einen konstanten Achsabstand.

2. Die Räder Pos. 118 und 142 sind über das Rad Pos. 164 miteinander verbunden. Welche Bedeutung hat dies für die Leit- und die Zugspindel?
3. Wie werden die Drehrichtungen der Leit- und Zugspindel geändert?

Aufgaben

1. Fertigen Sie mit Hilfe graphischer Symbole eine schematische Darstellung des Vorschubgetriebes an.
Tragen Sie die Symbole für Räderbefestigungen und Verbindungen ein.
Tragen Sie die Zähnzahlen ein.
Hinweis: Das Getriebe enthält geradverzahnte Stirnräder und Stirnräder mit Profilverschie-

5.11 Vorschubgetriebe einer Drehmaschine

4. Warum haben die Räder mit den Pos. 108, 118, 142 und 164 die gleiche Zähnezahl?
5. Welche Bedeutung hat die Zähnezahl von Pos. 164 für die Umdrehungsfrequenzen der Leit- und Zugspindel?
6. Bestimmen Sie die Drehrichtungen für alle Wellen und Räder für die Schalthebelstellungen: D – E – L – O.
7. Berechnen Sie für die Schalthebelstellungen: C – G – K – N die Umdrehungsfrequenzen der einzelnen Räder, die Einzelübersetzungen und die Gesamtübersetzung.
8. Mit welchen Schalthebelstellungen werden die größte bzw. die kleinste Umdrehungsfrequenz an der Zug- und Leitspindel eingestellt?
9. Entwickeln Sie ein Schema (siehe Abbildung), in dem alle Schalthebelstellungen enthalten sind.
10. Wie viele Umdrehungsfrequenzen hat das Vorschubgetriebe?
11. Berechnen Sie alle Umdrehungsfrequenzen und tragen Sie diese in das Schema von Aufgabe 9 ein.
12. Beschreiben Sie die Lagerungen aller Getriebewellen (insgesamt 7 Wellen).
13. Erstellen Sie die Strukturstufen für die Gruppe Welle 1.
14. Erstellen Sie ein Strukturnetz für die Welle 1. Die angrenzenden Teile sind gestrichelt anzudeuten.
15. Erstellen Sie einen Montageplan für die Gruppe Welle 1.
16. Skizzieren oder zeichnen Sie die Paßfederverbindung Pos. 3 als Einzelheit mit allen Fertigungsangaben.
17. Skizzieren oder zeichnen Sie den linken Wellenabsatz mit allen Fertigungsangaben.
    Die Buchse Pos. 10 hat eine Länge von 50 mm und die Scheibe Pos. 14 hat eine Breite von 4 mm.
18. Bestimmen Sie mit Hilfe der Tabelle von Seite 51 die ISO-Toleranzen für Welle und Gehäuse (bezogen auf das Lager Pos. 7).
19. Zeichnen Sie die Gesamt-Zeichnung von Welle 1.
    Zahnrad Pos. 4 hat die Breiten 20 mm und 10 mm.
    Zahnrad Pos. 6 hat die Breiten 20 mm und 10 mm.
    Die Gehäusewand ist 12 mm dick.
    Der Deckel Pos. 8 hat eine Gesamtbreite von 30 mm.
    Der größte Wellendurchmesser ist 8 mm breit.
    Die Buchse Pos. 10 hat eine Länge von 50 mm.
    Die Scheibe Pos. 14 hat eine Breite von 4 mm und einen Außendurchmesser von 35 mm.
    Alle anderen Maße sind mit Hilfe der Normteilabmessungen bzw. frei zu bestimmen.

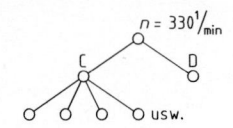

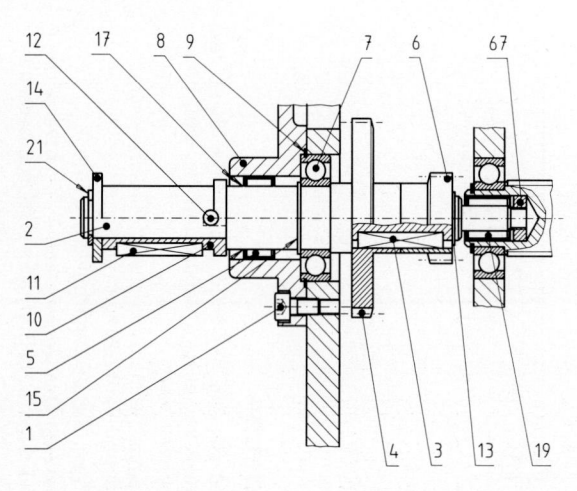

$n = 330 \frac{1}{min}$

Pos.	Menge	Benennung	DIN-Kurzzeichen
1	4	Zylinderschraube	DIN 912 – M5 × 10
2	1	Welle 1	
3	1	Paßfeder	DIN 6885 – A5 × 5 × 28
4	1	Zahnrad, $z = 36$, $m = 1,75$	
5	1	Nadelhülse HK 2012	
6	1	Zahnrad, $z = 14$, $m = 2$	
7	1	Rillenkugellager	DIN 625 – 6204 N
8	1	Lagerdeckel	
9	1	Sprengring	DIN 5417 – SP 42
10	1	Buchse	
11	1	Paßfeder	DIN 6885 – A5 × 4 × 32 (5 Stück Reserve)
12	6	Scherstift – 5 × 21	
13	1	Sicherungsring	DIN 471 – 16 × 1
14	1	Scheibe	
15	1	Sicherungsring	DIN 471 – 20 × 1,2
17	1	Dichtring G 20 × 26 × 4	
18			
19	1	Nadelhülse HK 1015	
20			
21	1	Sicherungsring	DIN 471 – 14 × 1
67	1	Schlitzmutter	DIN 546 – M8 – 5

Fremdteile, die nicht im Tabellenbuch enthalten sind.

Nadelhülsen:

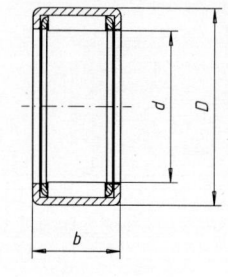

Welle	Kurzzeichen	D	d	b
10	HK 1015	14	10	15
20	HK 2012	26	20	12

Schlitzmutter DIN 546:

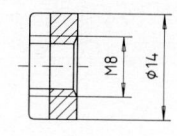

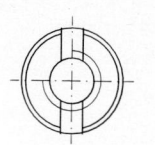

Sprengring DIN 5417:

ungespannt:
$d_1 = 38,9$
gespannt:
$d_1 = 46,3$

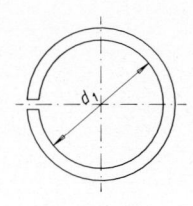

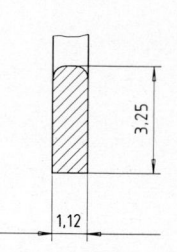

6 Schweißgruppen – Zeichnung

In Mühlen werden Güter, in diesem Beispiel Kohle, gebrochen oder zerkleinert. Dazu drehen sich Schläger auf einer Welle mit hoher Umdrehungsfrequenz. Die Schläger der Mühlen unterliegen einem sehr hohen Verschleiß und müssen daher regelmäßig ausgewechselt und überarbeitet werden. Bei der Demontage sind geringe Umdrehungsfrequenzen (1/min) notwendig. Dies ist mit dem eigentlichen Antrieb oft nicht möglich, da dieser auf die Arbeitsumdrehungsfrequenzen ausgelegt ist. Deshalb wurde ein getrennter Antrieb für Reparaturen vorgesehen. Folgendes Bild zeigt eine Drehvorrichtung für Reparaturarbeiten, die am Loslager der Schlägerwelle angebracht ist. Die Schutzhaube, dahinterliegende Baueinheiten und weitere Sicherheitseinrichtungen wurden nicht dargestellt.

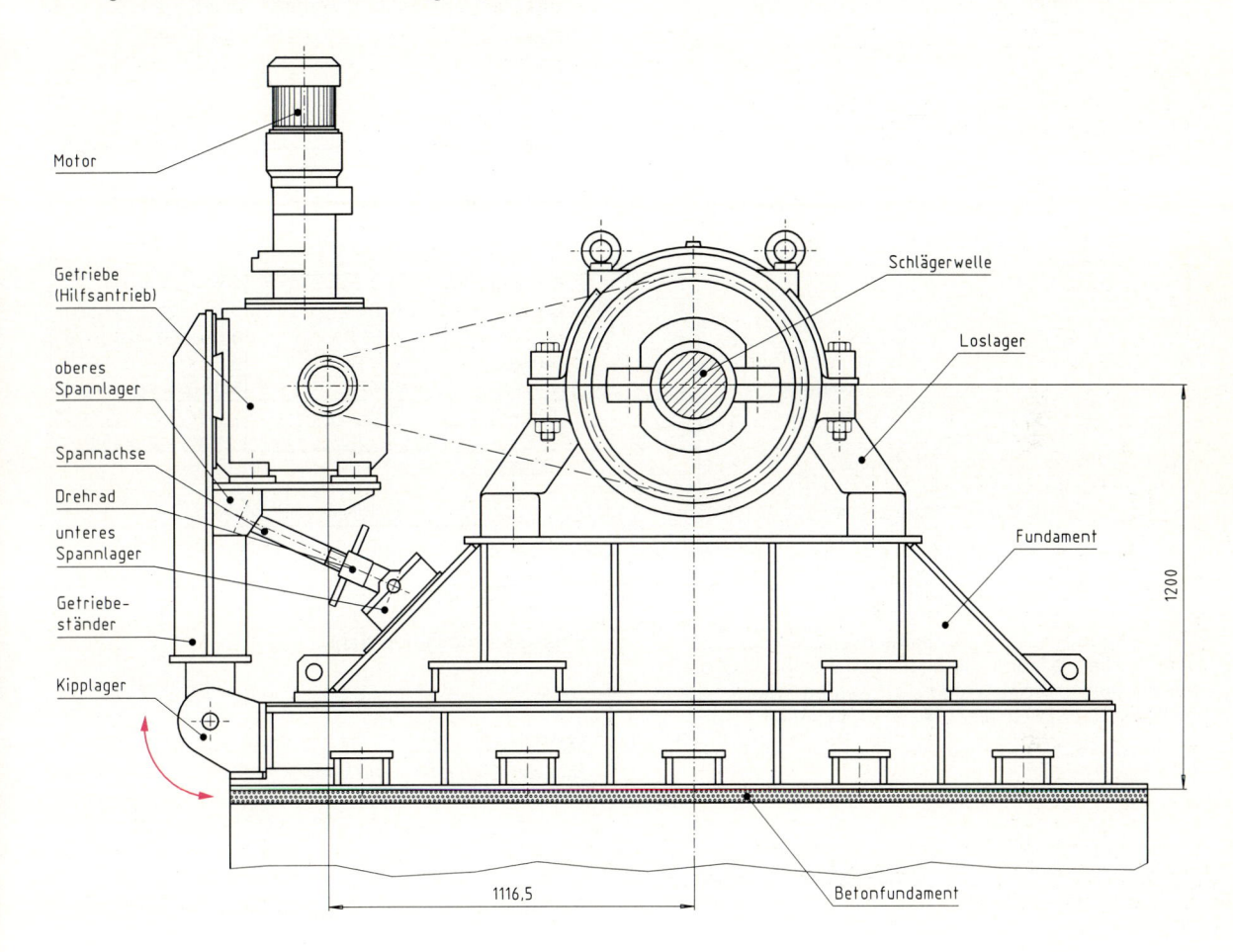

Aufgaben

1. Welche Teile der dargestellten Konstruktion wurden als Schweißkonstruktion ausgeführt?
2. Welcher Zugmitteltrieb wurde als Verbindung zwischen Hilfsantrieb und der Schlägerwelle gewählt? Beachten Sie dabei, daß kein Schlupf zwischen Zugmitteltrieb und An- bzw. Abtriebsrad auftreten darf.
3. Warum muß der Zugmitteltrieb abnehmbar gestaltet werden?
4. Welches Bauteil ermöglicht eine Kippbewegung der Drehvorrichtung?
5. Welches Bauteil ermöglicht das Spannen des Zugmitteltriebes?

6.1 Bemaßung einer Schweißnaht

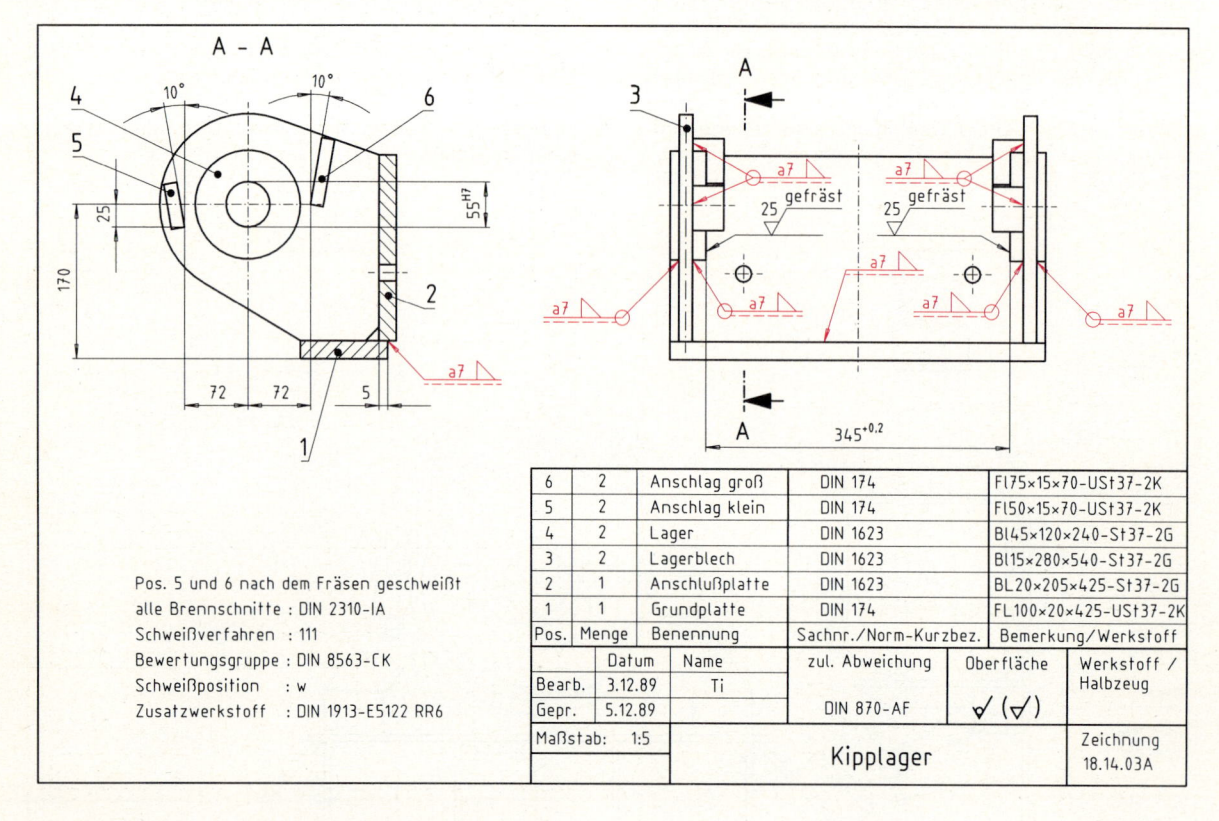

Zur Fertigung von Schweißnähten sind Angaben erforderlich, die die Form der Naht, ihre Ausführung u.a.m. beschreiben. Diese Angaben werden meist durch Symbole oder Buchstabenkürzel beschrieben.

In der Zeichnung des Kipplagers finden Sie dazu z.B. folgende Angabe:

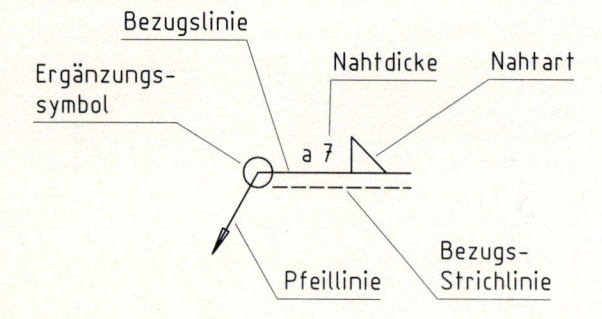

Ringsum verlaufende Naht:

Montagenaht
(auf der Baustelle geschweißt):

Ergänzungssymbol

Im Kipplager sind die Schweißnähte an den Positionen 4 bis 6 um das ganze Werkstück herumzuziehen. Dieses wird in der Zeichnung mit einem Ergänzungssymbol am Knick zwischen Pfeillinie und Bezugslinie dargestellt.

Nahtarten, Bemaßung und Oberflächenformen

Im Kipplager sind alle Bleche im T-Stoß gefügt. Die geeignete **Nahtart** für T-Stöße ist die Kehlnaht. Andere Stoßarten bedingen andere Nahtarten.

Die **Maße der Nähte** werden sehr häufig nach den Blechdicken bestimmt. Bei Stumpfstößen entsprechen sie meist der Blechdicke.

Bei Kehlnähten hat sich eine Faustformel bewährt, die eine sinnvolle Anwendung bis zu Blechdicken von ca. 15 mm zuläßt. Das Nahtmaß berechnet sich aus:

$$\text{„a"} - \text{Maß} \approx 0{,}7 \cdot \text{dünnste Blechdicke}$$

Im Kipplager beträgt die „dünnste" Blechdicke 10 mm, bezogen auf den Eckstoß zwischen Pos. 1 und Pos. 2. Die Bleche überlappen an dieser Stelle 5 mm. Das Kehlnahtmaß wird mit $a = 7$ mm festgelegt. Da keine großen Kräfte auftreten, kann dieses Maß auch auf alle anderen Nähte übertragen werden. Die Kehlnahtgröße kann auch durch die Angabe der Schenkellänge („z"-Maß) bestimmt werden.

6.1 Bemaßung einer Schweißnaht

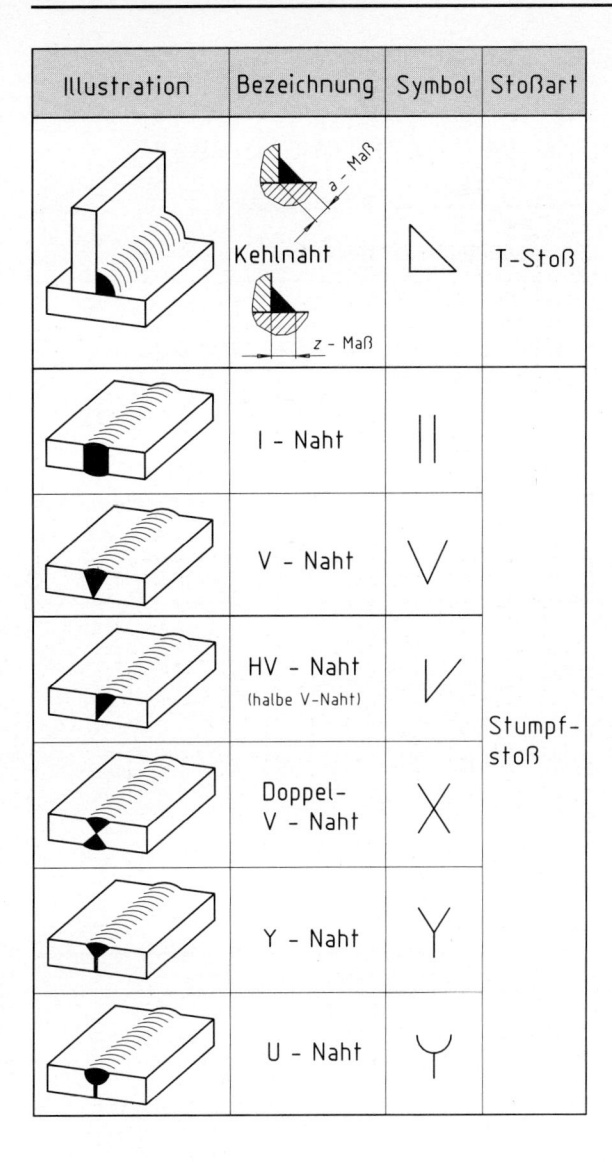

Illustration	Bezeichnung	Symbol	Stoßart
	Kehlnaht (a-Maß, z-Maß)	△	T-Stoß
	I - Naht	∥	Stumpfstoß
	V - Naht	V	Stumpfstoß
	HV - Naht (halbe V-Naht)	V	Stumpfstoß
	Doppel-V - Naht	X	Stumpfstoß
	Y - Naht	Y	Stumpfstoß
	U - Naht	Y	Stumpfstoß

Die Angabe der **Nahtdicke** steht immer links vor dem Nahtsymbol, **Längenmaße** können rechts hinter dem Symbol eingetragen werden.

In besonderen Fällen muß die **Oberflächenform** der Schweißnaht festgelegt werden. Dies geschieht z. B. durch folgende Zusatzsymbole:

hohl (konkav): ∪
flach (eben): —
gewölbt (konvex): ∩

In unserem Beispiel ist die Oberflächenform nicht festgelegt. Die Kehlnähte werden dann als Flachkehlnähte ausgeführt.

Die Angabe der **Bezugs-Strichlinie** in der Schweißnahtbemaßung legt fest, ob die Schweißnaht von der **Werkstückoberseite** oder der **Werkstückgegenseite** erfolgt. Werden Schweißnahtsymbol und Strichlinie durch die Bezugslinie **getrennt**, so erfolgt die Schweißung von der **Werkstückoberseite**. Soll die Schweißung von der **Werkstückgegenseite** erfolgen, sind Strichlinie und Nahtsymbol **gemeinsam auf oder unter** der Bezugslinie einzutragen.

Illustration	symbolhafte Darstellung
von *oben* geschweißt	Symbol auf der Bezugslinie
von *unten* geschweißt	Symbol auf der Strichlinie
	oder
	oder
	oder
	oder

Hinweis

Bei symmetrischen Nähten, wie z. B. Doppel-V-Naht, entfällt die Strichlinie.

Bei nicht symmetrischen Nähten zeigt die Pfeillinie auf das Werkstück, an dem eine Nahtvorbereitung erfolgt, z. B. bei einer HV--Naht auf das abzuschrägende Blech.

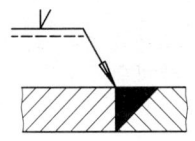

Umfassende Bemaßung einer Schweißnaht

In der Zeichnung des Kipplagers wurden die Angaben für Schweißverfahren, Schweißnahtgüte, Schweißposition und Zusatzwerkstoff über dem Schriftfeld eingetragen. Diese Eintragungsart ist möglich, wenn alle in der Zeichnung auftretenden Nähte gleich sind. Es wird Platz in der Zeichnung gespart und die Zeichnung wird übersichtlicher. Werden durch den Konstrukteur z. B. verschiedene Schweißverfahren, Güten, Positionen oder Schweißzusatzwerkstoffe an einem Werkstück festgelegt, muß jede Naht die für sie notwendigen Angaben enthalten.

6.2 Schweißplan und Schweißfolgeplan

Anhand des folgenden Beispiels soll eine derartige Schweißnahtbemaßung erläutert werden:

$a5 \quad 6 \times 80 \quad (100)$ / 111 / DIN 8563-CK / w / DIN 1913-E 5122 RR 6
$a5 \quad 6 \times 80 \quad (100)$

Eintragungen vor der Gabel:

Allgemein	Symbol	Bedeutung im Beispiel
Ergänzungssymbol	🚩	Montagenaht (auf der Baustelle zu fertigen)
Nahtquerschnitte a, z oder s	$a\,5$	$a = 5$ mm
Nahtsymbol	▷▷	flache Doppelkehlnaht
Anzahl der Nähte mal Nahtlänge	6×80	sechs Nahtstücke, jeweils 80 mm lang
Zeichen für Nahtversatz	Z	Kehlnähte sind gegeneinander versetzt
Nahtabstand	(100)	100 mm Nahtabstand

Eintragungen hinter der Gabel:

Allgemein	Symbol	Bedeutung im Beispiel
Schweißverfahren	111	Lichtbogenhandschweißen
Güte/ Bewertungsgruppe	DIN 8563-CK	geringe Anforderung
Schweißposition	w	waagerecht (Wannenlage)
Zusatzwerkstoff bzw. Hilfsstoff	DIN 1913-E 5122 RR 6	Stabelektrode für Lichtbogenhandschweißen

6.2 Schweißplan und Schweißfolgeplan

Die örtlich begrenzte Wärmeeinbringung beim Schweißvorgang führt unvermeidlich zu Dehnungen und Stauchungen. Je nach Größe der auftretenden Kräfte kommt es im Inneren des Bauteils zu Schweißeigenspannungen bzw. nach außen zum Verzug des Werkstücks. Mit Hilfe von Schweißplänen werden alle Rahmenbedingungen und die zeitliche Abfolge (Schweißfolgeplan) festgelegt. Dazu gehören:

- Angaben zum Bauteil wie z.B. Benennung, Abmessungen, Masse u.a.m.
- Grundwerkstoff, Schweißverfahren und Zusatzwerkstoff
- Nahtvorbereitung, Vorrichtungen, Qualifikation des Schweißers u.a.m.
- Schweißfolge; meist als Anlage im Schweißplan (siehe nebenstehend)
- Wärmenachbehandlung
- Gütesicherung

Für das Kipplager wurde folgender **Schweißfolgeplan** exemplarisch erstellt:

Arbeitsschritt	Nahtart	Position	Verfahren	Anweisungen
1 Lager Pos. 4 und Lagerbleche Pos. 3	Kehlnaht, $a = 7$ mm	w	111	Heften ohne Luftspalt, Schweißen mit Stabelelektrode $d = 3{,}25$ mm
2 Anschlußplatte Pos. 2 und Grundplatte Pos. 1	Heftnaht			Richten nach dem Heften
3 Lagerbleche Pos. 3 an Grundplatte Pos. 1 und Anschlußplatte Pos. 2	Kehlnaht, $a = 7$ mm	w	111	Heften ohne Luftspalt, Schweißen mit Stabelektrode $d = 3{,}25$ mm, Fräsen von Pos. 4
4 Anschlag groß Pos. 6 und Lagerblech Pos. 3	Kehlnaht, $a = 7$ mm	w	111	Heften ohne Luftspalt, Stabelektrode $d = 3{,}25$ mm
5 Anschlag klein Pos. 5 und Lagerblech Pos. 3	Kehlnaht, $a = 7$ mm	w	111	Heften ohne Luftspalt, Stabelektrode $d = 3{,}25$ mm
6 Bohren der Löcher 55^{H7} in Pos. 4				
7 Abnahme				Maßkontrolle, Schweißnahtkontrolle

Aufgaben

1. Nachfolgend ist das untere Spannlager dargestellt.
   a) Beschreiben Sie die Lage des Spannlagers in der Zeichnung auf Seite 69.
   b) Legen Sie die erforderlichen Schweißnähte fest.
   c) Zeichnen Sie das Spannlager und ergänzen Sie alle fehlenden Angaben für die Schweißverbindungen!
   d) Fertigen Sie einen Schweißfolgeplan an!
   e) In welcher Fertigungsstufe erfolgt die Bearbeitung der Oberflächen $R_a = 25$ (Langlöcher in Pos. 1) und $R_a = 6{,}3$ (Auflagefläche Pos. 1, Pos. 2 oben, Pos. 3 unten, Innenflächen Pos. 2/Pos. 3)?
   f) In welcher Fertigungsstufe wird die Bohrung Durchmesser 40^{H7} zwischen Pos. 2 und Pos. 3 gefertigt?
   g) Fertigen Sie die Einzelteilzeichnungen von Pos. 1 und Pos. 2 an! (Fehlende Maße selbst wählen)
   h) Fertigen Sie eine Stückliste an!

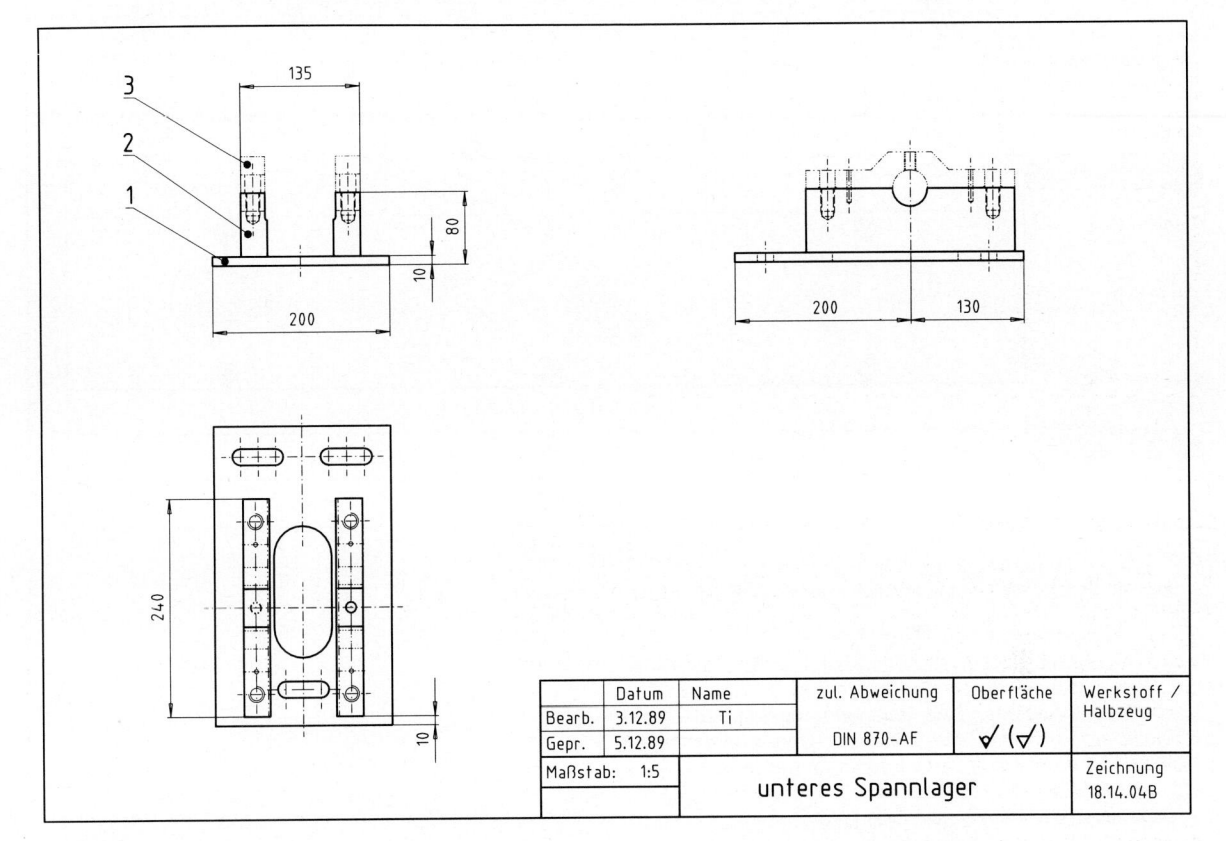

2. Konstruieren Sie sinngemäß zum unteren Spannlager das obere Spannlager.
   Berücksichtigen Sie dabei die in der unten abgebildeten Prinzipskizze gemachten Angaben. Fehlende Maße sind selbst zu bestimmen bzw. aus dem unteren Spannlager sinnvoll abzuleiten.

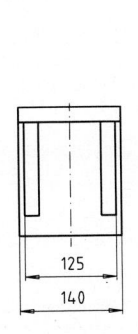

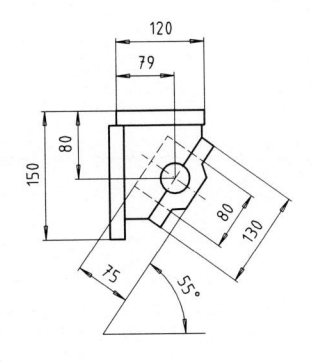

3. Zum Spannen und Entspannen der Drehvorrichtung ist das Drehrad notwendig. Es ist in seinen Einzelteilen unten abgebildet.
   a) Fertigen Sie eine Zusammenbauzeichnung an.
   b) Die vier Griffe sind anzuschweißen.

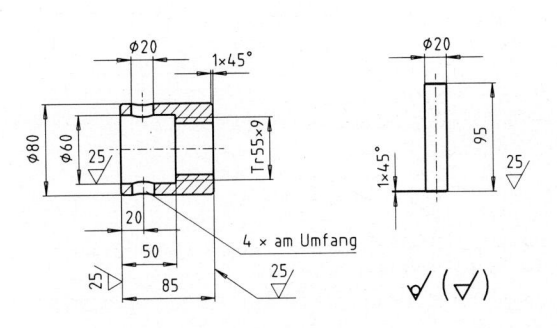

7 CAD-CAM

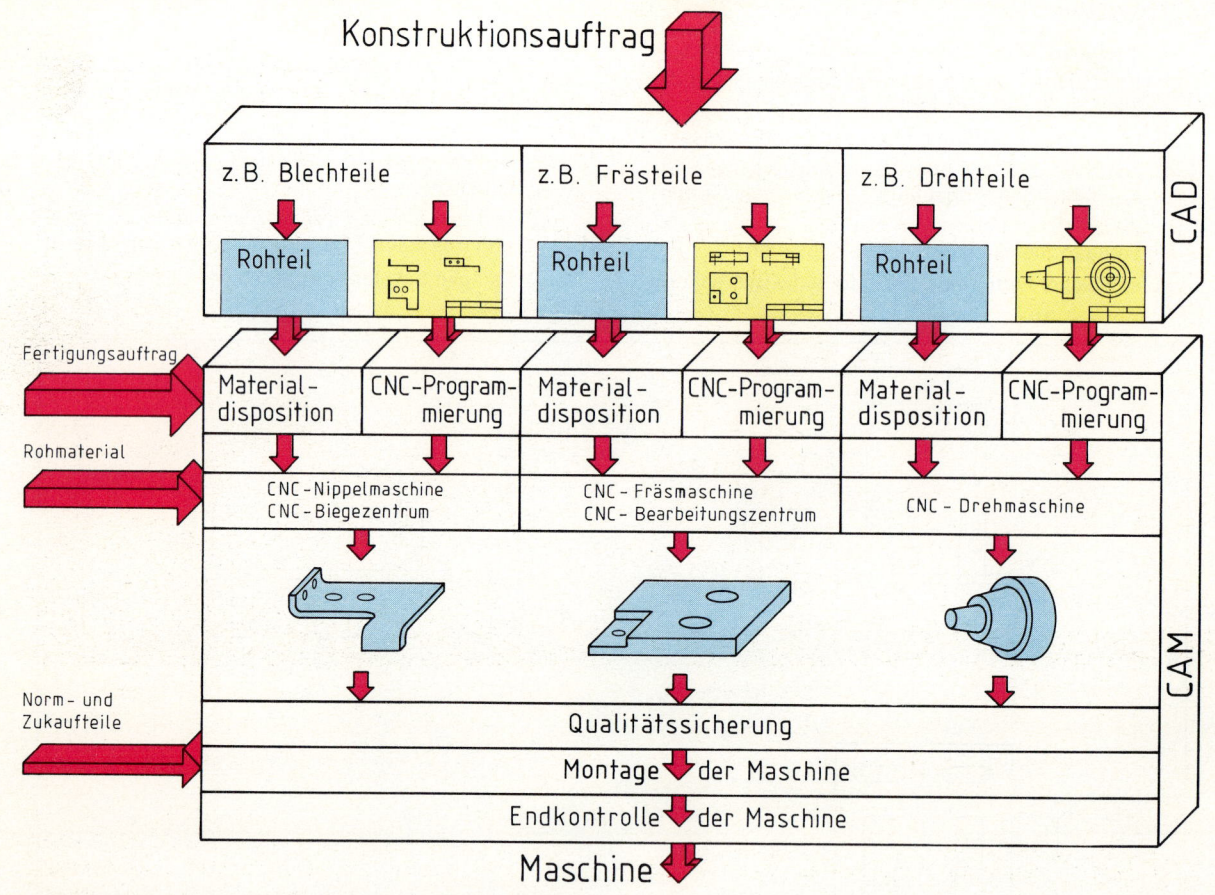

1 Beispielhafter Daten- und Materialfluß in einem CAD-CAM-System

Der Computereinsatz bei der Konstruktion und Fertigung von Werkstücken verstärkt sich in den Betrieben ständig. In den Konstruktions- und Zeichenbüros werden die Bauteile mit Hilfe von CAD-Systemen (**C**omputer **A**ided **D**esign = rechnerunterstütztes Entwerfen und Konstruieren) entwickelt.

In den Werkshallen werden ebenfalls zunehmend die Fertigungssteuerung, Materialdisposition, Maschinen- und Betriebsdatenerfassung sowie die Werkzeugmaschinensteuerung durch Computer unterstützt. Eine solche durchgängige rechnerunterstützte Fertigung wird mit dem Begriff CAM (**C**omputer **A**ided **M**anufacturing) abgekürzt.

Die Kopplung von CAD und CAM wird als **CAD-CAM-System** bezeichnet. Dabei werden die Werkstückdaten, die bei der Konstruktion festgelegt wurden, zur Stücklistenerfassung, Rohmaterialbestellung, CNC-Programmierung und Maschinenzeitberechnung genutzt (Bild 1). Voraussetzung für die weitere Nutzung der einmal erzeugte Daten (z. B. Werkstückkonturen) ist die Datenübergabe.

Nicht nur innerhalb des CAD-CAM-Bereiches kann eine Datenübernahme erfolgen, sondern eine systematische Vernetzung der einzelnen Betriebsabteilungen und ein Datenaustausch zwischen ihnen (Bild 2) sind die Grundlage für eine integrierte rechnergestützte Fertigung (**C**omputer **I**ntegrated **M**anufacturing = CIM).

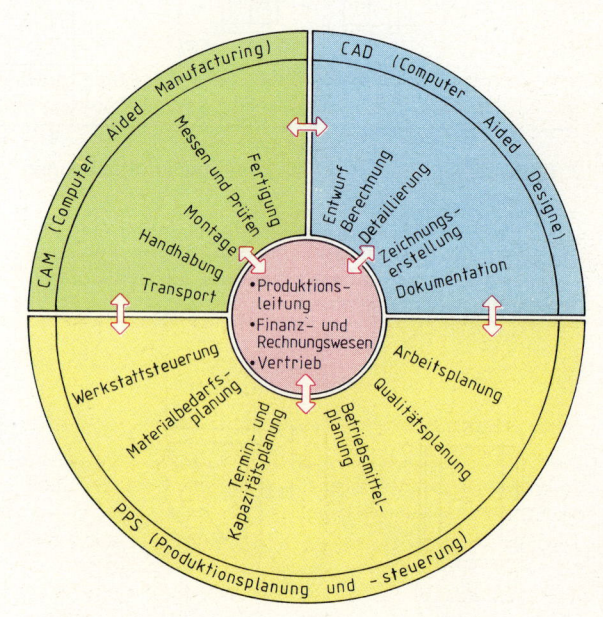

2 Datenfluß zwischen den verschiedenen Betriebsabteilungen (CIM)

7.1 Aufbau eines CAD-Arbeitsplatzes

Ein CAD-Arbeitsplatz (Bild 1) arbeitet wie jede andere Computeranlage nach dem Prinzip **Eingabe** ⇒ **Verarbeitung** ⇒ **Ausgabe** (EVA-Prinzip). Durch das Zusammenspiel von Hardware und Software entwickelt der Anwender die Zeichnung.

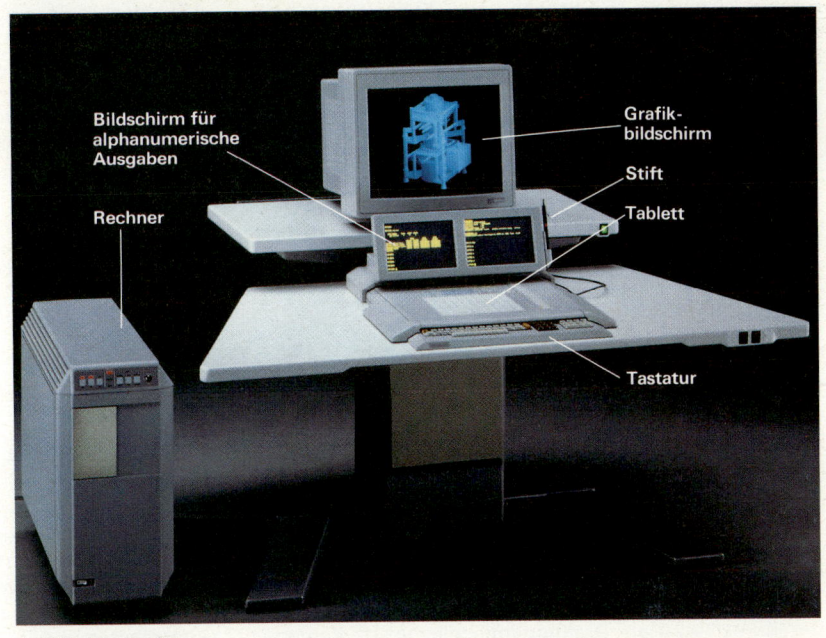

1 CAD-Arbeitsplatz

7.1.1 Eingabe

Je nach Ausstattung des CAD-Systems stehen unterschiedliche Eingabegeräte zur Verfügung:

Tastatur
Eine alphanumerische Tastatur ist an fast allen Systemen vorhanden. Hiermit können Befehle, Zahlenwerte oder Zeichnungstexte eingegeben werden.

Tablett
Mit dem Stift oder der Lupe können auf dem Tablett die einzelnen Befehle und Funktionen angewählt und die Position für das Zeichnen bestimmt werden. Diese Position wird auf dem Bildschirm übertragen und dort z. B. als Fadenkreuz sichtbar.

Maus
Bei CAD-Systemen, die mit einer Maus gesteuert werden, sind die Befehle entweder über ein Bildschirmmenü (Bild 1, Seite 79) oder über die Tastatur einzugeben.

7.1.2 Verarbeitung

Die Verarbeitung der eingegebenen Daten und deren Verknüpfung leistet die Hardware (Mikrocomputer) mit der Software (CAD-Programm).

Wie alle anderen Anwenderprogramme baut auch die CAD-Software auf dem jeweiligen Betriebssystem des Rechners auf. Die Daten, die der Benutzer eingibt, setzt die Software in eine rechnerinterne Darstellungsform bzw. in ein rechnerinternes Modell um.

2D-Modell
Die Darstellung des Körpers in zwei Ansichten besteht aus 13 Konturelementen (12 Strecken und 1 Kreis). Rechnerintern wird nur eine Ebene (2 Dimensionen = 2D) verwaltet. Aus den gegebenen Ansichten ist keine räumliche Darstellung möglich.

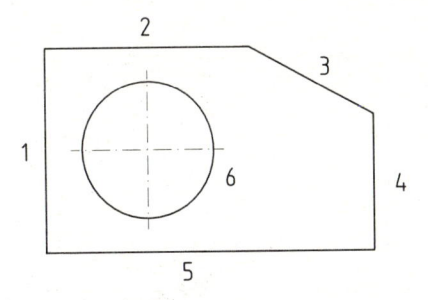

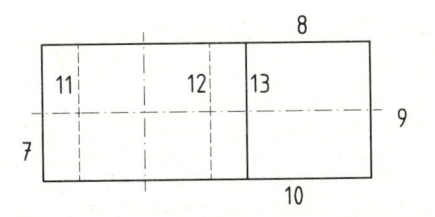

2½ D-Modell

Der Profilkörper besteht aus 2 Konturen, die jeweils aus 6 Konturelementen (5 Strecken und 1 Kreis) aufgebaut sind. Durch die Angabe der Tiefe entsteht ein Körper. Eine räumliche Darstellung ist möglich. Eine Schnittdarstellung, z. B. durch die Bohrung, ist unzureichend, weil das Innere des Raumes nicht definiert ist.

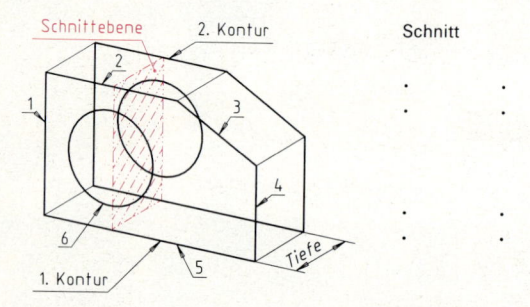

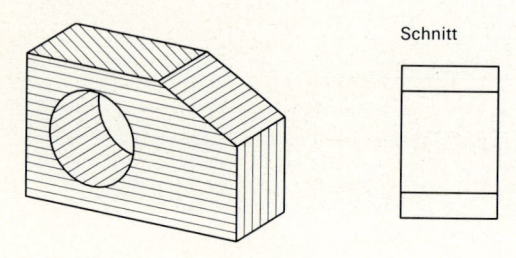

3D-Volumenmodell

Rechnerintern besteht der Körper aus drei Volumen (Rechtecksäule minus Dreiecksäule minus Zylinder). Die Werkstücke werden bei dieser CAD-Software durch die Definition von Grundkörpern im Raum und deren Addition bzw. Subtraktion konstruiert. Beliebige Schnitte, Durchdringungen und Perspektiven der Werkstücke als Zeichnungen sind möglich.

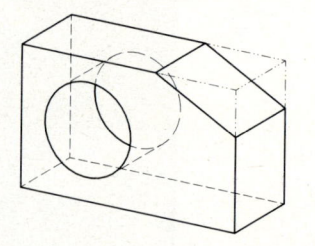

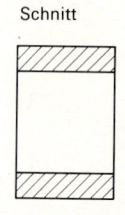

Die Leistungsfähigkeit der CAD-Systeme steigt vom 2D-Modell bis zum 3D-Volumenmodell. Die von der Software veranlaßten Berechnungen werden umfangreicher und schwieriger. Damit diese Berechnungen in einer möglichst kurzen Zeit erfolgen und die vielen Daten schnell verwaltet werden, muß der Rechner bezüglich Verarbeitungsgeschwindigkeit und Arbeitsspeicher eine angemessene Leistungsfähigkeit besitzen.

3D-Kantenmodell

Der Körper wird als Drahtgittermodell mit 16 Kanten rechnerintern verarbeitet. Definiert sind die einzelnen Kanten und ihre Lage zueinander. Eine beliebige räumliche Darstellung ist möglich. Schnittdarstellungen sind unbefriedigend.

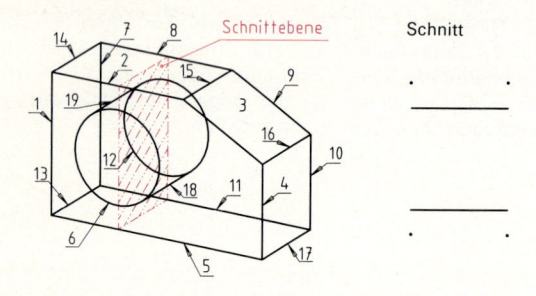

7.1.3 Ausgabe

Grafikbildschirm

Das wichtigste Ausgabegerät während der Arbeit an einem CAD-Arbeitsplatz ist der Grafikbildschirm (Bild 1, Seite 75), auf dem die Zeichnung entsteht bzw. optisch dargestellt wird. Ein Maßstab für die Bildschirmqualität ist sein **Auflösungsvermögen**, d. h., wieviele Bildpunkte (Pixel) er in waagrechter und senkrechter Richtung darstellen kann. CAD-Anwendungen verlangen eine möglichst hohe Auflösung. Damit der Anwender den gesamten Informationsgehalt einer Zeichnungslinie erkennt, der aus Linienart, z. B. Vollinie oder Strichpunktlinie und Linienbreite, z. B. 0,5 mm oder 0,25 mm besteht, sollte ein Farbgrafikbildschirm eingesetzt werden. Die Linienart ist optisch zu erkennen, der jeweiligen Linienbreite wird eine bestimmte Farbe zugeordnet.

Bildschirm für alphanumerische Ausgaben

Bildschirme, auf denen keine Grafik, sondern Buchstaben, Zahlen und Sonderzeichen für Systemmeldungen ausgegeben werden, ergänzen bei vielen Systemen den Grafikbildschirm (Bild 1, Seite 75).

3D-Flächenmodell

Das Werkstück besteht rechnerintern aus 8 Flächen, deren Lage zueinander bestimmt ist. Beliebige räumliche und Schnittdarstellungen sind möglich. Lediglich müssen bei den Schnitten noch die Schraffurflächen festgelegt werden.

7.2 Zeichnungserstellung mit einem CAD-System

Plotter
Während die Zeichnung auf dem Bildschirm nur während der Erstellung bzw. Bearbeitung sichtbar ist, erfolgt die Ausgabe der eigentlichen Zeichnung oft mit Stiftplottern. Das sind Zeichenmaschinen, die vom Rechner angesteuert werden. Dabei werden die Zeichnungsinformationen in Zeichenstiftbewegungen umgesetzt. Die Plotter unterscheiden sich in Größe und Bauweise (Bild 1).

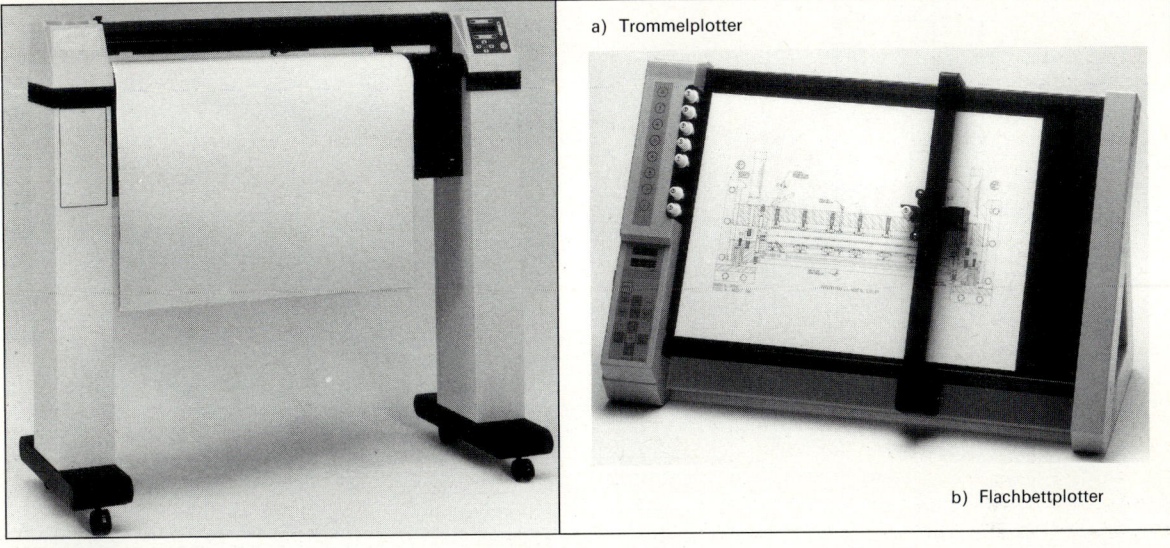

a) Trommelplotter
b) Flachbettplotter

1 Plottertypen

Drucker
Bei den Druckern sind für die Zeichnungsausgabe vor allem **Laserdrucker** mit hoher Auflösung geeignet. Wie Grafikbildschirme wandeln sie die Zeichnungsinformation in einzelne Bildpunkte um und erzeugen dann, ähnlich wie ein Fotokopiergerät, die Zeichnungsausgabe.

Geräte zur externen Datensicherung
Die Sicherung der Zeichnungsdaten geschieht auf externen Datenträgern. Dazu zählen in erster Linie Disketten, Festplatten und Magnetbänder.

7.2 Zeichnungserstellung mit einem CAD-System

Das Arbeiten an einem CAD-System wird anhand des in Bild 2 dargestellten Werkstückes aufgezeigt. Die Zeichnung (Bild 1, Seite 78) für die Kurvenscheibe wurde an einem CAD-Platz erstellt.

Die Kurvenscheibe (Pos. 226) gehört zu einem Getriebe (Bild 2, Seite 78) und verschiebt dort die drei Zahnräder (Pos. 68, 70 und 72). Die Bolzen (Pos. 200) bewegen sich in der Nut der Kurvenscheibe und verschieben die Schiebeklauen (Pos. 196). Da Handrad (Pos. 248) und Kurvenscheibe über die Welle (Pos. 214) fest miteinander verbunden sind, entsteht in Abhängigkeit der Rasterstellung des Handrades das jeweilige Übersetzungsverhältnis (siehe Vorschubgetriebe in Kapitel 5.11).

2 Kurvenscheibe

7.2 Zeichnungserstellung mit einem CAD-System

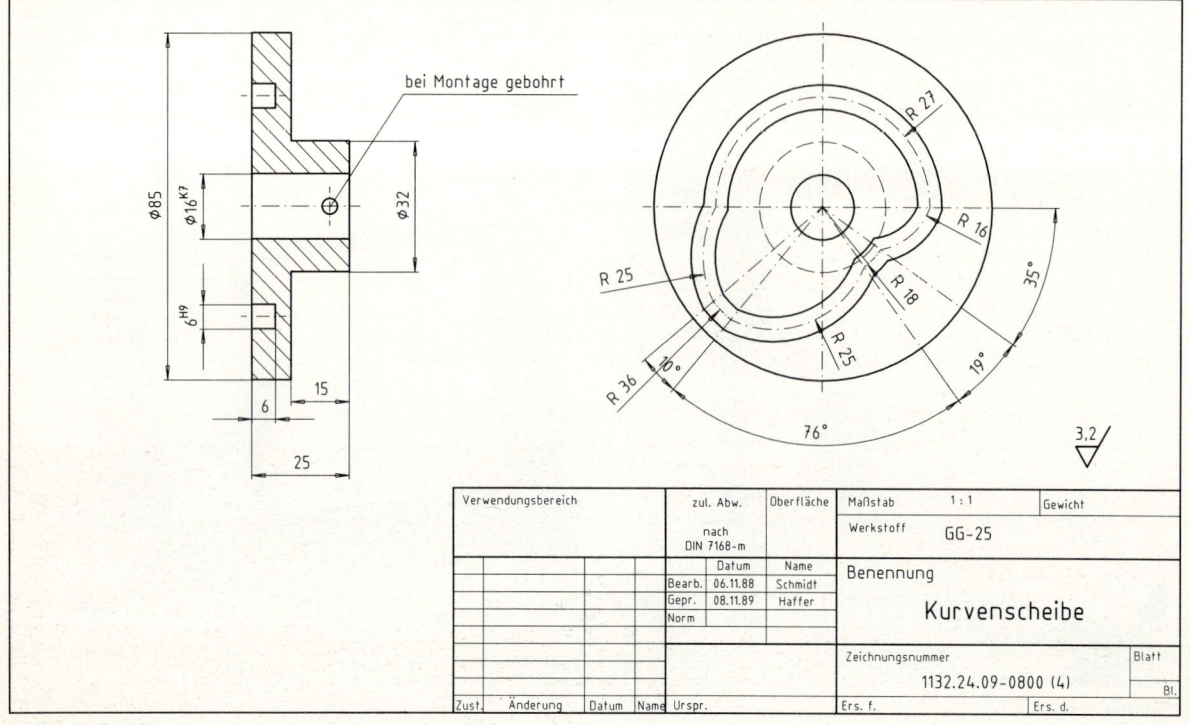

1 CAD-Modelle

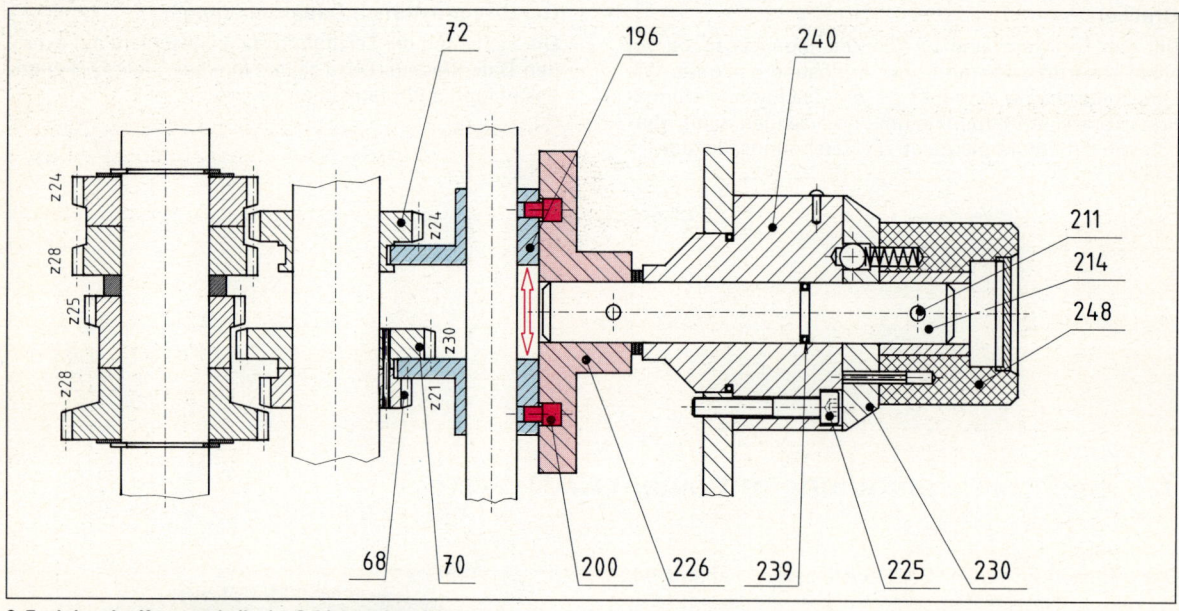

2 Funktion der Kurvenscheibe im Schieberadgetriebe

Bei den CAD-Systemen entsteht die Zeichnung dadurch, daß der Anwender über den Bildschirm zur Eingabe von Befehlen, Koordinaten, Längen usw. aufgefordert wird. Nach jeder Eingabe erfolgt eine erneute Aufforderung, bis z.B. das jeweilige Zeichenelement auf dem Bildschirm erscheint, gelöscht oder verändet ist. Dieser Dialog zwischen Anwender und CAD-System wird sehr oft über Menütechnik realisiert.

Aufgaben

1. Welche Funktion haben die Bauteile mit den Positionsnummern 196 und 200?
2. Welche Bewegungen führen diese Teile in Bezug zu den jeweils angrenzenden Bauteilen aus?

7.2 Zeichnungserstellung mit einem CAD-System

7.2.1 Menütechnik

Die wichtigsten Befehle eines CAD-Systems sind das Erzeugen, Ändern, Beschriften, Bemaßen und Löschen von Zeichnungselementen. Sie stehen im obersten Menü, dem Hauptmenü. Um z. B. die Mittellinie für die Schnittdarstellung der Kurvenscheibe zu erzeugen, ist mit der Maus im Hauptmenü z. B. die Alternative Erzeugen anzuwählen (Bild 1).

Im Untermenü Erzeugen kann nun eine Auswahl aus den angebotenen Geometrieelementen (Strecke, Polygon, Kreis usw.) erfolgen. Es wird die Strecke angewählt, und ein weiteres Untermenü zur Streckenkonstruktion verlangt vom Anwender eine Auswahl, wie die Strecke zu konstruieren ist. Sie wird über 2 Punkte bestimmt.

In einem weiteren Untermenü stehen Möglichkeiten zur Punktbestimmung für den Anfangspunkt der Strecke zur Verfügung. Weil noch kein Zeichenelement auf dem Bildschirm vorhanden ist, kann der Anfangspunkt der Strecke mittels Cursor, d. h. mit dem Fadenkreuz, auf dem Bildschirm positioniert werden. Der Endpunkt der Mittellinie (Bild 2) wird relativ zum Anfangspunkt bestimmt, d. h., es werden die Koordinatenwerte eingegeben, um die der Endpunkt in X- und Y-Richtung vom Anfangspunkt entfernt liegt ($X=0$, $Y=-35$).

Wird mit einem Eingabetablett gearbeitet, kann darauf direkt die Linie als Zeichenelement angewählt werden (Bild 3).

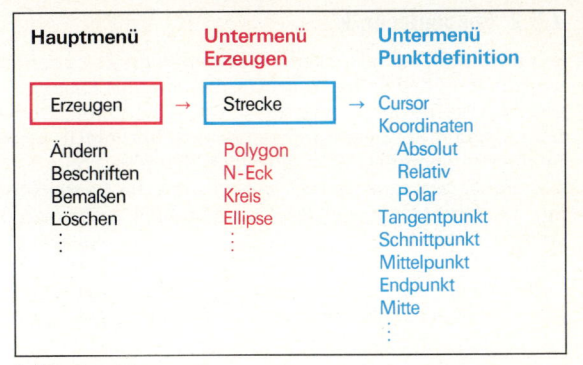

Hauptmenü	Untermenü Erzeugen	Untermenü Punktdefinition
Erzeugen	→ Strecke →	Cursor
		Koordinaten
Ändern	Polygon	Absolut
Beschriften	N-Eck	Relativ
Bemaßen	Kreis	Polar
Löschen	Ellipse	Tangentpunkt
⋮	⋮	Schnittpunkt
		Mittelpunkt
		Endpunkt
		Mitte
		⋮

1 Menüstruktur

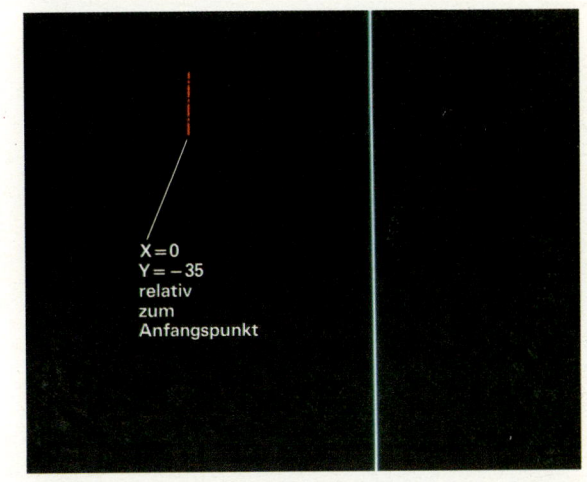

2 Anwahl für das Zeichnen einer Linie bzw. Strecke auf einem Tablett

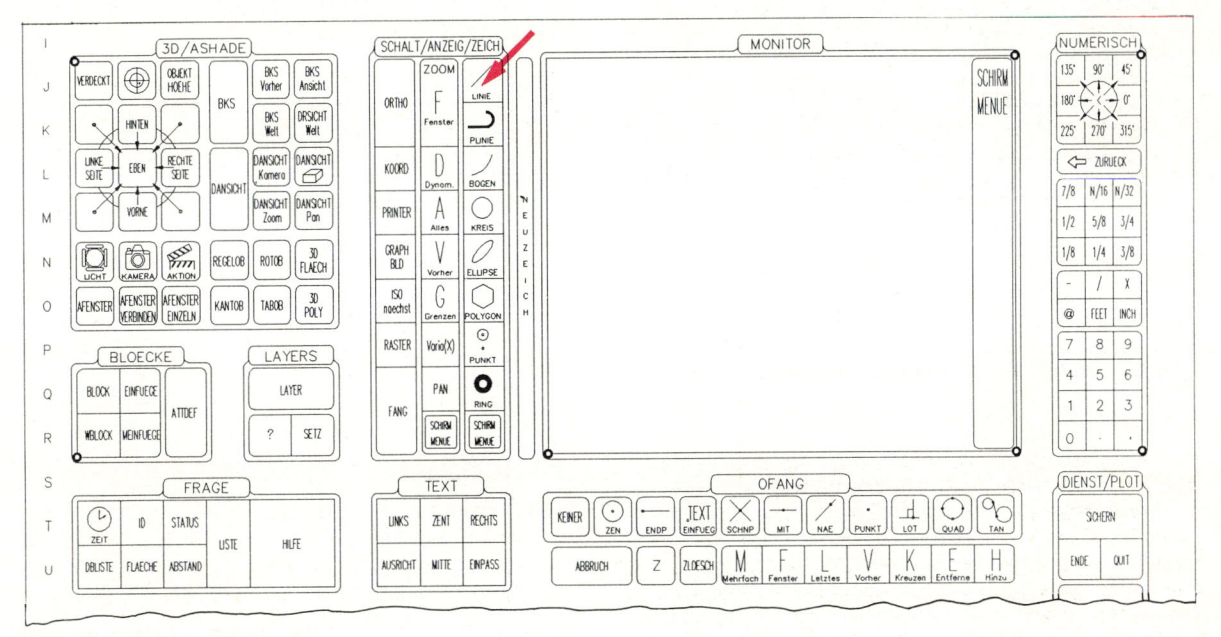

3 Eingabetablett (Ausschnitt)

7.2.2 Ebenentechnik

Bei der CAD-Technik werden die einzelnen Zeichnungsteile auf verschiedenen Ebenen abgelegt. Die Summe der Ebenen (Folien) ergibt die gesamte Zeichnung (Bild 1). Bauteilkonturen, Bemaßung, Texte, Schnittschraffur, Zeichnungsrahmen, Schriftfeld usw. sind einzelnen Ebenen zugeordnet. Die einzelnen Ebenen können sichtbar bzw. unsichtbar gemacht werden, um z. B. nur die Bauteilkontur darzustellen. Sie können einzeln, teilweise oder auch zusammen abgespeichert werden. Es kann immer nur auf der gewählten, aktiven Ebene gearbeitet werden. Oft wird auch jeder Ebene eine Linienart, eine Darstellungsfarbe und ein Zeichenstift für das Ausplotten zugeordnet. Die jeweilige Arbeitsebene, auf der gerade gezeichnet wird, zeigt der Bildschirm an.

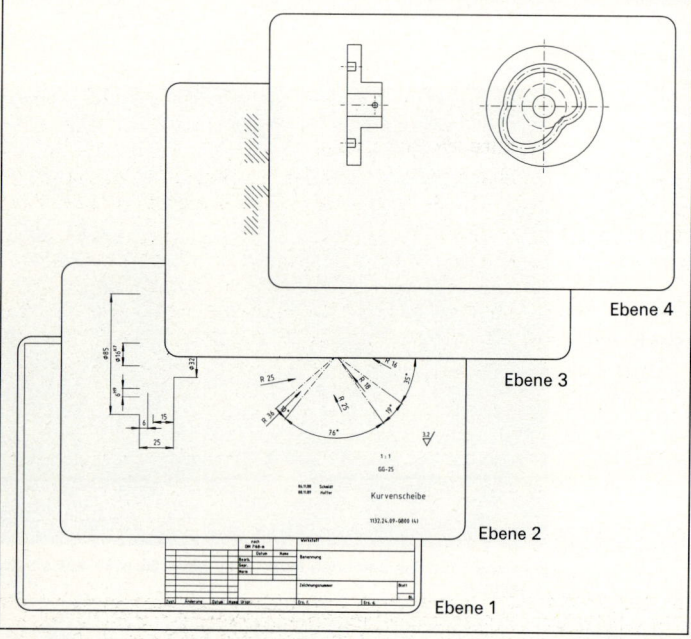

1 Ebenen

Für die Kupplungsscheibe wurden vom Bediener z. B. den folgenden Ebenen die angegebenen Linienarten, Linienbreiten bzw. Zeichenstifte und Darstellungsfarben zugeordnet.

Ebene	Bildelemente	Linienart	Linienbreite	Farbe
1	1. Ansicht (Kontur)	————	0,50 mm	grün
2	2. Ansicht (Kontur)	————	0,50 mm	grün
5	Hilfslinien	————	0,25 mm	rot
6	verdeckte Kanten	– – – –	0,25 mm	gelb
7	Mittellinien	– · – · –	0,25 mm	rot
11	Schraffur	————	0,25 mm	lila
13	Maßlinien	————	0,25 mm	weiß
14	Maßzahlen	————	0,35 mm	blau
15	Toleranzangaben	————	0,25 mm	weiß
16	Text	————	0,35 mm	weiß
100	Zeichnungsrahmen	————	0,50 mm	grün
101	Schriftfeld	————	0,35 mm	blau

7.2.3 Koordinatensysteme

Am Beispiel der Mittellinie wird deutlich, daß die verschiedenen Geometrieelemente in ihrer Lage bestimmt werden müssen. Das CAD-System verwaltet die Mittellinie und alle anderen Bildelemente durch die Angabe von Koordinaten (Bild 2) in Abhängigkeit vom Zeichnungsursprung (meist unten links). Das rechtshändige, rechtwinklige Koordinatensystem (Bild 3) ist die Grundlage für die Koordinatenverwaltung.

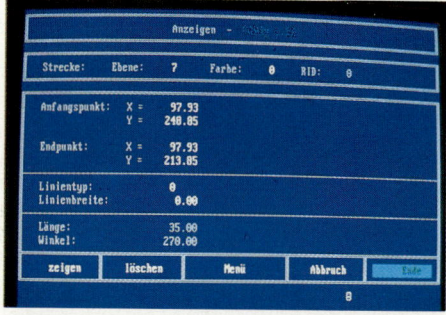

2 Daten einer Strecke, die ein CAD-System speichert

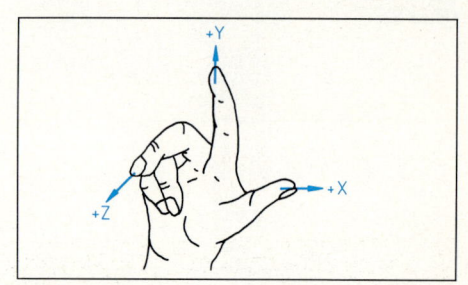

3 Rechtshändiges, rechtwinkliges Koordinatensystem

Kartesisches Koordinatensystem

Bei dem kartesischen Koordinatensystem (Bild 4) wird der Punkt durch die Angabe der Koordinatenachsen bestimmt.

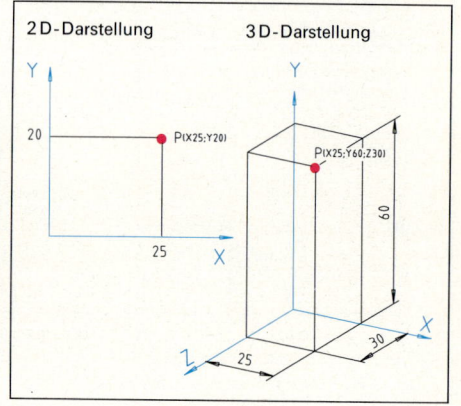

4 Kartesisches Koordinatensystem

Polarkoordinatensystem

Durch Radius und Winkel erfolgt die Punktdefinition im Polarkoordinatensystem (Bild 1). Der Winkel läuft in seiner positiven Richtung von der positiven X-Achse ausgehend im Gegenuhrzeigersinn. Negative Winkel haben die gleiche Bezugsachse, sie verlaufen im Uhrzeigersinn (z. B. 270° = −90°).

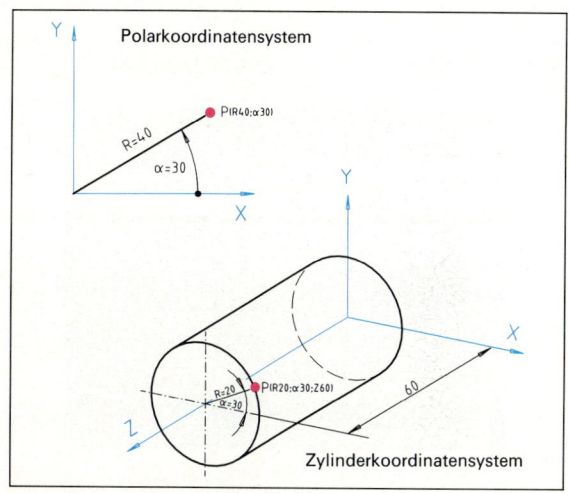

1 Zylinderkoordinatensystem

7.2.4 Punktdefinitionen

Das Zeichnen von z. B. Strecken, Polygonen, Rechtekken, Kreisen und Ellipsen erfordert die Bestimmung von Bezugspunkten.

Cursoreingabe

Bei der Punktdefinition mit dem Fadenkreuz (Cursor) werden die Punkte „frei Hand" gesetzt. Bei der Festlegung von Zeichnungselementen wird davon wenig Gebrauch gemacht, weil diese an einer genau definierten Stelle gezeichnet werden müssen. Diese genaue Positionierung ist mit dem Fadenkreuz nicht leistbar. Soll hingegen z. B. ein Bildausschnitt vergrößert werden, dann reicht es meist aus, die Eckpunkte des Ausschnittes mit dem Cursor zu bestimmen, weil das genau genug ist und sehr schnell geht.

Für die Schnittdarstellung der Kurvenscheibe ist ein Bildausschnitt vergrößert (gezoomt) dargestellt, um die Augen zu schonen und den Schnitt besser konstruieren zu können. Es wird lediglich die rechte Hälfte des Schnittes konstruiert. Die linke Hälfte des Schnittes wird durch Spiegeln der rechten erzeugt (Kap. 7.2.7).

Maßeingabe

Absolute Maßeingabe

In Abhängigkeit vom Zeichnungsursprung oder einem definierten Nullpunkt wird der neue Punkt über die Tastatur eingegeben.

Der Nullpunkt wird vom Anwender an die markierte Position gesetzt. Die waagrechte Vollinie entsteht dadurch, daß die Ebene 1 als Arbeitsebene definiert und im Punktdefinitionsmenü die absolute Maßeingabe gewählt wird. Mit den Anfangskoordinaten X0, Y0 und den Endkoordinaten X42,5, Y0 ist die Strecke bestimmt.

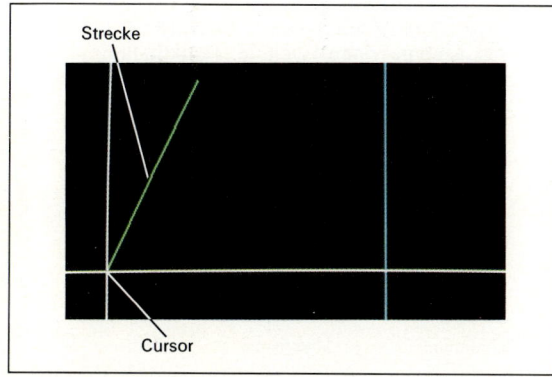

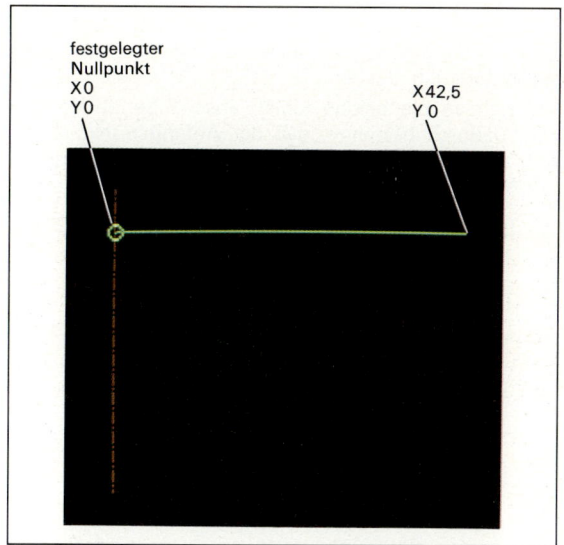

2 Zeichnen einer Strecke mit dem Cursor

3 Zeichnen einer Linie über absolute Maßangaben

Relative Maßeingabe

In Abhängigkeit vom letzten bestimmten Punkt wird der nächste über die Tastatur eingegeben.

Als nächste Linie der Schnittdarstellung soll die senkrechte, 10 mm lange Vollinie gezeichnet werden. Im Punktdefinitionsmenü wird die relative Maßangabe ausgewählt. Der letzte definierte Punkt wird hervorgehoben

7.2 Zeichnungserstellung mit einem CAD-System — 7.2.4 Punktdefinitionen

und durch die Eingabe von X0, Y0 für den Anfangspunkt und X0, Y −10 für den Endpunkt wird die Linie gezeichnet.

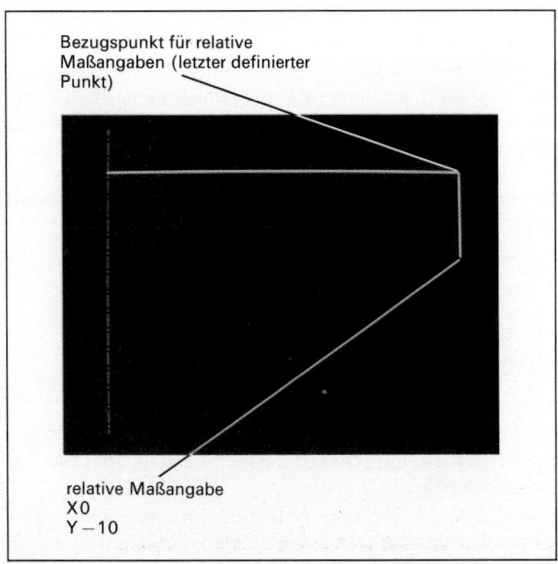

1 Zeichnen einer Strecke über relative Maßangaben

Polare Maßeingabe

Zur Bestimmung eines Punktes werden Radius und Winkel in Abhängigkeit vom letzten definierten Punkt über die Tastatur eingegeben.

Die sich an die beiden Linien anschließende Vollinie wird dadurch bestimmt, daß der Anfangspunkt relativ zum letzten Punkt mit X0 und Y0 und der Endpunkt mit Winkel 180° und Länge 26,5 definiert wird.

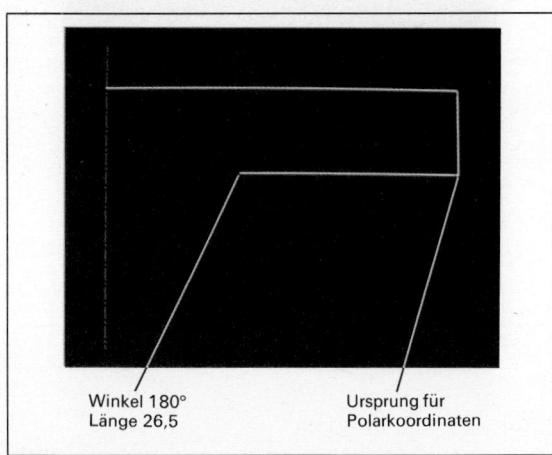

2 Konstruktion einer Linie durch Polarkoordinaten

Eingabe durch Identifizieren

Nachdem die erste Vollinie gezeichnet war, wurde bei den nächsten beiden der Anfangspunkt immer durch Zahleneingabe bestimmt. Das ist relativ umständlich.

Endpunkt

Es geht schneller, wenn der Anfangspunkt der neuen Strecke als Endpunkt der letzten bestimmt wird. Dies geschieht im Punktdefinitionsmenü durch Anwahl von „Endpunkt". Mit dem Fadenkreuz wird dann die letzte Strecke in der Nähe ihres Endpunktes identifiziert. Über absolute, relative oder Polarkoordinaten wird dann der Endpunkt der neu zu zeichnenden Strecke festgelegt.

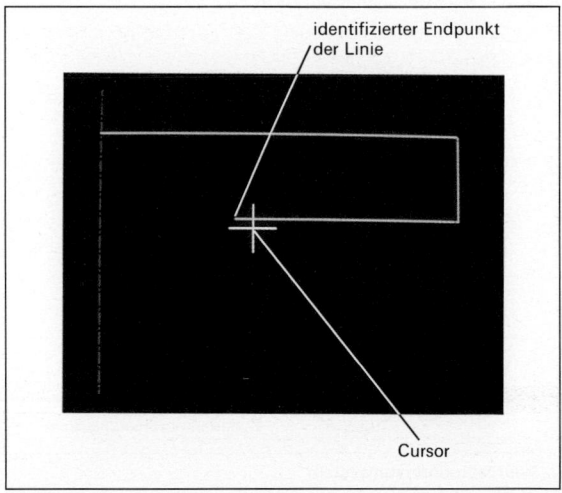

3 Identifizieren des Endpunktes einer Strecke mit dem Cursor

Schnittpunkt

Durch Anwahl von „Schnittpunkt" im Punktdefinitionsmenü und Antippen zweier sich schneidender Geometrieelemente mit dem Fadenkreuz wird ihr Schnittpunkt definiert (Bild 4a).

Mittelpunkt

Bei der Punktdefinition wird „Mittelpunkt" gewählt. Durch Identifizieren eines Kreises bzw. einer Ellipse wird der jeweilige Mittelpunkt als neuer Punkt definiert (Bild 4b).

Mitte

Beim Menüpunkt „Mitte" wird durch das Antippen von Strecken, Kreisbögen und Ellipsenbögen mit dem Cursor ihre Mitte zum neuen Punkt (Bild 4c).

Je nach Umfang und Leistungsfähigkeit des CAD-Systems stehen noch weitere Punktdefinitionsmöglichkeiten zur Verfügung.

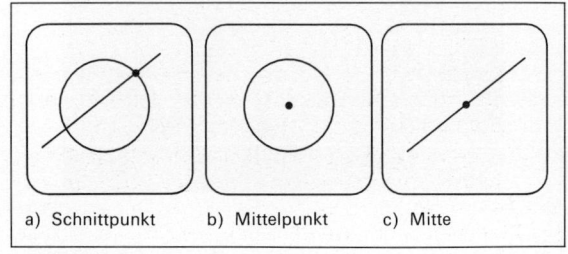

4 Punktdefinition durch Identifizieren
a) Schnittpunkt b) Mittelpunkt c) Mitte

7.2.5 Geometrische Grundelemente

Jede Zeichnung ist aus geometrischen Grundelementen aufgebaut. Bei einem 2D-System sind dies Punkte, Strecken, Polygone, Kreise und Kreisbögen, Parallelen sowie Ellipsen und Ellipsenbögen.

Punkt und Strecke

Prinzipiell wird jede Strecke durch Anfangs- und Endpunkt bestimmt, die auf unterschiedlichste Weise festgelegt werden.

Möglichkeiten zur Streckenkonstruktion:

Bild	Konstruktion über
	2 Punkte
	Punkt und Lot auf einer Strecke
	Punkt und Tangentpunkt an Kreis oder Ellipse
	Tangentpunkte zweier Kreise oder Ellipsen bzw. Kreis und Ellipse

Polygon

Ein Polygon oder Polygonzug besteht aus mehreren Strecken, wobei der Endpunkt der vorherigen Strecke der Anfangspunkt der nächsten Strecke ist.

Bei der Konstruktion der Konturlinien für die Schnittdarstellung der Kurvenscheibe mit Strecken mußte für jede Strecke Anfangspunkt und Endpunkt bestimmt werden. Ein Kontureckpunkt wurde somit zweimal festgelegt; einmal als Endpunkt der vorhergehenden Strecke und einmal als Anfangspunkt der nächsten. Wird hingegen der Polygonzug im Untermenü „Erzeugen" gewählt, muß der Eckpunkt nur einmal bestimmt werden.

Die Konstruktion der Kontur für die Schnittdarstellung kann in folgender Weise geschehen: Der Nullpunkt liegt 5 mm unter dem oberen Ende der senkrechten Mittellinie. Die Angaben werden in Polarkoordinaten vorgenommen. Das CAD-System fragt nach dem Startpunkt, der absolut mit X0 und Y0 eingegeben wird. Im Dialog wird der Polygonzug konstruiert (Bild 1).

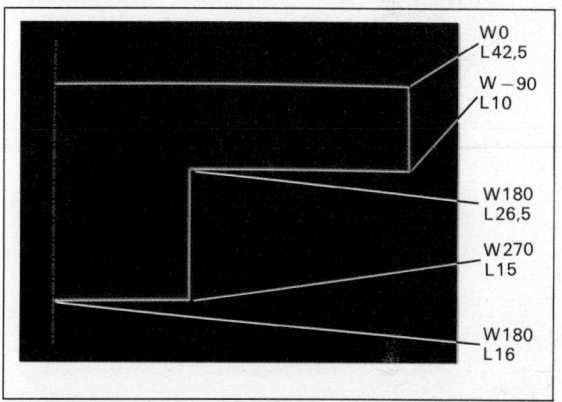

1 Konstruktion eines Polygons mittels relativer Polarkoordinaten

Eingabe	Bildschirmausgabe
Winkel 0, Länge 42,5	obere waagrechte Vollinie
Winkel −90, Länge 10	kurze senkrechte Vollinie
Winkel 180, Länge 26,5	mittlere waagrechte Vollinie
Winkel 270, Länge 15	lange senkrechte Vollinie
Winkel 180, Länge 16	untere waagrechte Vollinie

Aneinanderhängende Stecken werden mit dem Polygonzug günstiger als mit einzelnen Strecken konstruiert, weil dadurch die Eingabezeit wesentlich verkürzt und Eingabefehler verringert werden.

Kreis und Kreisbogen

Kreise und Kreisbögen können auf unterschiedlichste Weise gezeichnet werden. Bei der Draufsicht der Kurvenscheibe sind zwei Vollkreise mit Vollinien zu zeichnen, die einen gemeinsamen Mittelpunkt besitzen. Diese Kreise werden durch Mittelpunkt und Radius festgelegt. Der Mittelpunkt wird als Schnittpunkt der beiden Mittellinien durch Identifizieren mit dem Fadenkreuz definiert. Danach wird der jeweilige Radius (R 42,5 bzw. R 8)

7.2 Zeichnungserstellung mit einem CAD-System 7.2.5 Geometrische Grundelemente

über die Tastatur eingegeben (Bild 1). Bevor der dritte Vollkreis als Strichlinie auf die gleiche Weise gezeichnet werden kann, muß die Arbeitsebene gewechselt werden, wenn nur eine Linienart je Ebene gezeichnet werden soll.

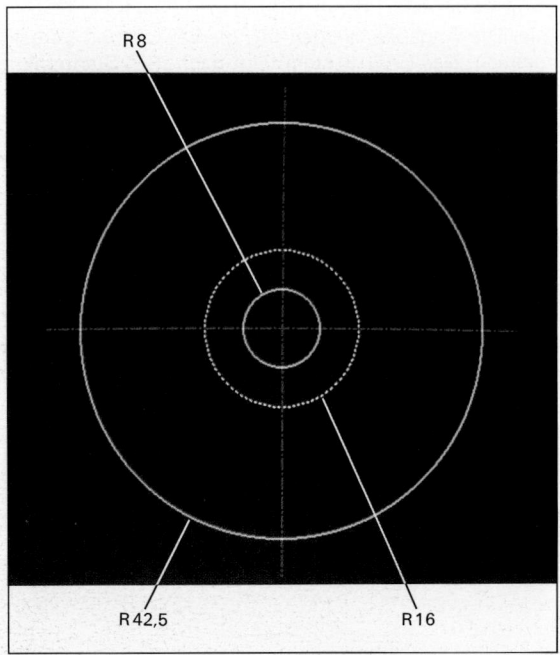

1 Konstruktion von Kreisen mit breiten Vollinien (sichtbaren Kanten) und Strichlinien (verdeckte Kanten)

Weitere ausgewählte Möglichkeiten zur Kreis- und Kreisbogenkonstruktion:

Bild	Konstruktion über
	3 Punkte
	3 tangierende Objekte
	Radius und 2 Punkte

Bild	Konstruktion über
	Radius und 2 Objekte
	Mittelpunkt und Punkt
	Punkt und 2 Objekte
	2 Punkte und Objekt

Neben den genannten Möglichkeiten können je nach Umfang des CAD-Systems noch weitere zur Verfügung stehen.

Aufgaben

Es soll ein Kreis gezeichnet werden, dessen Mittelpunkt bestimmt ist und der eine vorhandene Gerade tangieren soll.
1. Skizzieren Sie die Verhältnisse für einen beliebigen Fall.
2. Wodurch wird die Größe des Radius bestimmt?
3. Zeichnen Sie den sich ergebenden Kreis ein.

7.2 Zeichnungserstellung mit einem CAD-System 7.2.5 Geometrische Grundelemente

In der Draufsicht der Kurvenscheibe besteht die Mittellinie der Nut aus einzelnen Kreisbögen. Der obere Kreisbogen (180°) und die beiden kleinen (10° und 19°) haben den gleichen Mittelpunkt (Bild 1), der als Schnittpunkt mit dem Fadenkreuz identifiziert wird.

Eingabe	Ausgabe
Anfangswinkel 0, Endwinkel 180, Radius 27	Bogen 180°
Anfangswinkel −54, Endwinkel −35, Radius 18	Bogen 19°
Anfangswinkel 220, Endwinkel 230, Radius 36	Bogen 10°

Bei der Eingabe von Anfangs- und Endwinkel ist darauf zu achten, daß die Reihenfolge in positiver Winkelrichtung erfolgt. Würde beim letzten Kreisbogen der Anfangswinkel mit 230° und der Endwinkel mit 220° eingegeben, dann entstünde kein Bogen mit 10°, sondern mit 350°.

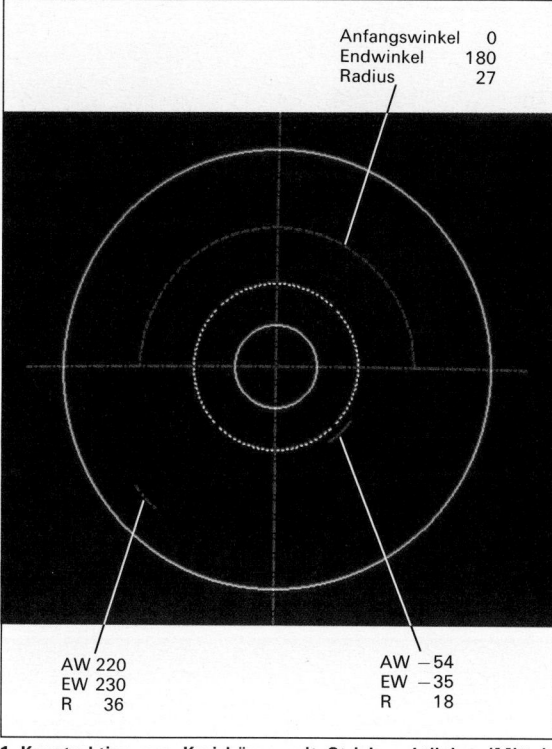

1 Konstruktion von Kreisbögen mit Strichpunktlinien (Mittellinien)

Von den drei noch fehlenden Kreisbögen sind die Mittelpunkte nicht bekannt. Sie werden über ihre Radien und Endpunkte (Radius und 2 Punkte) konstruiert. Als Anfangspunkt für den linken Kreisbogen R 25 wird der linke Endpunkt des oberen Halbkreises und als Endpunkt wird der linke Endpunkt des Kreisbogens R 36 mit dem Cursor angetippt. Durch diese Definition ist der Kreisbogen nicht eindeutig bestimmt. Es gibt zwei Möglichkeiten, für die die Eingabe zutrifft (Bild 2 und 3). Daher fragt das CAD-System nach, welche der beiden gewünscht wird. Nachdem der Bediener die Auswahl getroffen hat, erscheint der gewünschte Kreisbogen (Bild 3). In ähnlicher Weise werden die beiden anderen Bögen konstruiert (Bild 4).

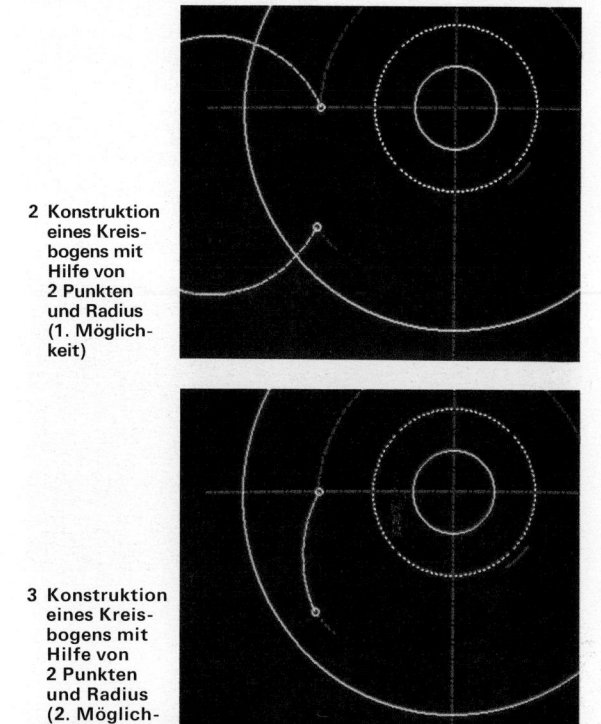

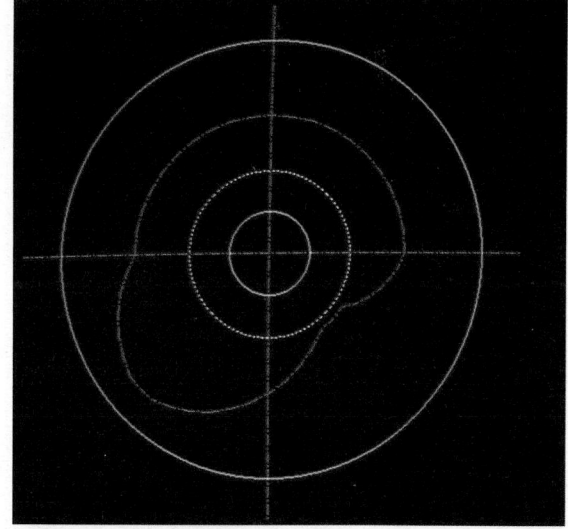

2 Konstruktion eines Kreisbogens mit Hilfe von 2 Punkten und Radius (1. Möglichkeit)

3 Konstruktion eines Kreisbogens mit Hilfe von 2 Punkten und Radius (2. Möglichkeit)

4 Fertige Mittellinie für Nut

Parallelen

Die Nut ist in der Lage eindeutig durch ihre Mittellinie und Breite festgelegt. Im Abstand der halben Nutbreite sind links und rechts von der Mittellinie je eine Vollinie zu zeichnen.

7.2 Zeichnungserstellung mit einem CAD-System 7.2.6 Zusammenketten von geometrischen Grundelementen

Diese brauchen nicht, wie die Mittelinie, einzeln konstruiert zu werden. Das CAD-System hat die einzelnen Kreisbögen gespeichert und kann eine Parallele zur Kontur zunächst berechnen, darstellen und abspeichern.

Im Untermenü „Erzeugen" wird z. B. die Alternative „Parallele zur Kontur" angewählt. Im Dialog wird der Anwender aufgefordert, mit dem Fadenkreuz die Kontur anzuwählen. Die Kontur wird markiert (Bild 1) und mit Plus- und Minuszeichen wird das Vorzeichen vorgegeben, das die Lage der Parallelen zur Kontur bestimmt und bei der Eingabe über die Tastatur zu beachten ist. Die äußere Kontur wird in diesem Fall durch die Eingabe des Abstandes von −3 festgelegt (Bild 2). In gleicher Weise wird die innere Kontur bestimmt.

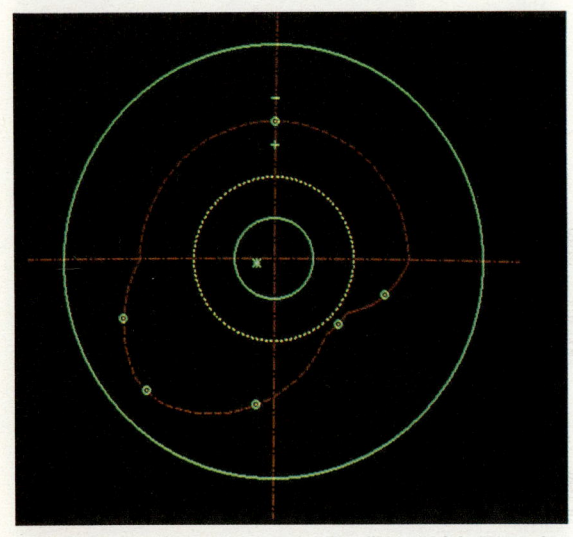

Bis auf die Bemaßung ist damit die Draufsicht der Kurvenscheibe erstellt (Bild 3).

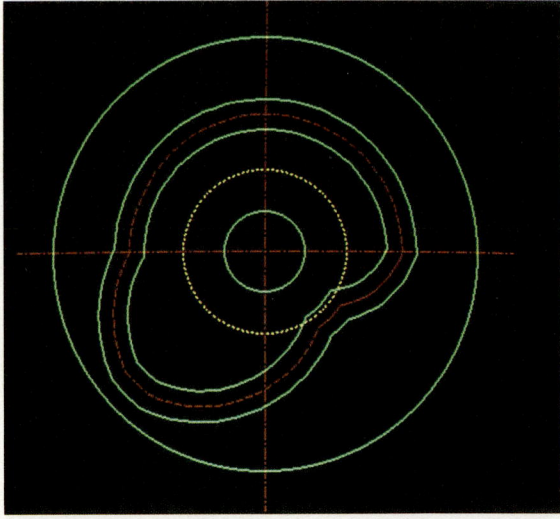

1 Markieren der Kontur, zu der eine Parallele gezeichnet werden soll

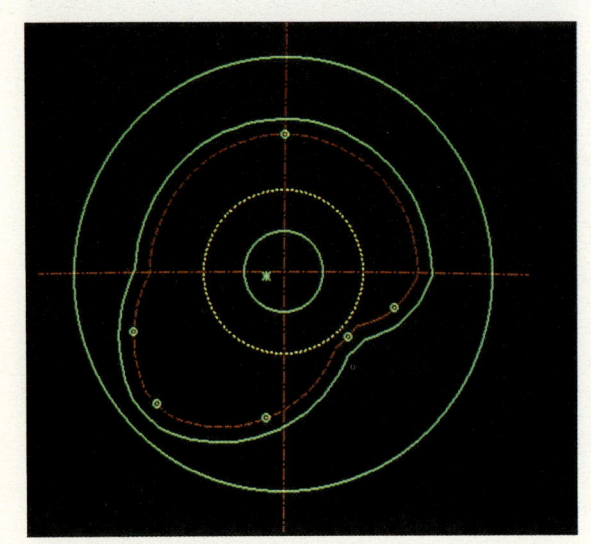

2 Parallele zur markierten Kontur

3 Draufsicht der Kurvenscheibe ohne Bemaßung

7.2.6 Zusammenketten von geometrischen Grundelementen

Bei der Schnittdarstellung der Kurvenscheibe in der Vorderansicht wird nur eine Hälfte (Bild 4) konstruiert, weil diese Ansicht symmetrisch ist. Diese erzeugte Hälfte wird dann um die Mittelinie gespiegelt. Damit verringert sich der Eingabeaufwand wesentlich. An dieser Stelle wird deutlich, daß mit CAD-Technik Konturen, Elemente und Symbole, die einmal erzeugt wurden, immer wieder nutzbar sind.

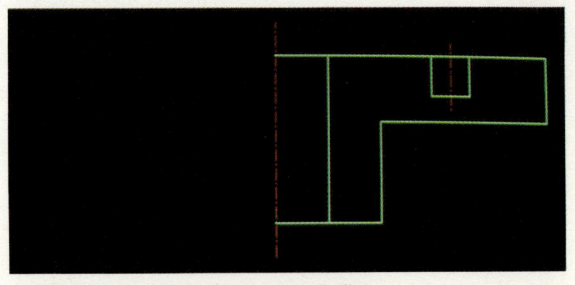

4 Halbe Vorderansicht der Kurvenscheibe

Damit nicht jedes einzelne Bildelement um die Mittelinie zu spiegeln ist, werden die Linien zu einer Folge bzw. Gruppe zusammengekettet. Die Einzelteile der Folge werden durch Antippen mit dem Fadenkreuz oder durch die Definition eines Ausschnittes bestimmt.

Bei der Kurvenscheibe besteht die Folge aus 9 Vollinien und einer Strichpunktlinie (Nutmittelinie). Intern ver-

7.2 Zeichnungserstellung mit einem CAD-System 7.2.7 Manipulation bzw. Ändern von Elementen und Folgen

kettet das CAD-System die Einzelelemente zu einer Folge bzw. Gruppe, die im Weiteren gemeinsam manipuliert (z. B. gespiegelt, verschoben, kopiert oder multipliziert) werden können, wobei dann nur die Gruppe und nicht mehr alle Gruppenelemente identifiziert werden müssen.

7.2.7 Manipulation bzw. Ändern von Elementen und Folgen

Da das CAD-System intern die Eigenschaften (Elementart, Koordinaten, Linienart, Linienbreite usw.) der einzelnen Geometrieelemente verwaltet, kann es diese durch entsprechende Berechnungen verschieben, kopieren, drehen, spiegeln, multiplizieren, skalieren, löschen, trimmen usw.

vorher	nachher	Manipulation bzw. Ändern von Elementen und Folgen
		Verschieben ● Betrag, um den verschoben wird (Verschiebevektor), bestimmen. ● Element oder Gruppe identifizieren.
		Kopieren ● Distanz, um die die Kopie zum Original versetzt wird, eingeben. ● Element oder Gruppe mit dem Fadenkreuz identifizieren.
		Drehen ● Drehwinkel festlegen. ● Drehpunkt bestimmen. ● Element oder Gruppe antippen.
		Spiegeln ● Achse, um die gespiegelt wird, bestimmen. ● Element oder Gruppe antippen.
		Multiplizieren ● Element oder Gruppe auswählen. ● Anzahl der Kopien festlegen. ● Distanz von Kopie zum Original bzw. von Kopie zu Kopie eingeben.
		Skalieren ● Vergrößerungs- bzw. Verkleinerungsfaktor eintippen. ● Element oder Gruppe antippen.
		Löschen ● Element oder Gruppe auswählen.
		Trimmen ● Schnittgrenze bestimmen (senkrechte Linie) ● Trimmelement antippen, wodurch es auf die Schnittgrenze verkürzt oder verlängert wird.

7.2 Zeichnungserstellung mit einem CAD-System

7.2.9 Bemaßung

Bei der Schnittdarstellung der Kurvenscheibe wird die definierte Folge gespiegelt, so daß sich das Bild 1 ergibt.

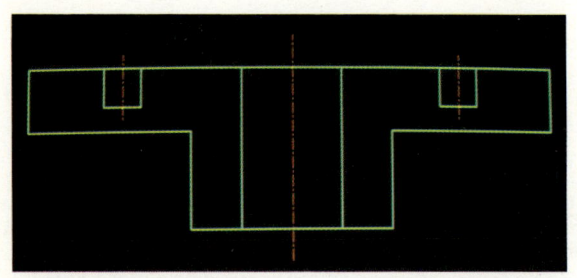

1 Durch Spiegeln der verketteten rechten Kurvenscheibenhälfte entsteht das Gesamtbild

7.2.8 Schraffur bei Schnittdarstellungen

Die Schraffur der Schnittdarstellung geschieht durch die Angabe des Schraffurwinkels und des Abstandes der Schraffurlinien. Die beiden zu schraffierenden Flächen werden mit dem Fadenkreuz angetippt. Das CAD-System errechnet sich aufgrund der durchgeführten Eingaben und der beiden Flächen, die durch geschlossene Linienzüge definiert sind, Anfangs- und Endpunkt jeder Schraffurlinie. Es erscheint das Bild 2.

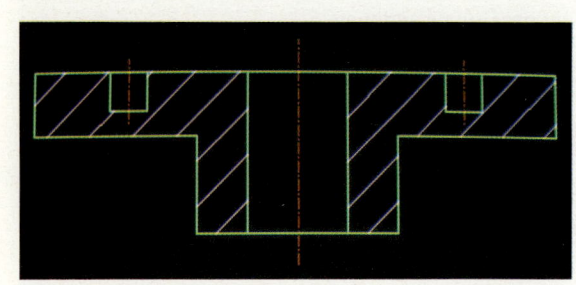

2 Vorderansicht mit Schraffur

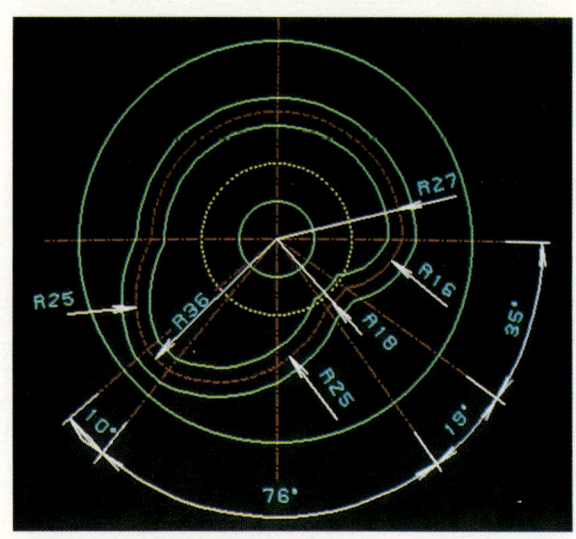

3 Konstruktionsbedingte Bemaßung

Die halbautomatische Bemaßung soll an zwei Beispielen verdeutlicht werden:

Maß 15 im Schnitt (vgl. Seite 78, Bild 1):
- Senkrechte Streckenbemaßung einstellen.
- Identifizieren des rechten Endpunktes der unteren Vollinie.
- Identifizieren des unteren Endpunktes der rechten Vollinie.
- Maßlinienposition bestimmen.

Maß R 27 in der Draufsicht:
- Radienbemaßung einstellen.
- Kreisbogen antippen.
- Maßlinienposition bestimmen.

7.2.9 Bemaßung

Die Bemaßung erfolgt bei den meisten CAD-Systemen halbautomatisch und normgerecht. Nach dem Identifizieren der zu bemaßenden Elemente und dem Bestimmen der Maßzahlposition ermittelt das System das Maß, zeichnet Maß- sowie Maßhilfslinie und schreibt die Maßzahl.

Bei der Kurvenscheibe sind Längen-, Durchmesser-, Radien- und Winkelbemaßung vorzunehmen.

7.2.9.1 Konstruktionsbedingte Bemaßung

Aufgrund der Funktion der Kurvenscheibe legt der Konstrukteur deren Abmessungen fest. An der Nut in der Draufsicht wird das besonders deutlich. Die Radiengröße bestimmt die Stellung der Verschieberäder im Getriebe, die Winkel legen die Einrastpunkte für das Handrad fest. Aus diesen Gründen entsteht die Bemaßung in Bild 3.

7.2.9.2 CNC-gerechte Bemaßung

Bei dieser Bemaßung sollen alle Maße, die bei der CNC-Programmierung erforderlich sind, in der Zeichnung enthalten sein. Dabei können unterschiedliche Bemaßungsarten (DIN 406 Teil 3) zum Einsatz kommen, die am Beispiel der Draufsicht aufgezeigt werden.

Koordinatenbezogene Bemaßung

Ausgehend von einem **Koordinatenursprung**, dem späteren **Werkstücknullpunkt**, der in jeder Richtung mit Null bemaßt wird, wird jeder benötigte Punkt bestimmt (Bild 1, Seite 89).

Für die Bezugsbemaßung mit einem Pfeil wird relativ viel Platz benötigt. Platzsparender ist oft die **vereinfachte Bezugsbemaßung** (Bild 2, Seite 89).

7.2 Zeichnungserstellung mit einem CAD-System

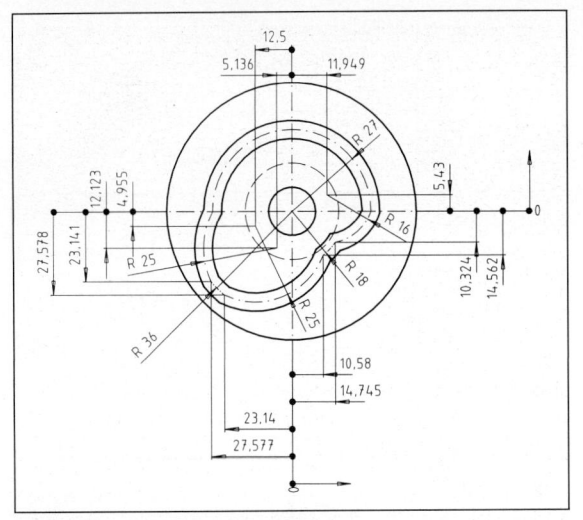

7.2.9 Bemaßung

1 Bezugsbemaßung mit einem Pfeil

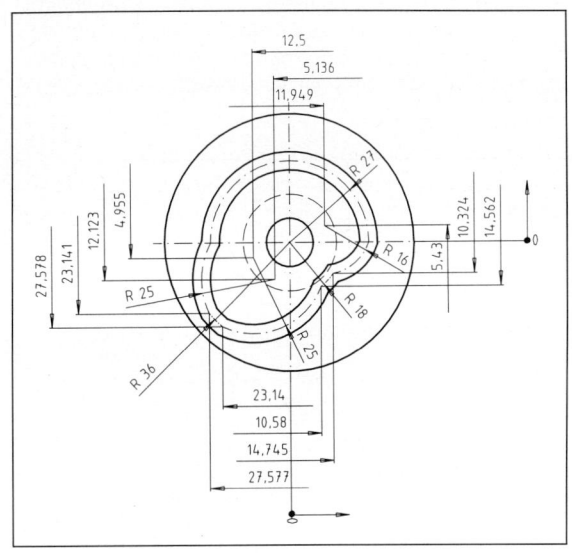

2 Vereinfachte Bezugsbemaßung

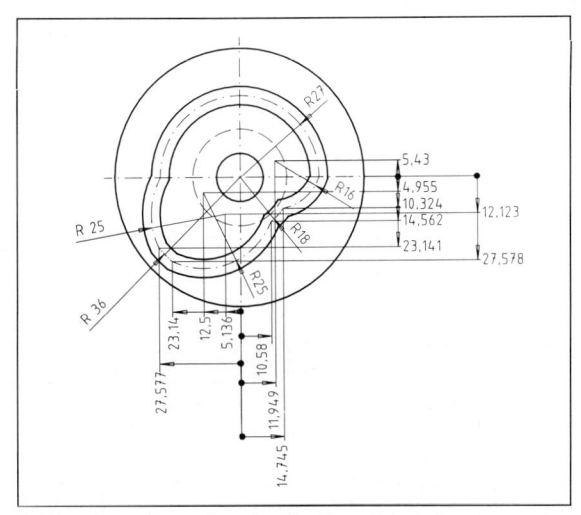

3 Bezugsbemaßung mit steigender Bemaßung

Bemaßung mit Hilfe von Tabellen

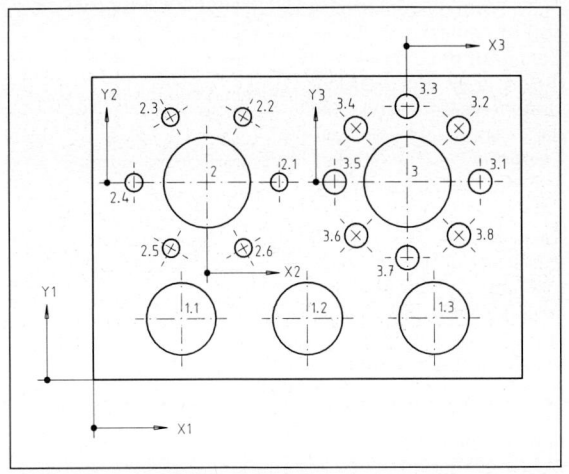

4 Bemaßung mit Hilfe von Tabellen

Die **Bezugsbemaßung in steigender Bemaßung** (Bild 3) ist sehr übersichtlich und platzsparend und daher für Bauteile, die an CNC-Maschinen programmiert werden, besonders zu empfehlen.

Für das Bemaßen von Bohrungen eignet sich die Bemaßung durch Tabellen besonders gut (Bild 4). Die Positionsnummer des Koordinatenpunktes besteht als erstes aus der Nummer des Koordinatennullpunktes und als zweites aus der Zählnummer, die durch einen Punkt getrennt sind. Die Angabe 2.4 entspricht der vierten Position für das zweite Koordinatensystem.

Die Punkte für die Bohrplatte werden durch folgende Tabelle festgelegt.

Pos.-Nr.	Koordinaten		Radius	Winkel	Durch-messer
	X-Achse	Y-Achse			
1	0	0			
1.1	30	20			24 H7
1.2	75	20			24 H7
1.3	120	20			24 H7
2	40	65			40 H7
2.1	25	0	25	0	6
2.2	12,5	21,651	25	60	6
2.3	−12,5	21,651	25	120	6
2.4	−25	0	25	180	6
2.5	−12,5	−21,651	25	240	6
2.6	12,5	−21,651	25	300	6
3	115	65			30 H7
3.1	25	0	25	0	8
3.2	17,678	17,678	25	45	8
3.3	0	25	25	90	8
3.4	−17,678	17,678	25	135	8
3.5	−25	0	25	180	8
3.6	−17,678	−17,678	25	225	8
3.7	0	−25	25	270	8
3.8	17,678	−17,678	25	315	8

7.2.10 Beschriften

In dem Schriftfeld (Bild 1) müssen Maßstab, Benennung, Werkstoff usw. eingetragen werden. Dafür werden zunächst die Textparameter wie Texthöhe, -winkel, Schriftart und Textebene definiert. Dann ist die Textposition durch Punktdefinition zu bestimmen. Abschließend wird der Text über die Tastatur eingegeben. Ein einmal erzeugtes allgemeingültiges Schriftfeld wird abgespeichert und kann jederzeit wieder aufgerufen werden. Hier wird deutlich, daß beim Arbeiten mit einem CAD-System ein Zeichnungsteil nur einmal erstellt werden braucht, auf das dann immer wieder zurückgegriffen werden kann.

1 Schriftfeld

7.2.11 Symbole

2 Beispiele für Symbole

Symbol	Bedeutung
3,2 / $R_z=1,6$	Oberflächenangaben
A / 0,02 A	Form- und Lagetoleranzen
(Schweißsymbole)	Schweißnahtangaben
(Schaltsymbole)	Schaltzeichen der Fluidtechnik
E1/E2 & X, E1/E2 ≥1 X	Logiksymbole

Symbole (Bild 2) erleichtern bei CAD-Systemen die Arbeit mit häufig wiederkehrenden Zeichnungsteilen wesentlich. Sie werden einmal gezeichnet und unter einem bestimmten Namen abgespeichert. Über die Tastatur oder über das Tablett können die Symbole aufgerufen und an eine beliebige Stelle der Zeichnung positioniert werden. Oft bieten Software-Hersteller ganze Symbolbibliotheken (z.B. Symbole zur Hydraulik) an, die der Anwender nutzen kann, ohne sie selbst erstellen zu müssen.

Bei der Kurvenscheibe wird aus der Bibliothek Oberflächenangaben das erforderliche Symbol eingelesen und mit dem Fadenkreuz positioniert.

7.2.12 Variantenkonstruktion

Oft zu zeichnende ähnliche Bauteile (z.B. Wellen, Getriebe, Pneumatikzylinder, Hydraulikspeicher usw.) lassen sich mit der Variantenkonstruktion sehr schnell verändert darstellen bzw. auf die jeweiligen Maße bezogen neu zeichnen. Dazu ist es erforderlich, daß die Variante einmal allgemeingültig mit Hilfe von Variablen programmiert oder gezeichnet wird. Die veränderbaren Größen werden als Variablen definiert, abgespeichert, aufgerufen und verarbeitet. Auf diese Weise können z.B. mit einer Variantenkonstruktion verschiedene Wellen (Bild 3) mit der gleichen Variante konstruiert werden. Lediglich die Variablen werden bei ihrem Aufruf eingegeben. Die Welle wird vom Variantenprogramm mit den eingegebenen Abmessungen automatisch erzeugt.

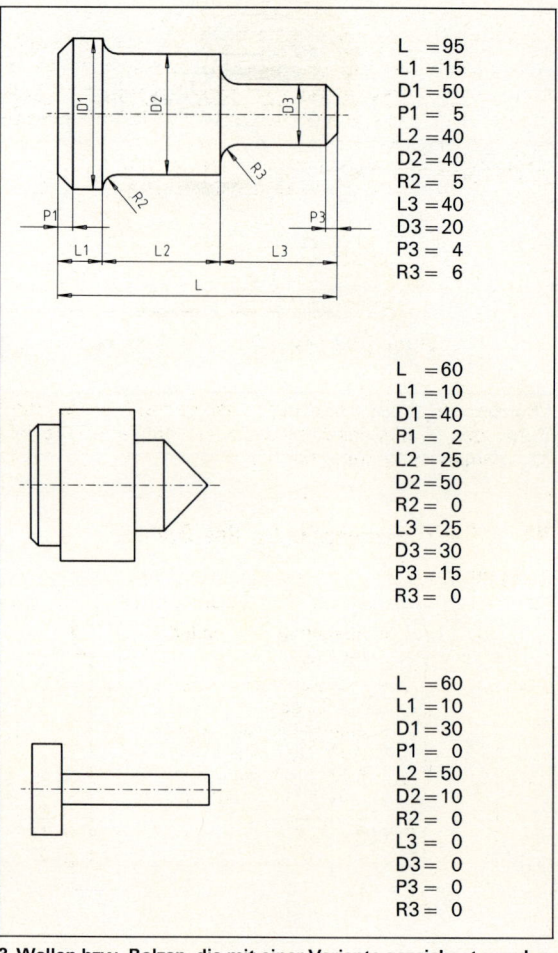

$L = 95$
$L1 = 15$
$D1 = 50$
$P1 = 5$
$L2 = 40$
$D2 = 40$
$R2 = 5$
$L3 = 40$
$D3 = 20$
$P3 = 4$
$R3 = 6$

$L = 60$
$L1 = 10$
$D1 = 40$
$P1 = 2$
$L2 = 25$
$D2 = 50$
$R2 = 0$
$L3 = 25$
$D3 = 30$
$P3 = 15$
$R3 = 0$

$L = 60$
$L1 = 10$
$D1 = 30$
$P1 = 0$
$L2 = 50$
$D2 = 10$
$R2 = 0$
$L3 = 0$
$D3 = 0$
$P3 = 0$
$R3 = 0$

3 Wellen bzw. Bolzen, die mit einer Variante gezeichnet wurden

7.3 Bearbeitungsplan für die Kurvenscheibe

Aufgabe

Skizzieren Sie den dargestellten Pneumatikzylinder und legen Sie die Variablen fest, die für eine Variantenkonstruktion erforderlich sind.

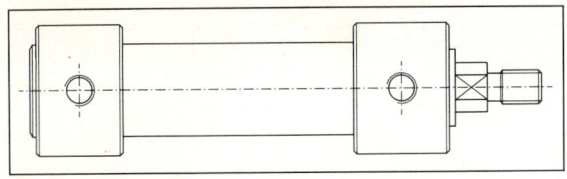

1 Pneumatikzylinder für Variantenkonstruktion

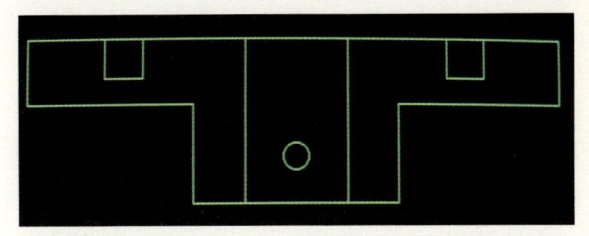

2 Abgespeicherte Geometrie für das spätere Drehen der Kurvenscheibe

7.2.13 Datensicherung

Bei dem Arbeiten mit CAD-Systemen sollte in regelmäßigen Abständen (z. B. 15 Minuten) die Zeichnung abgespeichert werden. Damit gehen bei einem kurzfristigen Strom- bzw. Systemausfall die eingegebenen Daten nicht verloren.

Von den Zeichnungsdateien müssen Sicherheitskopien erstellt werden. Diese sind so aufzubewahren, daß Unberechtigte keinen Zugriff auf sie haben und die Datensicherheit gewährleistet ist. Oft werden sie in Panzerschränken gelagert.

Sollen die Zeichnungskonturen für die CNC-Programmierung weitergenutzt werden, sind für die jeweilige Bearbeitung nur die Ebenen unter einem neuen Zeichnungsnamen abzuspeichern, die für die Programmierung benötigt werden. Für das Drehen der Kurvenscheibe wird die Kontur, die in der Schnittdarstellung vorliegt, gebraucht (Bild 2). Beim Fräsen ist es die Mittellinie der Nut (Bild 3).

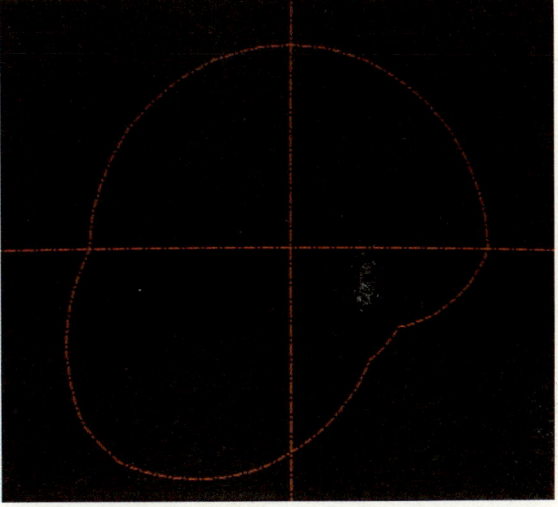

3 Abgespeicherte Geometrie für das spätere Fräsen der Nut in der Kurvenscheibe

7.3 Bearbeitungsplan für die Kurvenscheibe

Die Kurvenscheibe wird zunächst gedreht, bevor die Nut gefräst wird. Obwohl das CAD-System die geometrische Form des Werkstückes gespeichert hat, kann es jedoch nicht die Reihenfolge der Bearbeitungsschritte an CNC-Maschinen selbständig festlegen.

7.3.1 Bearbeitungsplan für das Drehen

1. Spannung

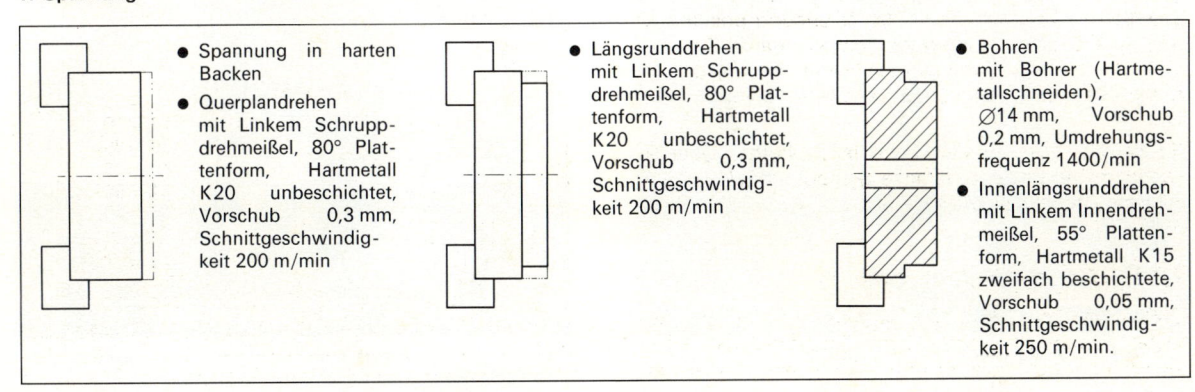

- Spannung in harten Backen
- Querplandrehen mit Linkem Schruppdrehmeißel, 80° Plattenform, Hartmetall K20 unbeschichtet, Vorschub 0,3 mm, Schnittgeschwindigkeit 200 m/min

- Längsrunddrehen mit Linkem Schruppdrehmeißel, 80° Plattenform, Hartmetall K20 unbeschichtet, Vorschub 0,3 mm, Schnittgeschwindigkeit 200 m/min

- Bohren mit Bohrer (Hartmetallschneiden), ⌀14 mm, Vorschub 0,2 mm, Umdrehungsfrequenz 1400/min
- Innenlängsrunddrehen mit Linkem Innendrehmeißel, 55° Plattenform, Hartmetall K15 zweifach beschichtete, Vorschub 0,05 mm, Schnittgeschwindigkeit 250 m/min.

2. Spannung

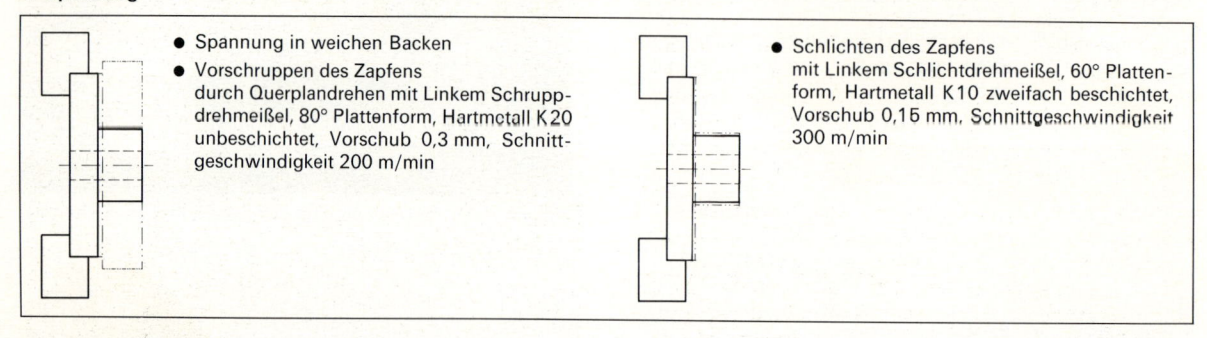

- Spannung in weichen Backen
- Vorschruppen des Zapfens durch Querplandrehen mit Linkem Schruppdrehmeißel, 80° Plattenform, Hartmetall K20 unbeschichtet, Vorschub 0,3 mm, Schnittgeschwindigkeit 200 m/min

- Schlichten des Zapfens mit Linkem Schlichtdrehmeißel, 60° Plattenform, Hartmetall K10 zweifach beschichtet, Vorschub 0,15 mm, Schnittgeschwindigkeit 300 m/min

7.3.2 Bearbeitungsplan für das Fräsen

Zum Fräsen der Nut kann die Kurvenscheibe problemlos in einem Dreibackenfutter mit weichen Backen, das auf dem Fräsmaschinentisch befestigt ist, gespannt und bearbeitet werden. Zum Fräsen wird ein mit Titannitrid beschichteter HSS-Schaftfräser von ⌀6 mm gewählt. Er hat vier Zähne. Der Vorschub pro Zahn beträgt 0,01 mm und die Schnittgeschwindigkeit 30 m/min. Daraus ergeben sich gerundet eine Umdrehungsfrequenz von 1600/min und ein Vorschub von 60 mm/min.

7.4 CNC-Teileprogrammierung mit Hilfe von CAD-Zeichnungen

Mit Hilfe einer geeigneten Software (CNC-Modul) ist es möglich, die geometrischen Informationen einer CAD-Zeichnung so aufzubereiten, daß gegebene Geometrieelemente (z.B. Strecke und Kreisbogen) zu Weginformationen (z.B. G01 und G02 bzw. G03) für die CNC-Bearbeitung umgeformt werden. Da ein CNC-Programm jedoch nicht nur aus Weginformationen besteht, müssen die technologischen Informationen (z.B. Umdrehungsfrequenz, Schnittgeschwindigkeit, Vorschub usw.) und Zusatzinformationen (Spindeldrehrichtung, Kühlmittel ein/aus, Programmende usw.) noch hinzugefügt werden. Dies geschieht im Dialog zwischen dem Anwender und der Software, so daß am Ende des Prozesses ein lauffähiges CNC-Programm an die Werkzeugmaschine gegeben werden kann.

7.4.1 Drehteilprogrammierung

Die Drehbearbeitung der Kurvenscheibe während der zweiten Aufspannung soll die prinzipielle Arbeitsweise mit CNC-Modulen demonstrieren.

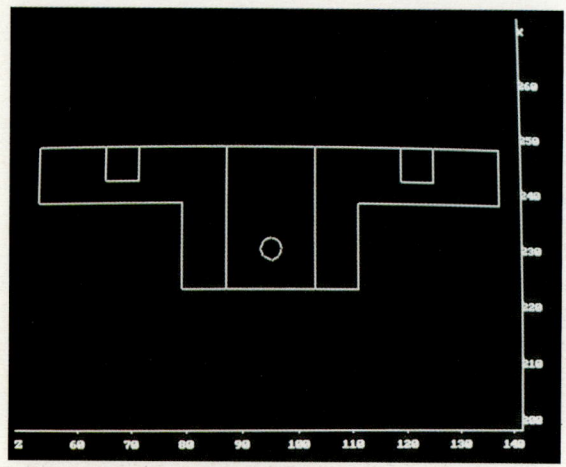

2 In das CNC-Modul übernommene Kontur für das Drehen

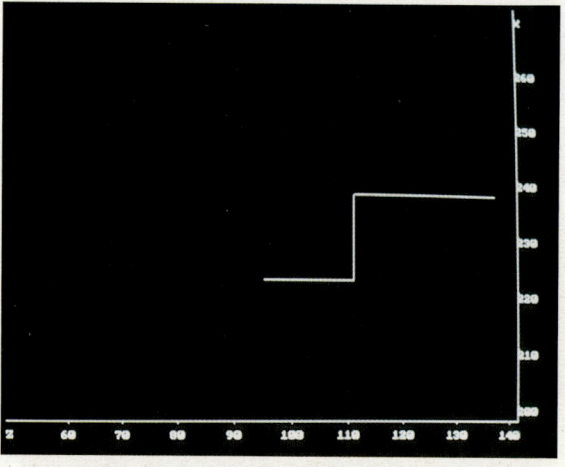

3 Die für die Außenbearbeitung nicht benötigten Elemente wurden gelöscht

7.4 CNC-Teileprogrammierung mit Hilfe von CAD-Zeichnungen

7.4.1 Drehteilprogrammierung

Von der CNC-Software wird die Zeichnungsebene gelesen, die für das Drehen erforderlich ist (Bild 2, Seite 92). Nicht benötigte Konturelemente werden gelöscht (Bild 3, Seite 92). Die verbleibende Kontur wird in die erforderliche Lage gedreht und der Werkstücknullpunkt auf die Mitte der Stirnfläche gelegt (Bild 1). Das Rohteil ist zu definieren und die Drehrichtung bzw. Bearbeitungsseite zu bestimmen (Bild 2).

Im Dialog werden zum Schruppen das Querplandrehen gewählt, die Schnittdaten eingegeben (Bild 3) und der Startpunkt für die Schruppbearbeitung festgelegt. Aufgrund der eingegebenen Daten und der übernommenen Konturwerte errechnet sich das CNC-Modul die Verfahrwege für den Drehmeißel.

Für das Schlichten wird in der gleichen Weise vorgegangen, so daß die Bewegungen zum Drehen der Endkontur berechnet werden können.

Die Bewegungsabläufe für das Vorschruppen und Konturdrehen werden simuliert (Bild 4) um eventuelle Programmierfehler erkennen zu können.

Das CNC-Teileprogramm (Bild 1, Seite 94) wird über Lochstreifenstanzer bzw. im On-Line-Betrieb direkt an die CNC-Maschine übertragen. In den so erstellten CNC-Programmen werden meist die an den Maschinen vorhandenen Zyklen nicht berücksichtigt. Es sind als Wegbedingungen nur G00 (Eilgang), G01 (Geradeninterpolation) und G02 bzw. G03 (Kreisinterpolation im Uhrzeiger- bzw. Gegenuhrzeigersinn) vorhanden. Im Vergleich mit Programmen, die an der Werkzeugmaschine erstellt und bei denen Zyklen benutzt wurden, ist das so erstellte Teileprogramm umfangreicher und oft auch unübersichtlicher.

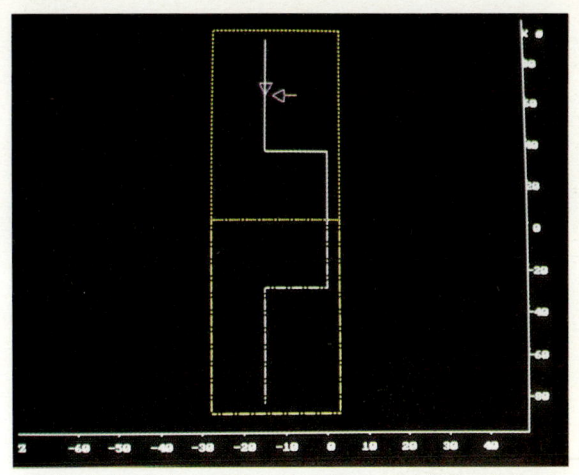

2 Rohteil, Bearbeitungsseite und -richtung wurden bestimmt

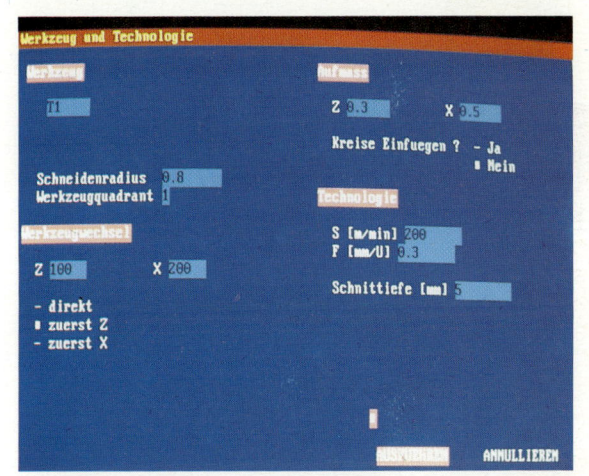

3 Eingabe der Schnittdaten für das Drehen

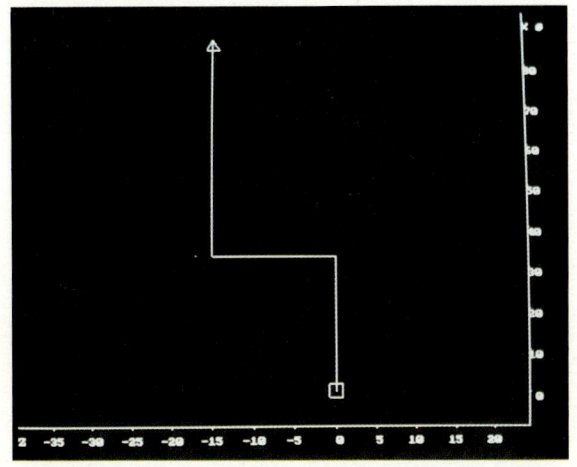

1 Nullpunktsetzen und Drehen der Kontur in Bearbeitungslage

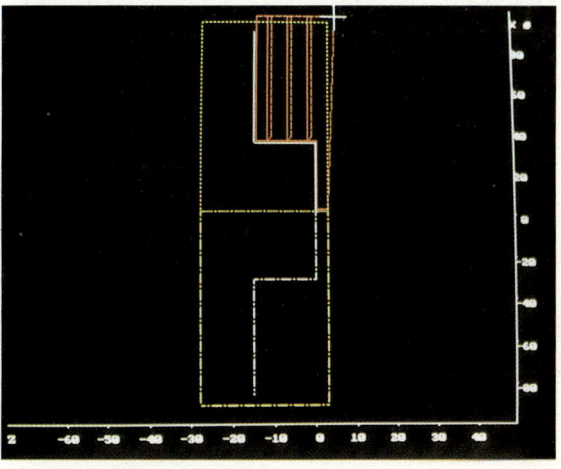

4 Simulation der Verfahrwege

7.4.2 Frästeilprogrammierung

Im Prinzip geschieht die Fräsprogrammierung mit Hilfe der Software in gleicher Weise wie beim Drehen. Das Fräsen der Kurvenscheibennut geschieht wegen ihrer Funktion über Fräsermittelpunktprogrammierung (Programmierung der Äquidistanten).

- Übernahme der Kontur
- Löschen nicht benötigter Geometrieelemente
- Setzen des Werkstücknullpunktes (Bild 2)
- Bestimmen von Rückzugsebene, Anfahrebene und Frästiefe
- Simulation der Verfahrwege (Bild 3 und Bild 1, Seite 95)
- Ausgabe des CNC-Programmes (Bild 2, Seite 95)

Neben der Bereitstellung der CNC-Programme hat die Arbeitsvorbereitung dafür zu sorgen, daß das Rohmaterial und die Werkzeuge zur geplanten Auftragsbearbeitung an der Werkzeugmaschine zur Verfügung stehen.

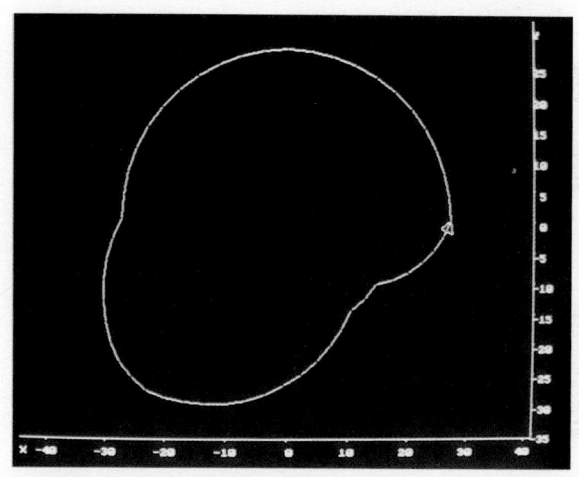

```
N1    %300
N1    (PLANSCHRUPPEN MODUS 2)
N2    (SCHNEIDERRADIUS 0.8)
N3    (WERKZEUGQUADRANT 1)
N4    (AUFMASS Z0.2 X0.5)
N5    (SCHNITTIEFE 5)
N6    (WERKZEUGWECHSEL Z100 X200 SENKRECHT)
N7    (STARTPUNKT Z8.0634 X95.552 DIREKT)
N8    X200
N9    Z100
N10   T101
N11   G95 S200 F0.3
N12   G0 X95.552 Z8.063
N13   Z3
N14   X93.2 Z-2
N15   G1 X33
N16   X35 Z-1
N17   G0 X93.2
N18   Z-7
N19   G1 X33
N20   X35 Z-6
N21   G0 X93.2
N22   Z-12
N23   G1 X33
N24   X35 Z-11
N25   G0 X93.2
N26   Z-14.8
N27   G1 X33
N28   Z0.2
N29   X-1.6
N30   Z3
N31   G0 X95.552 Z8.063
N32   (SCHLICHTEN)
N33   (SCHNEIDENRADIUS 0.8)
N34   (KOMPENSIERTE KONTUR)
N35   (WERKZEUGQUADRANT 1)
N36   (SCHLICHTAUFMASS Z0)
N37   (WERKZEUGWECHSEL Z100 X200 SENKRECHT)
N38   (STARTPUNKT Z2.0918 X70.31 WAAGRECHT)
N39   X200
N40   Z100
N41   T2
N42   G95 S300 F0.15
N43   G0 Z2.092
N44   X70.31
N45   (SCHLICHTKONTUR ANFANG)
N46   G42
N47   G0 X-1.6 Z3.8
N48   G1 Z0
N49   X32
N50   Z-15
N51   X91.6
N52   G40
N53   (SCHLICHTKONTUR ENDE)
N54   G0 X200
N55   Z100
N56   M30
```

1 CNC-Teileprogramm für das Außendrehen der Kurvenscheibe

2 Setzen des Werkstücknullpunktes

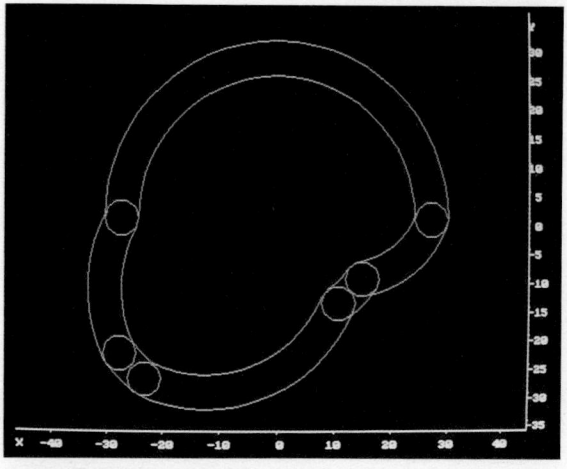

3 Simulation in Draufsicht

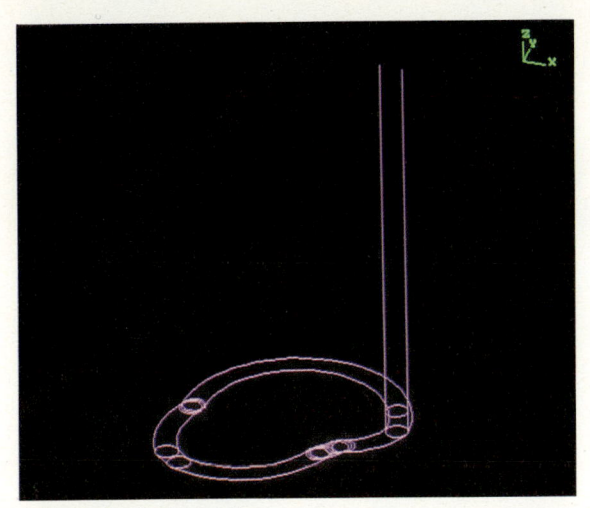

7.5 Auswirkungen von CAD-CAM

1 Simulation in Perspektive

```
N1   (EINHEIT 1)
N2   (NEUER SCHNITT)
N3   (WERKZEUGWECHSEL: NEUER FRAESERDURCH
     MESSER 6)
N4   T1 M6
N5   G0 Z100
N6   X27 Y0
N7   Z2
N8   G1 Z-6 S1600 F60 M3
N9   G3 X-27 Y-0 I-27 J-0
N10  X-27.578 Y-23.14 I21.864 J-12.123
N11  X-23.14 Y-27.578 I27.578 J23.14
N12  X10.58 Y-14.562 I10.64 J22.623
N13  X14.745 Y-10.324 I-10.58 J14.562
N14  X27 Y0 I-2.796 J15.754
N15  G1 Z2
N16  G0 Z100
N17  M30
```

2 CNC-Teileprogramm für das Fräsen der Nut in der Kurvenscheibe

Der Maschinenbediener hat dann noch die wichtige Aufgabe, die Werkzeuge einzustellen, das Programm einzufahren, zu optimieren und die Fertigung zu überwachen. Dazu benötigt er technologische Kenntnisse im Bereich der Fertigung sowie planerische im Bereich der CNC-Programmierung.

7.5 Auswirkungen von CAD-CAM

Der Konkurrenzdruck auf nationaler und internationaler Ebene zwingt die Unternehmen, die Produkte schneller, besser und, wenn möglich, preiswerter herzustellen. Um mit möglichst geringem Aufwand ein technisch ausgereiftes Produkt auf den Markt zu bringen, muß das Unternehmen flexibel auf Marktänderungen reagieren. Die gegenseitige Abhängigkeit von Konstruktion, Produktionsplanung und -steuerung sowie Fertigung sind dabei zu berücksichtigen. Daher werden CAD-CAM-Systeme zunehmend eingesetzt. Wurden sie anfangs als Insellösungen geplant und eingeführt, so werden sie zunehmend zu einem Teil von CIM (**C**omputer **i**ntegrated **M**anufacturing = Computerintegrierte Herstellung), der den Datenaustausch mit den anderen Betriebsbereichen erlaubt.

Vom CAD- bzw. CAM-Anwender werden weniger manuelle, sondern vor allem planerische Fähigkeiten verlangt. Damit er seine Aufgaben optimal bewältigen kann, muß er nicht nur sein System beherrschen, sondern auch dessen Aufgaben, Funktionen und Schnittstellen im betrieblichen Gesamtsystem kennen.

7.5 Auswirkungen von CAD-CAM

Die körperlichen Belastungen durch falsche Körperhaltung können durch entsprechende Arbeitsplatzgestaltung gering gehalten werden (Bild 1). Die Belastung der Augen ist relativ hoch, so daß der ständige Benutzer möglichst vorbeugend eine Augenuntersuchung vornehmen sollte. Aus den genannten Gründen sollte die tägliche Bildschirmarbeit 4 Stunden möglichst nicht überschreiten[1]).

Die psychische Belastung kann durch eine gute Software-Gestaltung gering gehalten werden. Dazu zählen u.a. einfache und logische Bedienung (Handling), kurze Antwortzeiten und wenige Ausfälle des Systems (Soft- und Hardware).

Weil die Datenverarbeitung immer umfassender und die Systeme immer leistungsfähiger werden, muß sich der Anwender ständig weiterbilden, um den Anforderungen gerecht zu werden. Dies gilt für alle betrieblichen Bereiche. Sei es der CAD-Anwender, der CNC-Programmierer in der Arbeitsvorbereitung oder der Facharbeiter an der Werkzeugmaschine. Sie alle werden den zukünftigen Aufgaben ihres Arbeitsplatzes nur durch eine entsprechende betriebliche oder außerbetriebliche Weiterbildung gewachsen sein.

---
[1]) Häufiger Bestandteil von Betriebsvereinbarungen zur Gestaltung von Bildschirmarbeitsplätzen.

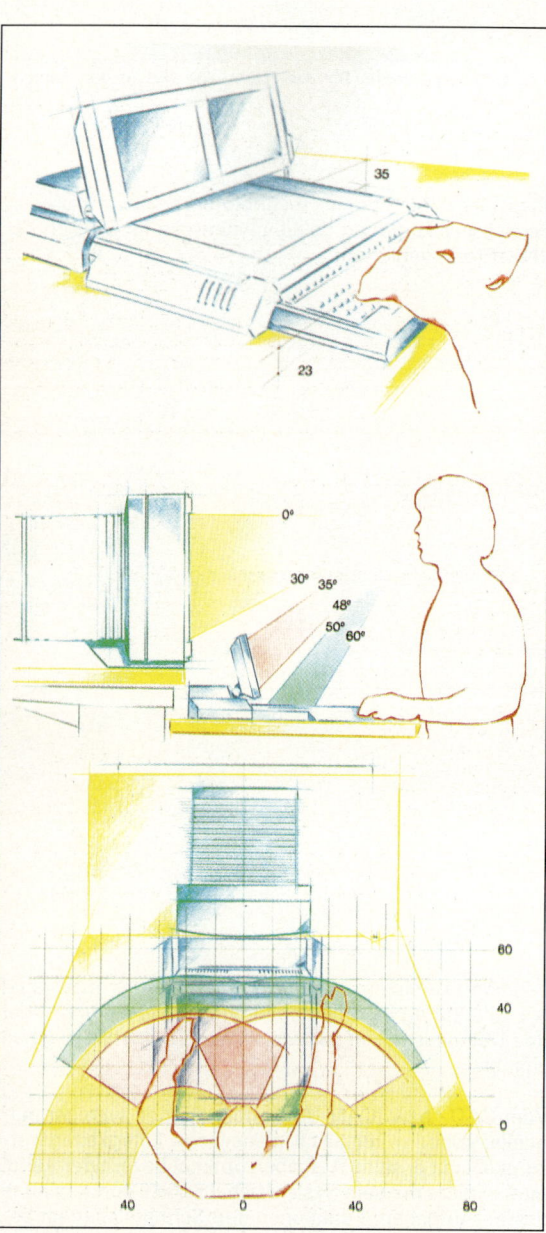

1 Ergonomische Aspekte bei einem CAD-Arbeitsplatz

Aufgaben

1. Beschreiben Sie die Einsatzbereiche von CAD und CAD-CAM.
2. Nennen Sie Eingabe- und Ausgabegeräte für CAD-Systeme.
3. Unterscheiden Sie mit Beispielen 2D-Modell und 3D-Volumenmodell.
4. Welche Hilfe bietet die Menütechnik für den Bediener?
5. Warum werden bei CAD-Systemen unterschiedliche Ebenen zur Zeichnungserstellung benutzt?
6. Wodurch wird ein Punkt in der Ebene mit a) einem kartesischen und b) mit einem Polarkoordinatensystem betimmt?
7. Beschreiben Sie Möglichkeiten, wie Punkte bestimmt werden können.
8. Nennen Sie 5 Geometrieelemente und geben Sie an, wie jedes eindeutig bestimmt werden kann.
9. Beschreiben Sie 5 Manipulationsmöglichkeiten bei CAD-Systemen.
10. Wie unterscheidet sich eine konstruktionsbedingte von einer CNC-gerechten Bemaßung?
11. Skizzieren Sie ein Beispiel mit einer Bemaßung mit Hilfe von Tabellen.
12. Nennen Sie Beispiele für eine sinnvolle Nutzung von Symbolen in der CAD-Technik.
13. Welche Vorteile bringt eine Variantenkonstruktion und wann ist ihre Programmierung wirtschaftlich?
14. Welche Informationen müssen einem CNC-Modul zusätzlich zu den geometrischen Daten, die aus dem CAD-System übernommen werden, noch mitgeteilt werden?
15. Welche Auswirkungen können von CAD-CAM auf den Mitarbeiter, den Betrieb und die Volkswirtschaft ausgehen?

8 Pläne

Pläne sind, wie technische Zeichnungen, Hilfsmittel in der Technik. Sie dienen der Kommunikation und verwenden dabei grafische Darstellungen. Damit Pläne von Fachkräften genutzt werden können, müssen Vereinbarungen (Normen), z. B. nationale wie DIN oder internationale wie ISO, eingehalten werden. Somit finden Pläne ihre fachgerechte Nutzung z. B.:

- beim Lesen und Beschreiben einer Steuerung (Funktionstest),
- beim Ergänzen, Erweitern oder Ändern der Steuerungsfunktion,
- bei der Installation oder der Inbetriebnahme einer Maschine oder Anlage,
- bei der Fehlersuche und -eingrenzung, bei Störungen und
- beim Service bzw. bei der Wartung von Anlagen.

Pläne beschreiben die technische Funktion oder die Installation von Systemen.

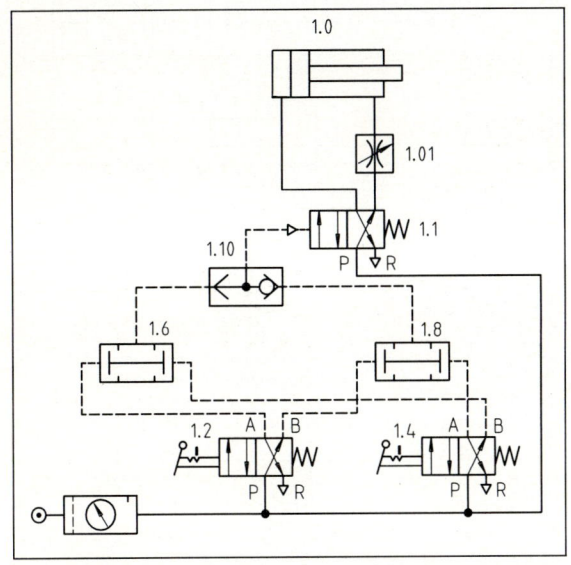

1 Der *Schaltplan* zeigt die steuerungstechnische Verknüpfung der Signal-, Steuer- und Stellglieder, ohne die räumliche Anordnung dieser Bauelemente zu berücksichtigen

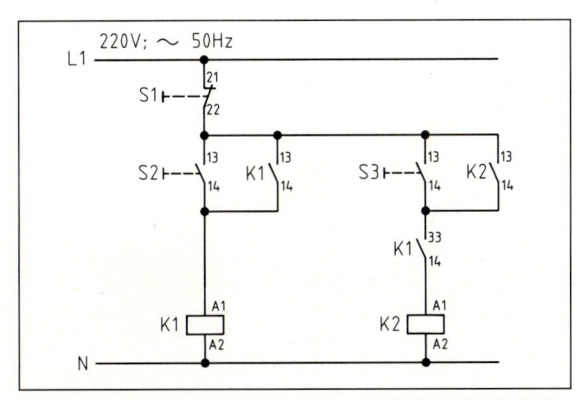

2 Der *Stromlaufplan* stellt die steuerungstechnische Verknüpfung von elektrischen/elektronischen Ein- und Ausgabebauteilen dar

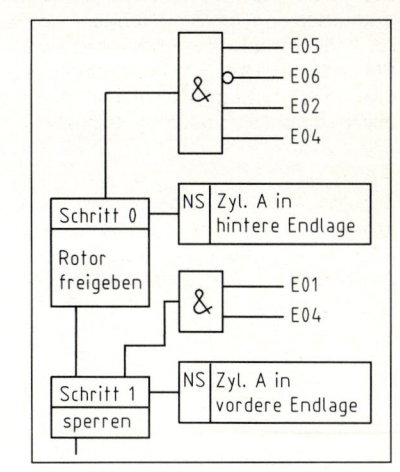

3 Der *Funktionsplan* dient der Darstellung von Steuerungen mit Hilfe von Logiksymbolen

4 Der *Anordnungsplan* erfaßt z. B. für eine pneumatische/hydraulische Steuerung die räumliche Lage und Kennzeichnung der Signal- und Stellglieder

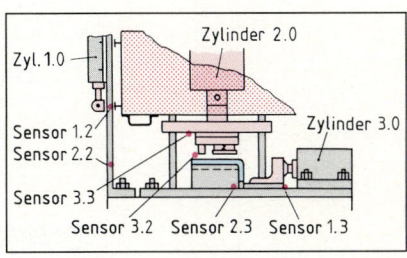

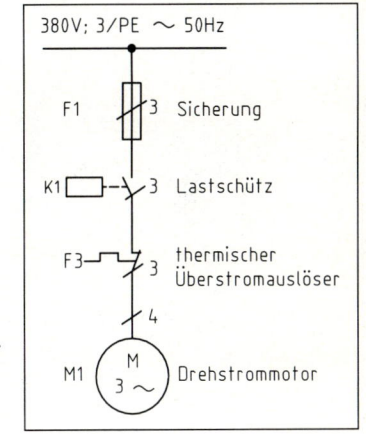

5 Im *Übersichtsschaltplan* wird mit Schaltkurzzeichen eine (meist einpolige) vereinfachte Gliederung und Wirkungsweise einer elektrischen Einrichtung dargestellt

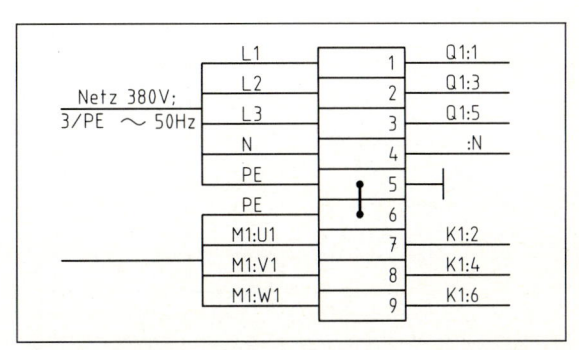

6 Der *Anschlußplan* wird für die Schnittstelle zwischen Steuerschrank und Sensorik bzw. Aktorik benötigt, indem eine eindeutige Kennzeichnung der herzustellenden Verdrahtung/Verschlauchung in diesem Plan erfolgt

97

8 Pläne

Aufgaben

Die Eindeutigkeit von Leitungs- und Schaltplänen ist Voraussetzung, um Steuerungen bzw. Regelungen in ihrer Funktion erfassen und kontrollieren zu können. Die Entscheidung für die **anwendungsgerechte Auswahl** und die Darstellung der Pläne (Leitungs- und Schaltpläne) richtet sich nach der Aufgabe.

Die angeführten pneumatischen/hydraulischen bzw. elektrischen Steuerungen sind immer nur als Auszug oder Teil einer umfangreicheren Gesamtsteuerung zu verstehen. Oft begründet erst der zunehmende Umfang der Steuerungsaufgabe den Einsatz bestimmter Pläne.

Aufgaben

1. Benennen Sie die Pläne, die in Bild 1 dargestellt sind. Kennzeichnen Sie die wesentlichen Merkmale dieser Pläne.

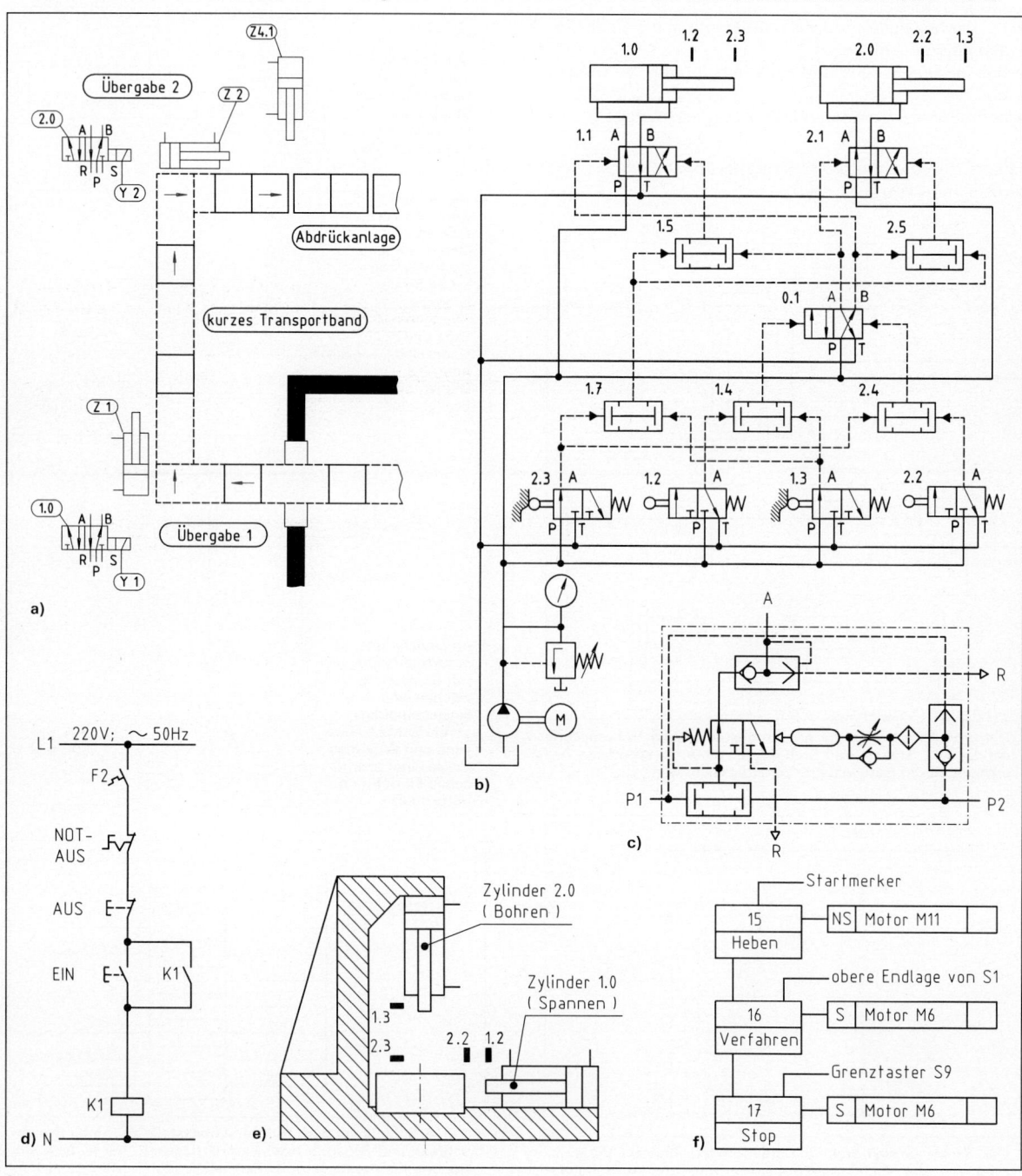

8.1 Beispiel einer pneumatischen Steuerung

2. Was ist in einem Anordnungsplan einer pneumatischen/hydraulischen Steuerung erfaßt?
3. Welche Aufgaben haben Anschlußpläne für Steuerschränke?
4. Für welche Arbeiten an Steuerungen ist der Anordnungsplan von besonderer Bedeutung?
5. Nennen Sie Beispiele aus Ihrem Betrieb für
   - Anordnungspläne,
   - pneumatische bzw. hydraulische Schaltpläne,
   - Stromlaufpläne und
   - Installationspläne.
6. Welche typischen Merkmale in einem Schaltplan ermöglichen eine schnelle Unterscheidung zwischen pneumatischen und hydraulischen Schaltplänen?

8.1 Beispiel einer pneumatischen Steuerung

Eine pneumatische Abdrückanlage wird für die Dichtigkeitsprüfung (Prüfdruck $p=4$ bar) von geschweißten Rohr-T-Stücken aus korrosionsbeständigem Stahl eingesetzt. Diese in der Fertigung für Pumpenanlagen wirkende Einrichtung ist in ihrer Funktion dokumentiert durch:

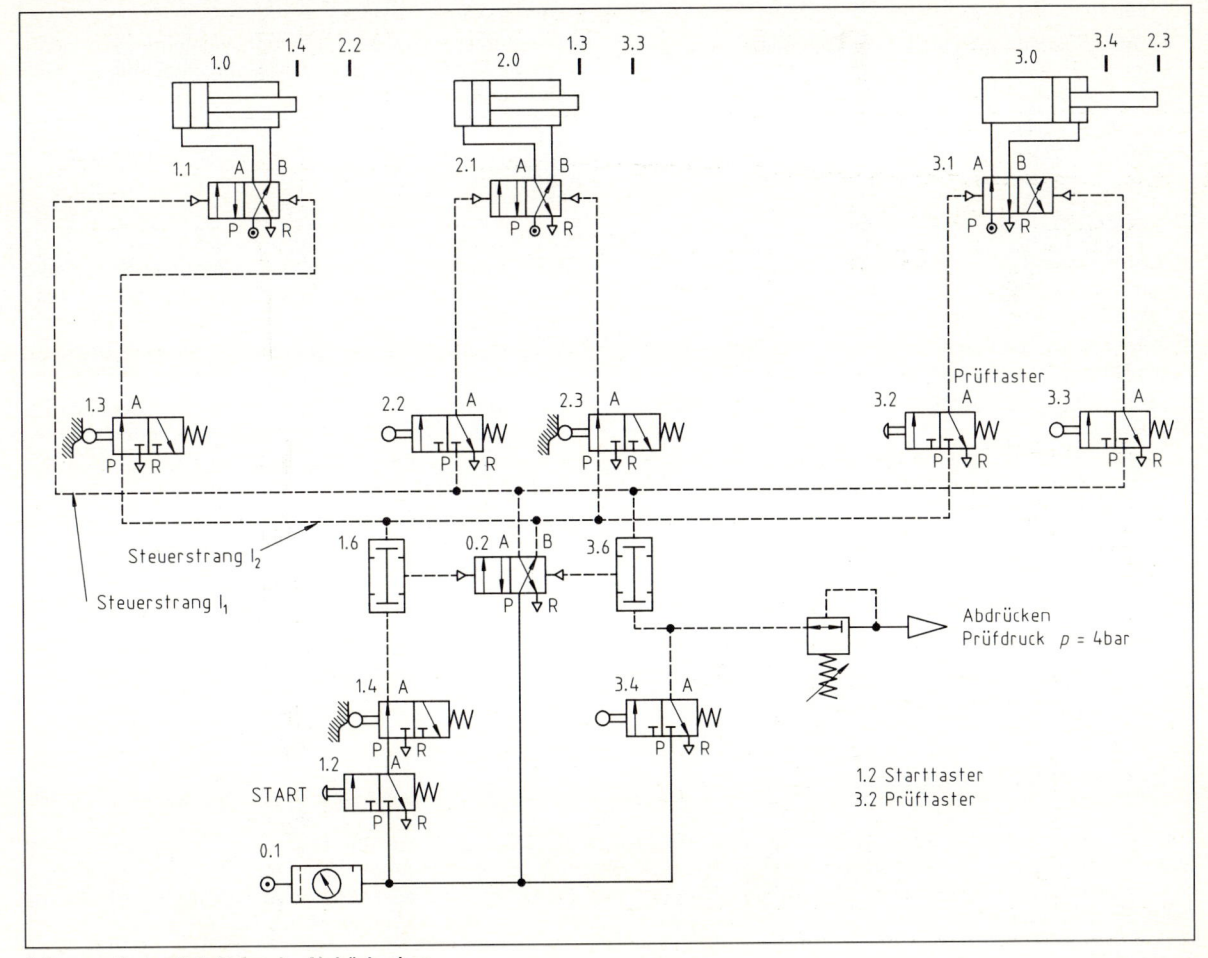

1 Pneumatischer Schaltplan der Abdrückanlage

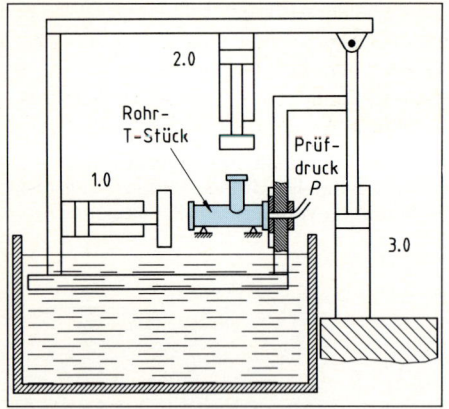

8.2 Funktionsdiagramme

- den pneumatischen Schaltplan (Bild 1, Seite 99).
- den **Anordnungsplan** (Bild 1) und
- das vereinfachte **Weg-Schritt-Diagramm** (Bild 2)

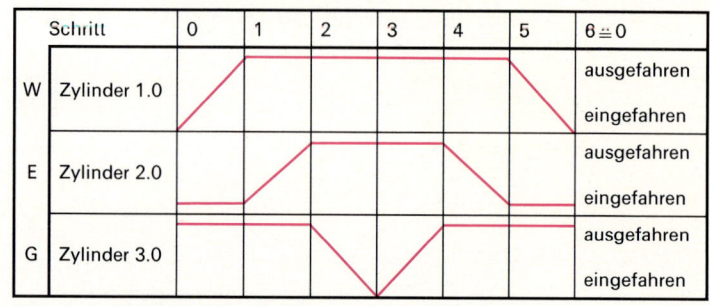

1 Anordnungsplan der Abdrückanlage

2 Vereinfachtes Weg-Schritt-Diagramm der Abdrückanlage

Diese Schaltpläne werden nach allgemeinen Regeln (Bild 3) erstellt.

Allgemeine Regeln für das Erstellen von pneumatischen/hydraulischen Schaltplänen	
• Die Sinnbilder und Schaltzeichen sind waagerecht darzustellen.	• Ventile sind in der Ausgangsstellung dargestellt, d.h., die beweglichen Teile der Ventile haben die Stellung eingenommen, die sie in einer eingeschalteten Steuerung einnehmen.
• Die Steuerungselemente sind dem Signalfluß entsprechend von unten nach oben anzuordnen.	• Die gleiche Druckquelle kann mehrfach dargestellt werden.
• Die Arbeitsleitungen sind durch Vollinien darzustellen.	
• Die Steuerleitungen sind durch Strichlinien darzustellen.	• Die Numerierung der Steuerungselemente setzt sich aus der Nummer der Steuerkette und einer angefügten Ordnungszahl zusammen.

3 Darstellungsregeln

Aufgabe

1. Beschreiben Sie die Funktion der Abdrückanlage anhand der vorliegenden technischen Dokumentation (Bild 1, Seite 99, Bild 1 u. 2).
2. Zeichnen Sie den Schaltplan in der Stellung, wenn ein Rohr-T-Stück abgedrückt wird (Schritt 3).
3. Welche Aufgabe übernimmt der Taster 1.2 im Schaltplan?
    a) In welchen Steuerleitungen könnte der Taster 1.2 ebenfalls eingebaut werden, ohne daß sich die Funktion ändert?
4. Welche Ergänzung ist erforderlich, wenn ein Richtbetrieb möglich sein soll?
5. Ordnen Sie die Bauelemente in Aktoren, Stellglieder, Signalglieder, signalverarbeitende Glieder (Steuerglieder).
6. Beschreiben Sie die Funktion von Element (Symbol) 0.1.
7. Für welche Zylinder leiten die Endlagenschalter 2.3 und 3.3 (Bild 1, S. 99) die Einfahrbewegungen ein?
8. Welche grundsätzliche Bedeutung hat das Ventil 0.2 (Bild 1, S. 99) für die Ablaufsteuerung?
9. Welche Ergänzung müßte in der Steuerung (Bild 1, S. 99) vorgenommen werden, wenn der Zylinder 3.0 verlangsamt ein- bzw. ausfahren sollte?

8.2 Funktionsdiagramme

Für die Beschreibung von Steuerungen in unterschiedlichen gerätetechnischen Ausführungsformen, (z.B. pneumatisch/hydraulisch) werden Funktionsdiagramme[1] eingesetzt. Sie erfassen die Verfahrbewegungen der Arbeitsglieder in Abhängigkeit der Stellglieder und Signalglieder. Die gesamte Steuerung wird als schrittweise Funktionsfolge des Arbeitsablaufs dargestellt.

---
[1] VDI-Richtlinie 3260

8.2 Funktionsdiagramme

Für eine Zuführeinrichtung (Bild 1) ist das vollständige Funktionsdiagramm (2) dargestellt. Sowohl der Zustand als auch die Schrittfolge der Aktoren sind im Funktionsdiagramm eindeutig grafisch beschrieben. Mit den Funktionslinien (rot) wird der Bewegungsablauf der Zylinder und der Zustand der Stellglieder dargestellt. Die Signallinien (blau) verknüpfen die Funktionslinien miteinander.

Beispiel:

Schritt 0: Vom betätigten Stellglied 1.1 wirkt eine Signallinie zum Zylinder 1.0.

Die Übersicht in Bild 3 zeigt eine Auswahl der Symbole und der Darstellungsregeln für die Funktionsdiagramme.

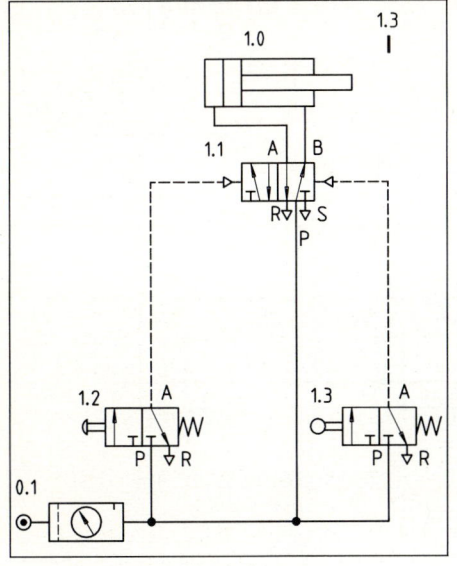

1 Schaltplan der Zuführeinrichtung

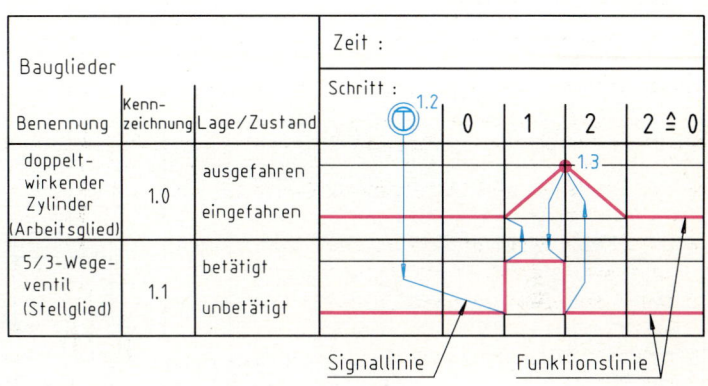

2 Funktionsdiagramm der Zuführeinrichtung

Symbole (Auszug)

Arbeitswege und Arbeitsbewegungen	
→	geradlinige Bewegung

Weg- und Bewegungsbegrenzungen	
→│	allgemein (Pfeil)
→●	durch Signalglied (Punkt)

Signalglieder (muskelkraftbetätigt)	
↓	EIN
↑	AUS
↕	TIPPEN

Signallinien und Signalverknüpfungen			
↓↓	Signallinien	↓↓↓	UND-Bedingung
↓↓	ODER-Bedingung	1̄.1̄	NICHT-Bedingung

3 Auszug (VDI 3260)

Darstellungsregeln für Funktionsdiagramme nach VDI 3260

Mit breiten Vollinien wird der Arbeitsweg und/oder es werden die Arbeitsbewegungen der Aktoren grafisch erfaßt. Das gilt z. B. für Spannbewegungen von Zylindern.

Eine Änderung des Zustandes, z.B. eines Zylinders, wird fortlaufend in einem neuen Schritt erfaßt.

Die vollständige Abfolge von Zustandsänderungen ist eine sogenannte Funktionslinie.

Schräg ansteigend oder schräg abfallend verlaufende Funktionslinien kennzeichnen z.B. längere Aus- und Einfahrzeiten von Zylindern. Diese Zeiten können im Zeitfeld berücksichtigt werden. Schaltzeiten kurzer Dauer, wie z.B. von Wegeventilen, bleiben unberücksichtigt. Die Funktionslinien verlaufen dann senkrecht.

Weiterhin sind Begrenzungen, z.B. der Bewegung, mit Pfeil, Punkt oder Querstrich erfaßt.

Schmale Vollinien mit einem Pfeil werden für die Signallinien und Signalverknüpfungen eingesetzt. Sie drücken die schaltungstechnische Verknüpfung (Abhängigkeit) der Sensoren und Aktoren aus. Zusätzlich können Kurzbezeichnungen oder Gerätenummern dieser Bauteile an die Signallinien geschrieben werden.

8.2 Funktionsdiagramme

Aufgaben

1. Erklären Sie die übrigen Funktionen für den Schritt 1 und 2 von Bild 2, Seite 101.
2. Beschreiben Sie mit einem Funktionsdiagramm die Wirkungsweise für die Vorrichtung zur Vereinzelung (Bild 1). Verändern Sie den Schaltplan (Bild 2) so, daß mit einem 3/2-Wege-Ventil als Startschalter, ein Zyklus ausgelöst wird.
3. Entwickeln Sie das Funktionsdiagramm für den Schaltplan der Ablaufsteuerung in Bild 3.

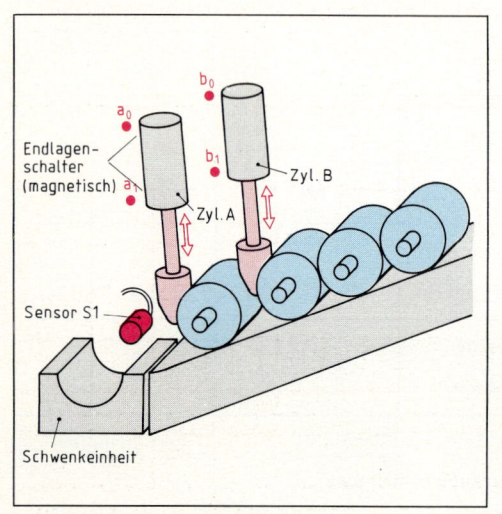

1 Vorrichtung zur Vereinzelung

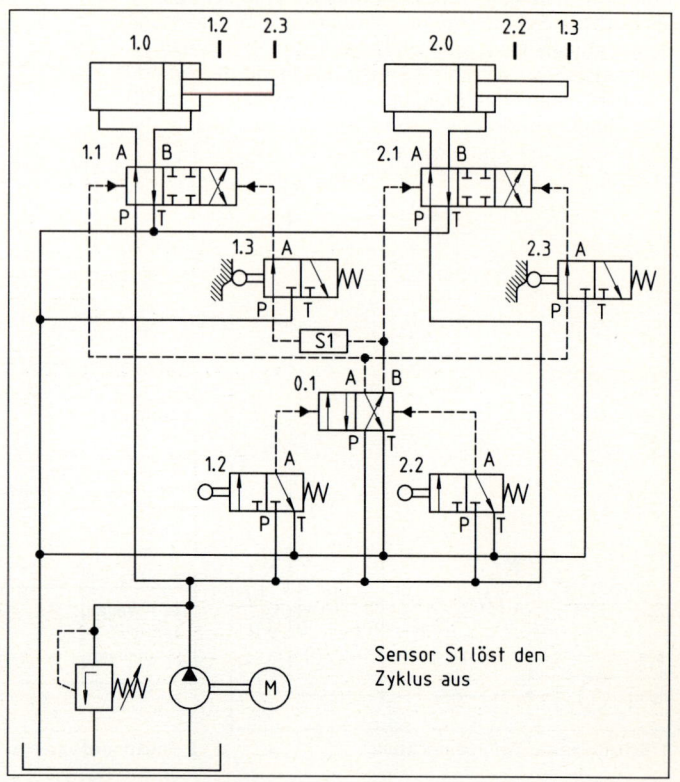

2 Hydraulikschaltplan zu Bild 1

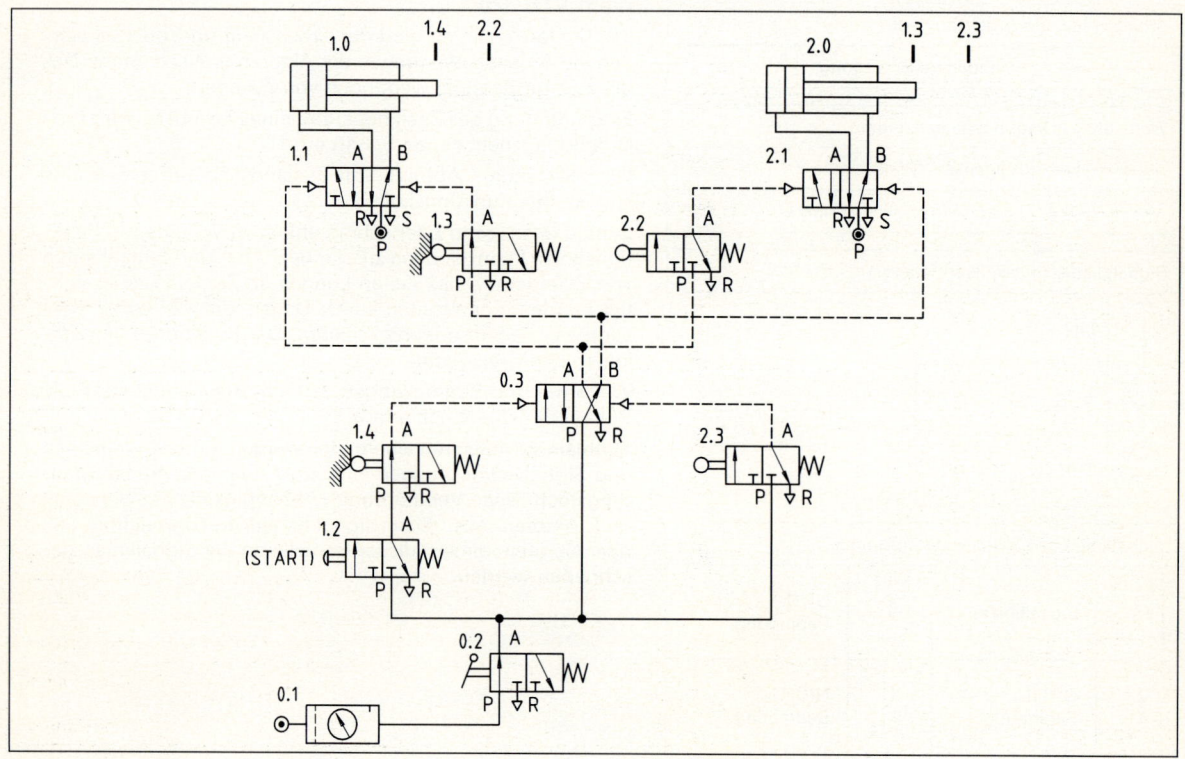

3 Ablaufsteuerung

8.3 Erweiterung der pneumatischen Steuerung

4. Überprüfen Sie die Darstellung des Schrittes 0 (Bild 1) mit ihrer Lösung der Aufgabe 3.
5. Entwickeln Sie aus dem gegebenen Funktionsdiagramm (Bild 2) den Schaltplan. Bedingung: Bauglieder 1.2 und 1.5 sind Taster.

   Welche Veränderung im Funktionsdiagramm ergibt sich, wenn die Schaltung einen Start-Schalter erhält?

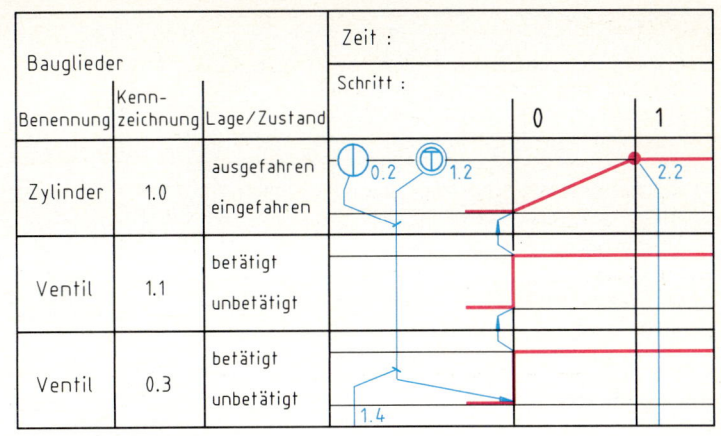

1 Funktionsdiagramm

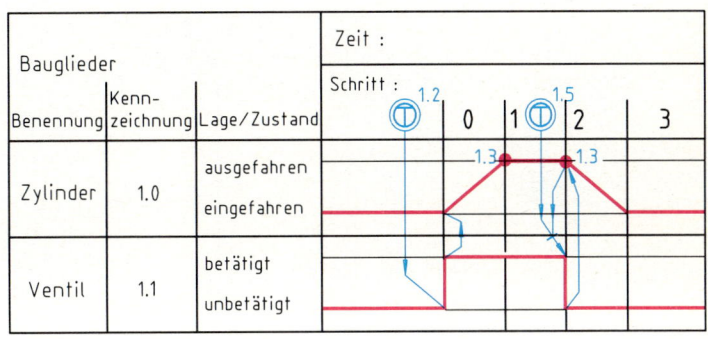

2 Funktionsdiagramm

8.3 Erweiterung der pneumatischen Steuerung

Die Abdrückanlage (Kap. 8.1) soll auch Rohrstücke mit vier Anschlüssen abdrücken. Mit dem Wahlschalter 4.2 kann die Steuerung umgeschaltet werden. Der Anordnungsplan (Bild 3) und das Weg-Schritt-Diagramm (Bild 4) stellen die Funktion dieser Steuerung dar. Ein Vergleich der Steuerung mit den Bildern 1 und 2, Seite 100 macht die Veränderungen deutlich:

- Das Verfahren der Zylinder 2.0 und 4.0 erfolgt gleichzeitig.
- Das Betätigen von Endlagenschalter 2.2 bewirkt das Ausfahren von Zylinder 2.0 (wie bisher) und Zylinder 4.0.
- Der Endlagenschalter 2.3 bewirkt, wenn Zylinder 3.0 wieder ausgefahren ist, das Einfahren von Zylinder 2.0

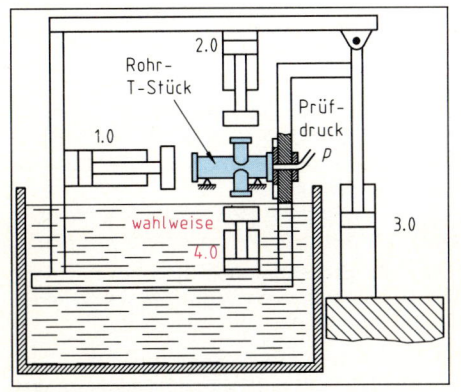

3 Geänderter Anordnungsplan

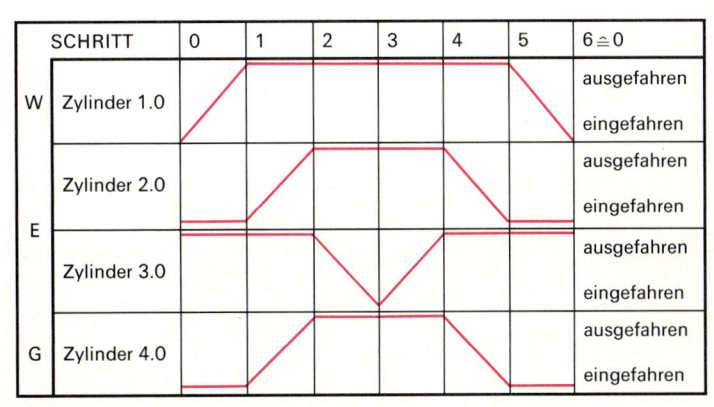

4 Geändertes Weg-Schritt-Diagramm

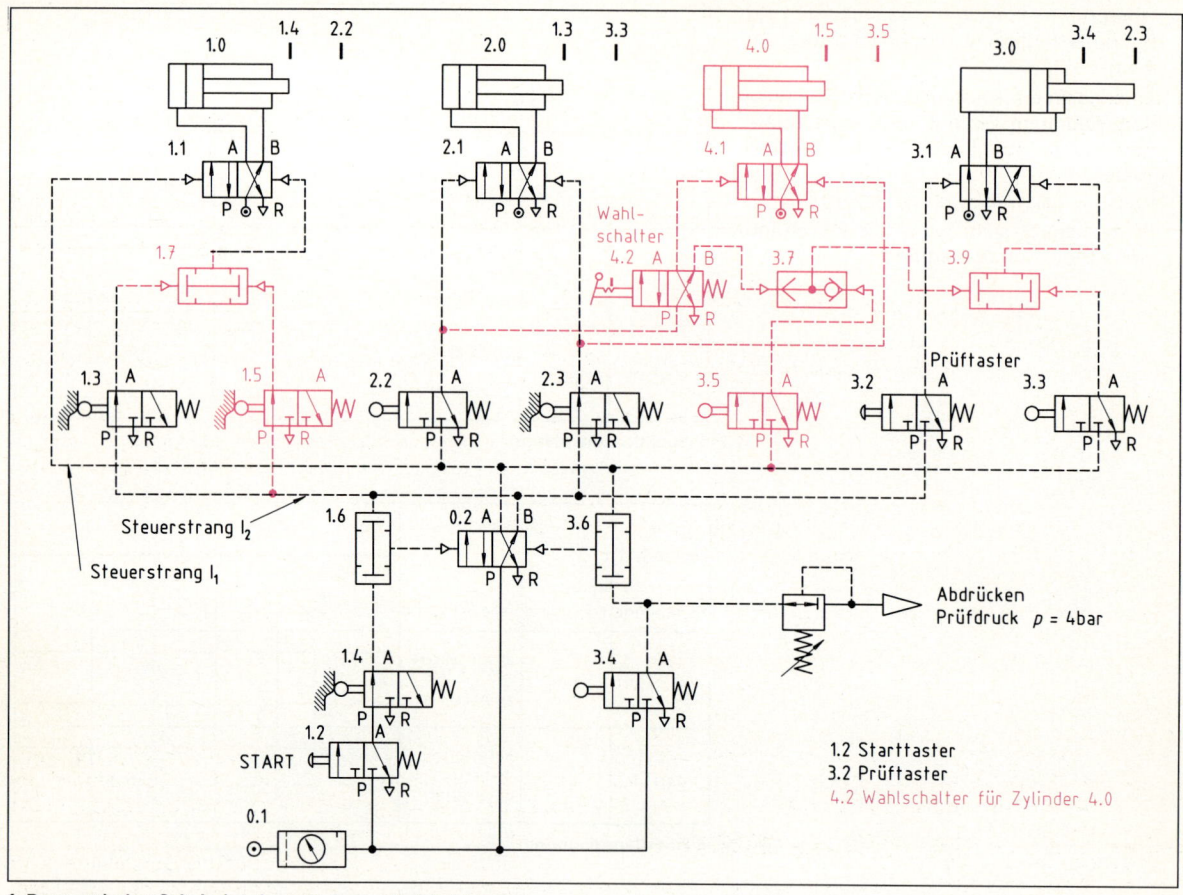

8.3 Erweiterung der pneumatischen Steuerung — Aufgaben

1 Pneumatischer Schaltplan der geänderten Abdrückanlage

(wie bisher) und von Zylinder 4.0. Forderung: Um eine einwandfreie Funktion der Steuerung zu gewährleisten, sind die Endlagen von Zylinder 4.0 durch Endlagenschalter erfaßt und steuerungstechnisch mit verarbeitet.

- Somit fährt Zylinder 3.0 nur ein, wenn Endlagenschalter 2.2 (Wahlschalter 4.2 in Stellung 0) oder Endlagenschalter 3.5 (Wahlschalter 4.2 in Stellung 1) betätigt ist.

Der nun vorliegende vollständige Schaltplan (Bild 1) der Abdrückanlage ist die Grundlage für die Verschlauchung. Als weitere Information enthält er die Numerierung der Bauteile und die Kennzeichnung der Steuer- und Arbeitsglieder. Zudem ist der pneumatische Schaltplan auch die Grundlage für die zusätzliche Stückliste in Bild 2

Pos.	Menge	Benennung	Kurzzeichen
1	1	doppeltwirkende Zylinder	4.0
2	1	4/2-Wegeventile	4.1
3	1	4/2-Wegeventil (Wahlschalter)	4.2
4	2	3/2-Wegeventil (rollenbetätigt)	1.5, 3.5
5	2	UND-Ventile	1.7, 3.9
6	1	ODER-Ventil	3.7
7	18	T-Stücke	
8	16 m	Schlauchmaterial	

2 Stückliste

Aufgabe

1. In welcher Schalterstellung von Wahlschalter 4.2 fährt auch der Zylinder 4.0 aus?

2. Was bewirkt eine Betätigung des Starttasters 1.2 während des Prüfvorganges?

3. Kann auf das UND-Glied 3.9 gleichzeitig das Signal von 2.2 und 3.5 wirken?

4. Warum kann der Prüfvorgang zeitlich beliebig lange erfolgen?

5. Der Zylinder 3.0 fährt in die hintere Endlage, ohne daß der Endlagenschalter 3.4 betätigt werden kann (z.B. unsachgemäße Befestigung). Welche Auswirkungen hat dieser Fehler?
Kann die Steuerung in die Ausgangsstellung fahren?

6. Ordnen Sie den Steuersträngen I_1 und I_2 (vom Schrittspeicher) die Verfahrbewegungen der Zylinder zu (z.B. I_1: 1.0 fährt aus).

7. In welchen Schritten erfolgt die Umschaltung des Schrittspeichers?

8.4 Elektrische Schaltpläne

Elektrische Schaltpläne, wie z.B. Stromlaufpläne, sind für die Funktionsbeschreibung von elektrischen Steuerungen notwendig. Um z.B. eine Kontrolle der steuerungstechnischen Wirkungsweise von Maschinen und Anlagen zu ermöglichen, sind einheitliche grafische Darstellungen[1]) für elektrische Steuerungen festgelegt.

Beispiel für eine elektrische Steuerung

Im Rahmen der Verbesserung der innerbetrieblichen Produktionsabläufe soll die Betriebswerkstatt u.a. eine Transportbandeinrichtung planen, fertigen und in Betrieb nehmen.

Die Lage des Transportbandes ist im Auszug des Anordnungsplanes (Bild 1) der Fertigungsanlage gekennzeichnet. Es nimmt die Werkstücke an der Aufgabestation auf und transportiert sie in die Montagehalle (Übergabe 1).

Der Anordnungsplan ist zusammen mit der Funktionsbeschreibung hier die Grundlage für den Entwurf der elektrischen Steuerung.

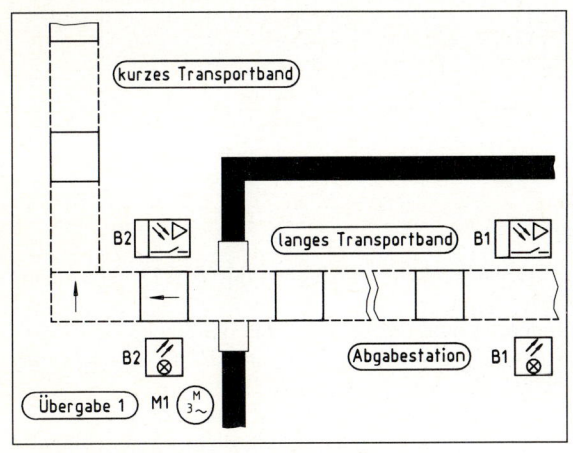

1 Anordnungsplan der Transportbandeinrichtung

Funktionsbeschreibung

Der Antriebsmotor M1 des Transportbandes soll:
- anlaufen, wenn das Werkstück auf das Band (Aufgabestation) gesetzt wird.
- stoppen, wenn das Werkstück das Bandende (Übergabe 1) erreicht hat.

Die Werkstücke sollen am Anfang und Ende des Transportbandes mit Lichtschranken (B1, B2) erfaßt werden.

Der Antriebsmotor M1 des Transportbandes soll über ein Schütz geschaltet werden.

Die Steuerung soll folgende Funktion gewährleisten:
- Wird das Werkstück auf das Band gelegt, so bewirkt die Lichtschranke B1 den Bandanlauf.

- Erreicht das Werkstück das Bandende, so bewirkt die Lichtschranke B2 den Bandstopp.

Vereinfachende Randbedingung:

Die Lichtschranke B1 an der Aufgabestation soll solange ohne Wirkung sein, bis die Lichtschranke B2 an der Übergabe 1 das aufgelegte Werkstück erfaßt und den Bandstopp ausführt.

Darüber hinaus wirken im Rahmen der Gesamtsteuerung der Fertigungsstraße übergeordnete Steuersignale (NOT-AUS, Einrichten usw.), die hier nicht weiter berücksichtigt werden.

Die Betriebsmittel (Lichtschranken, Antriebsmotor usw.) der Steuerung erhalten eine Kennzeichnung. Damit ist eine eindeutige Zuordnung (Querverbindung) zwischen den Schaltplänen und der räumlichen Lage (Anordnungsplan) möglich.

Stromlaufplan

Der Stromlaufplan beschreibt die Informationsverarbeitung einer Steuerung. Er ist bei der Realisierung der Steuerung in elektromechanischer Ausführungsform die Grundlage für die Verdrahtung.

Der Stromlaufplan ist die ausführliche Darstellung einer elektrischen Steuerung (Schaltung) in ihren Einzelteilen.

Für das Erstellen der Stromlaufpläne sind die allgemeine Regeln (Bild 2) zu beachten.

- Die Stromlaufpläne sind grundsätzlich im stromlosen Zustand und die Schalter im mechanisch nicht bestätigten Zustand darzustellen.
- Schaltzeichen und Schaltelemente sind senkrecht angeordnet darzustellen.
- Die Geräte und Bauteile sind im Stromlaufplan zu kennzeichnen.
- Hauptstromkreise und Steuerstromkreise sind getrennt darzustellen.
- Die Stromwege sind geradlinig und im Verlauf parallel zu zeichnen.
- Für die Elemente eines elektrischen Betriebsmittels, z.B. Schließer, Öffner, Schütz sind die gleichen Gerätebezeichnungen vorzusehen.

2 Regeln für das Erstellen von Stromlaufplänen

Überwiegend findet der **Stromlaufplan in aufgelöster Darstellung**, d.h. Trennung von Laststromkreis und Steuerstromkreis, Verwendung (Bild 1, Seite 106).

Er stellt die Verdrahtung der elektrischen Betriebsmittel im Detail dar. Die räumliche Lage bleibt unberücksichtigt.

Diese Pläne sind sowohl für die Installation und die Inbetriebnahme der Fertigungsanlage als auch für den Service und die Störungssuche erforderlich.

---
[1]) DIN: national; IEC: international

8.4 Elektrische Schaltpläne — Aufgaben

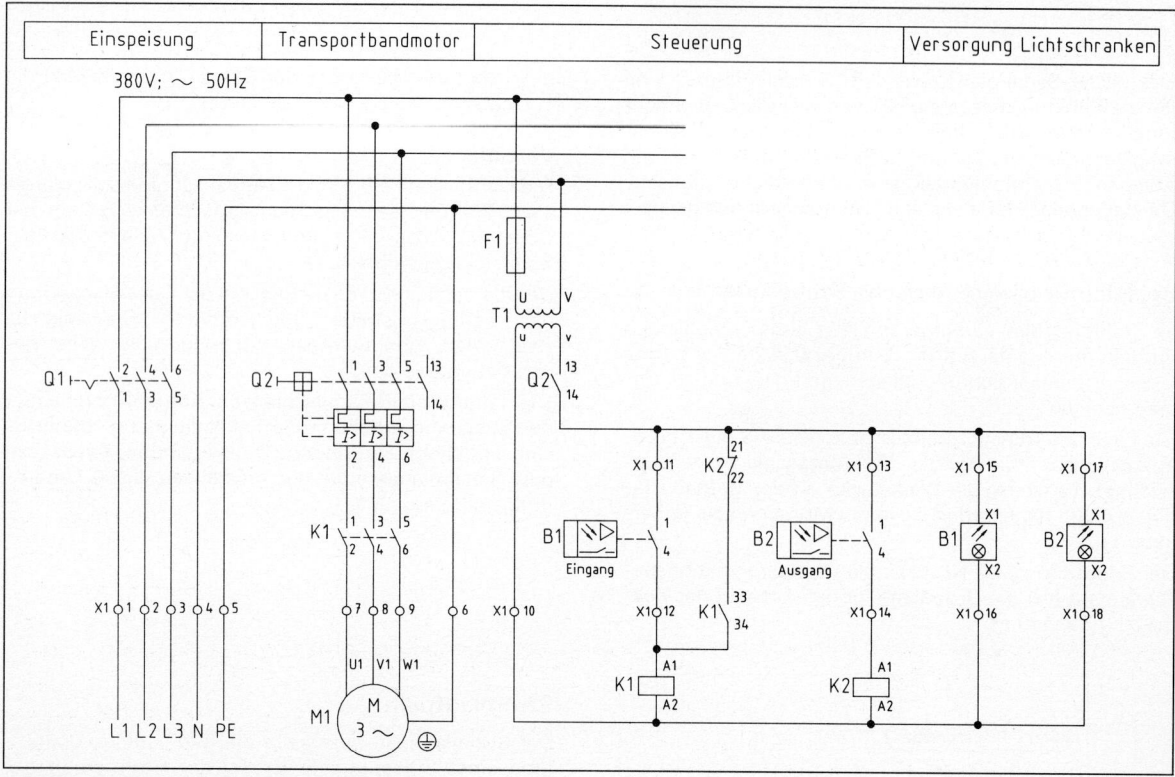

1 Stromlaufplan der Transportbandeinrichtung

Schaltzeichen	Kennzeichnung	Benennung
	Schalter, 3polig mit thermischer Überstromauslösung	Q
	Drehstrommotor	M
	Sicherung	F
	Transformator einphasig	T
	Lichtschranke (Empfänger, Sender)	B
	Schütz, Relais	K
	Zeitrelais anzugsverzögert	K
	Meldeleuchte, Signallampe	H
	Anschlußklemme	X

2 Schaltzeichen (Auszug)

Aufgaben

1. Beschreiben Sie die Funktion der Steuerung (Bild 1) anhand des Stromlaufplanes.
2. Welche Veränderung muß im Stromlaufplan der Transportbandeinrichtung vorgenommen werden, wenn ein STOPP-Schalter das Band abschalten soll?
3. Erweitern Sie den Stromlaufplan, wenn das Transportband zusätzlich zu der Lichtschranke B1 auch durch einen START-Schalter anlaufen soll.
4. Wie läßt sich die Funktion der folgenden Steuerung beschreiben? Für welche technische Anwendung ist die Steuerung geeignet?

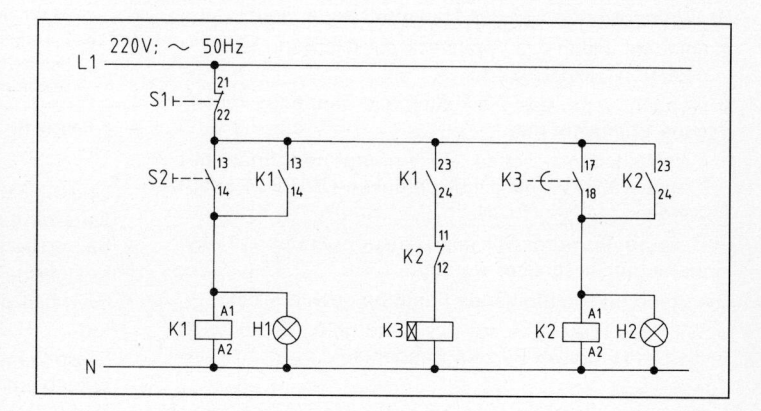

8.4 Elektrische Schaltpläne

Anschlußplan

Der Verarbeitungsteil einer Steuerung (Schalt- oder Steuerungsschrank) ist oftmals von den Sensoren und Aktoren räumlich getrennt. Zum Herstellen der Leitungsverbindungen zu diesen elektrischen (auch bei pneumatischen/hydraulischen) Betriebsmitteln ist ein Anschlußplan zu erstellen.

Die Anschlußstellen einer Steuerung und die daran angeschlossenen inneren und äußeren leitenden Verbindungen stellt der Anschlußplan (Bild 1) dar.

Die Kennzeichnung im Anschlußplan (Nummer auf der Klemmenleiste) muß mit der Bezeichnung der Anschlußstelle im Stromlaufplan (Bild 1, Seite 106) übereinstimmen. Nur so ist ein Auffinden und die Kontrolle einer Leitungsverbindung möglich. So ist z.B. der Sender der Lichtschranke B2 im Anschlußplan an die Klemmen 17 und 18 geführt. Im Stromlaufplan sind in entsprechenden Stromweg diese Klemmen berücksichtigt. Mit dem Herstellen der äußeren Leitungsverbindungen ist der Sender der Lichtschranke B2 funktionsfähig in die Steuerung eingebunden.

Der Anschlußplan kann weitere Informationen (z.B. zu verwendendes Leitungs- bzw. Schlauchmaterial) enthalten.

äußere leitende Verbindungen	Klemmenleiste im Steuerschrank	innere leitende Verbindungen
L1	1	Q1:1
L2	2	Q1:3
L3	3	Q1:5
N	4	N
PE	5	PE
PE	6	
M1:U1	7	K1:2
M1:V1	8	K1:4
M1:W1	9	K1:6
T1:u	10	K1:A2
B1:1	11	Q2:14
B1:4	12	K1:A1
B2:1	13	Q2:14
B2:4	14	K2:A1
B1:X1	15	Q2:14
B1:X2	16	T1:u
B2:X1	17	Q2:14
B2:X2	18	T1:u

Netz 3/N/PE 380V; ∼50Hz

1 Anschlußplan (Transportbandeinrichtung)

Aufgaben

1. Stellen Sie dar, wo im Anschlußplan die Netzversorgung und die Signalleitungen der Lichtschranke B1 verbunden sind (Bild 1).
2. Wohin führen in Bild 1 die äußeren leitenden Verbindungen der Klemmen 7, 8 und 9 des Anschlußplanes?
3. Wie viele Klemmen müßten im Anschlußplan in Bild 1 erscheinen, wenn ein Startschalter zusätzlich zur Lichtschranke B1 wirken soll?
4. Erstellen Sie für die pneumatische Schaltung (Bild 2) einen Anschlußplan, wenn der Zylinder 1.0 und der Endlagenschalter 1.3 außerhalb des Steuerschrankes liegen.

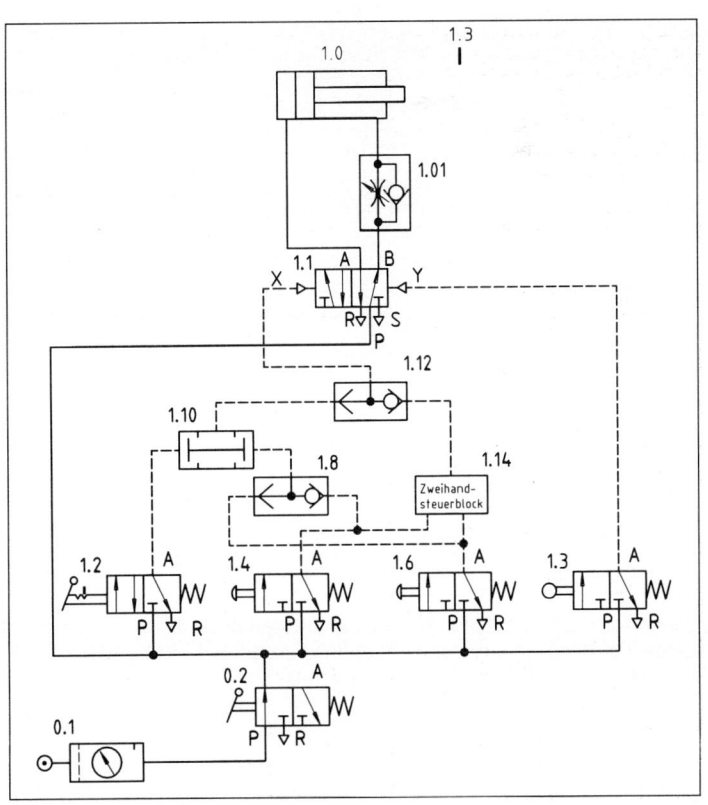

2 Schaltplan

5. Kennzeichnen Sie die Anschlüsse des pneumatischen Taktstufenbausteins Bild 1, die in einem Anschlußplan zusammengefaßt dargestellt werden können.
6. Durch welche Signale kann das 5/3-Wegeventil zurückgeschaltet werden?
7. Welche logische Funktion erfüllt das 3/2-Wegeventil im Taktstufenbaustein?

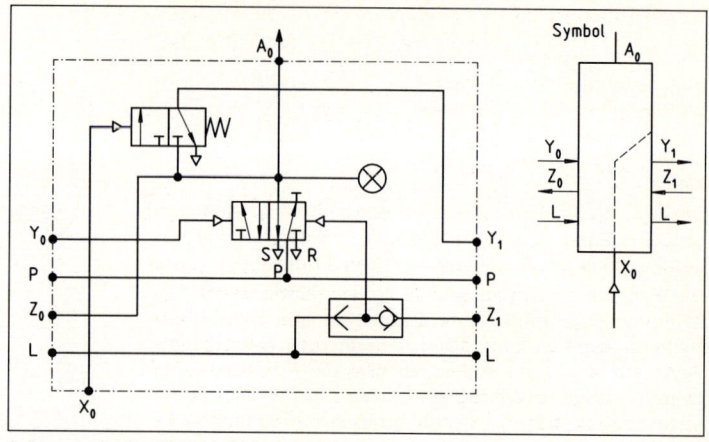

1 Pneumatischer Taktstufenbaustein

8.5 Funktionsplan

Der Funktionsplan gliedert den Steuerungsablauf systematisch in Einzelschritte und in die dazugehörigen Anweisungen.

Deshalb finden Funktionspläne bei prozeßabhängigen und zeitgeführten Ablaufsteuerungen ihren Einsatz. Aus dem Schritt- und Befehlssymbol ergibt sich eine eindeutige Darstellung eines Schrittes (Bild 2 und 3). Die Benennung der Leitungsführung und der Einbauort der elektrischen Betriebsmittel erfolgt nicht. Der Signalfluß und die logischen Schaltzustände ‚EIN' und/oder ‚AUS', bestimmen den Funktionsplan.

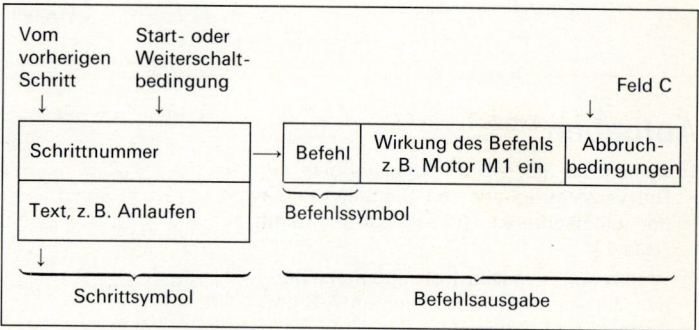

2 Darstellung eines Schrittes im Funktionsplan

Befehl	Bedeutung
D	verzögert
S	gespeichert
SD	gespeichert und verzögert
NS	nicht gespeichert
NSD	nicht gespeichert und verzögert
SH	gespeichert, auch bei Energieausfall
T	zeitlich begrenzt
ST	gespeichert und zeitlich begrenzt

3 Befehlssymbole

Damit entspricht der Funktionsplan dem Logikplan. Bezogen auf die Transportbandeinrichtung ergibt sich die Beschreibung des Funktionsplanes nach Bild 4.

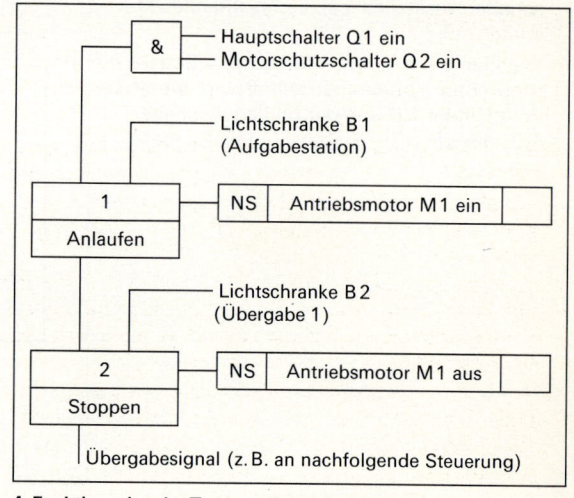

4 Funktionsplan der Transportbandeinrichtung

8.5 Funktionsplan

Ein Befehl in einem Funktionsplan ist allgemein dargestellt die Anweisung für eine Zustandsänderung. In dem Funktionsplan (Bild 4, S. 108) ist z.B. die UND-Verknüpfung von Hauptschalter Q1 und Motorschutzschalter Q2 im 1. Schritt die Anweisung (Befehl), die mit der Weiterschaltbedingung (Lichtschranke B1) den Antriebsmotor M1 einschaltet.

Da der Funktionsplan der Transporteinrichtung nur als ein Teil einer umfangreicheren Gesamtsteuerung zu verstehen ist, wird an dieser Stelle auf die Verarbeitung von weiteren Abschaltsignalen (z.B. Stopp, Einrichtbetrieb usw.) der Übersichtlichkeit halber verzichtet. Diese werden im Feld C der Befehlsausgabe (siehe Bild 2, Seite 108) verarbeitet. Sind keine Abbruchstellen vorhanden, kann auf das Feld C in der Darstellung des Funktionsplanes verzichtet werden. Zudem könnte im 1. Schritt eine weitere Wirkungslinie von einem anderen Funktionsplan (sog. Startmerker) als Übergabesignal zugeführt werden. Das ist immer dann der Fall, wenn viele Teilsteuerungen in eine Gesamtsteuerung zusammengeführt werden.

1 Funktionsplan

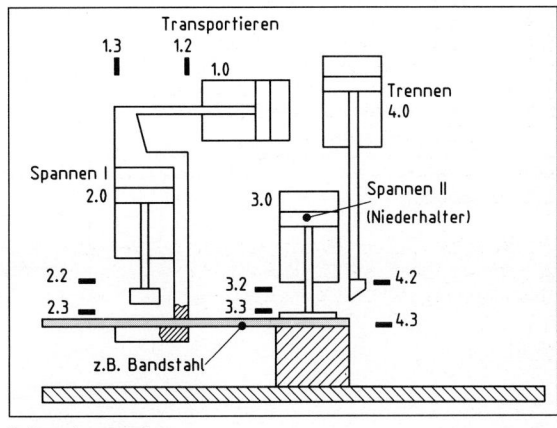

2 Anordnungsplan

Aufgaben

1. Beschreiben Sie anhand des Funktionsplanes und des Anordnungsplanes (Bild 1 und 2) die Steuerung der Schneidvorrichtung.
2. Welche Aufgabe hat der Startschalter der Schneidvorrichtung?
3. Welche Signalzustände der Endlagenschalter werden in den einzelnen Schritten für die Weiterschaltbedingung verarbeitet?
4. Welche Veränderungen im Funktionsplan sind vorzunehmen, wenn auch die Signale der nichtbetätigten Endlagenschalter (Zwangsführung) in den jeweiligen Schritten berücksichtigt werden sollen?
5. Wo können in einem Funktionsplan die Abschaltsignale einer Steuerung (z.B. Halt, Überstromauslösung) berücksichtigt werden?
6. Für welche besonderen Steuerungsarten werden Funktionspläne eingesetzt?

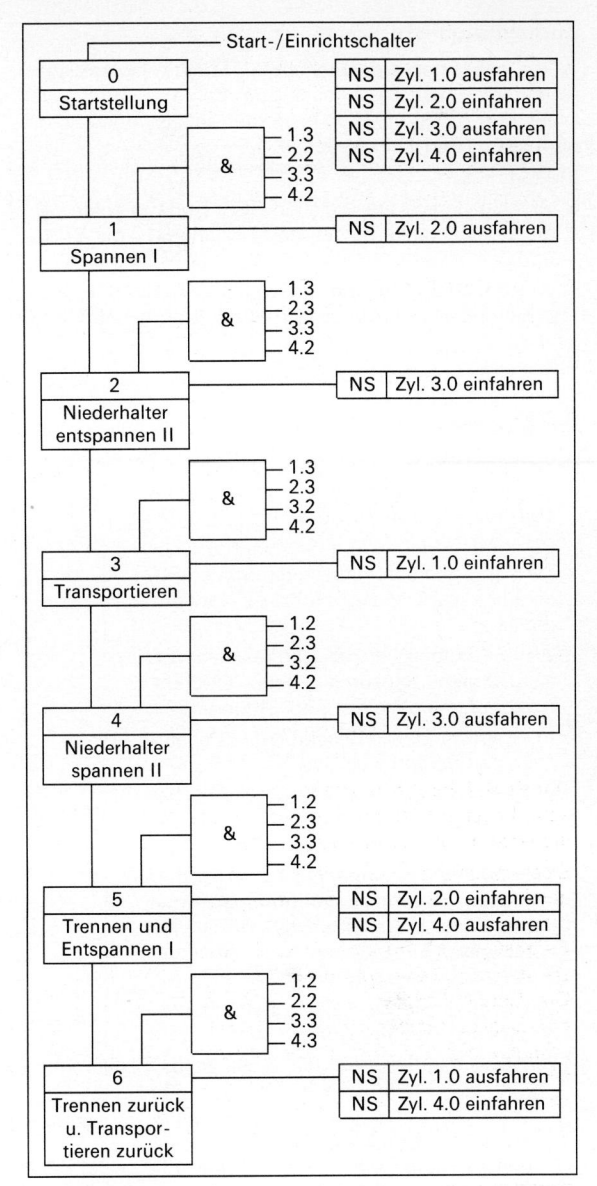

8.5 Funktionsplan — Aufgaben

Zuordnungsliste

Wenn mit einer entsprechenden Funktionsplan-Software die Steuerung in eine Speicherprogrammierbare Steuerung (SPS) übertragen werden soll, ist eine Zuordnungsliste (Bild 1) zu erstellen.

Sie sagt aus,

- welcher Sensor auf welchen SPS-Eingang (hier z. B. die Lichtschranke B1 auf den Eingang E10 der SPS), und
- welcher SPS-Ausgang auf welchen Aktor (hier z. B. schaltet der SPS-Ausgang A20 das Hauptschütz K1) wirkt.

Bauteil	Kennzeichen	SPS Eingang	SPS Ausgang
Lichtschranke (Aufgabestation)	B1	E10	
Lichtschranke (Übergabe 1)	B2	E11	
Überstromauslöser	Q2	E12	
Hauptschalter	Q1	E13	
Hauptschütz	K1		A20

Aufgaben

1. Erstellen Sie für den Funktionsplan der Schneidvorrichtung (Bild 1 und 2, Seite 109) eine Zuordnungsliste.
2. Begründen Sie, warum die Zuordnungsliste zur Dokumentation einer Steuerung, die mit einer SPS ausgeführt ist, notwendig ist.
3. Welche Folgen hat das Vertauschen von festgelegten Sensoren- oder Aktorenzuordnungen bei einer SPS-Steuerung?
4. a) Ergänzen Sie die Beschreibung der einzelnen Schritte aus Bild 1.
   b) Zeichnen Sie das Weg-Schritt-Diagramm vergrößert, und entwickeln Sie daraus das Funktionsdiagramm.
   c) Entwickeln Sie aus dem Funktionsdiagramm (Bild 1) einen normgerechten pneumat./hydraul. Schaltplan. Die Verfahrgeschwindigkeiten der Zylinder sollen einstellbar sein.
   d) Zeichnen Sie für Aufg. b den entsprechenden Funktionsplan.
   e) Wie verändert sich die Ablaufsteuerung, wenn ein induktiver Sensor (S1) in der Werkstückaufnahme kontrolliert, ob ein Werkstück eingelegt ist? Erst bei vorhandenen Werkstück startet die Steuerung.
5. Entwickeln Sie für das nebenstehende Funktionsdiagramm den pneumatischen Schaltplan.

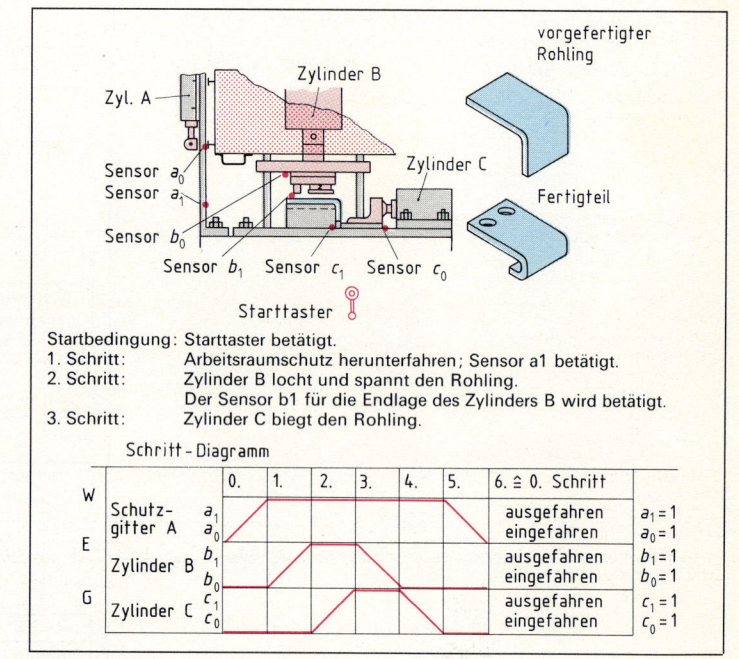

Startbedingung: Starttaster betätigt.
1. Schritt: Arbeitsraumschutz herunterfahren; Sensor a_1 betätigt.
2. Schritt: Zylinder B locht und spannt den Rohling. Der Sensor b_1 für die Endlage des Zylinders B wird betätigt.
3. Schritt: Zylinder C biegt den Rohling.

1 Prozeßgeführte Ablaufsteuerung

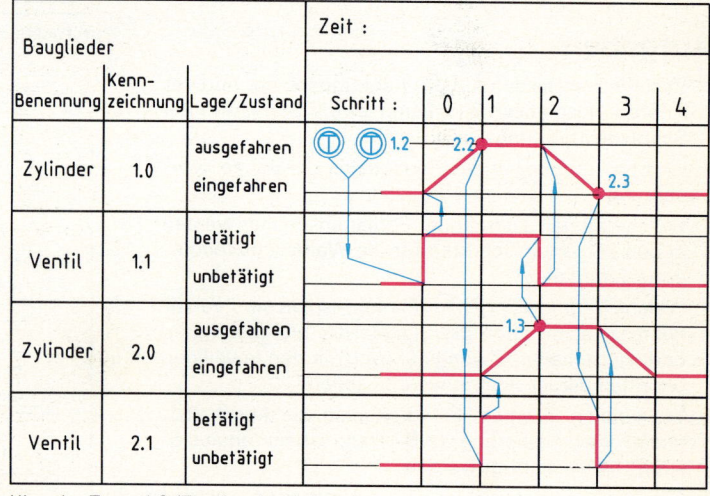

Hinweis: Taster 1.2 (Zweihandeinrückung)
Endlagenschalter 1.3, 2.2, 2.3

Sachwortverzeichnis

A

absolute Maßeingabe 81
Abwicklung, Prisma 2
–, Pyramide 4
Alphanumerischer Bildschirm 76
Anordnungsplan 97, 100
Anschlußplan 97, 107
Arbeitsplanung 64
Aufbauübersicht 59
Ausgabe 76

B

Basiskonstruktionen, geometrische 1
Baueinheit 57
Bauelement 58
Baugruppe 58
Baukastenstückliste 44
Bearbeitungsplan 91
Begrenzungsfläche, Kegel 10, 15
–, Prisma 2
–, Pyramide 3
–, Zylinder 5
Bemaßung (CAD) 88
–, CNC-gerecht 88
–, konstruktionsbedingt 88
–, koordinatenbezogen 88
–, mit Tabellen 88
–, Schweißnaht 70
Beschriften (CAD) 90
Bezugsbemaßung 88
Bohrvorrichtung 53

C

CAD-Arbeitsplatz 75
–, Ergonomie 96
CAD-CAM 74
–, Auswirkungen 95
CNC-Simulation 93
CNC-Teileprogrammierung (CAD-CAM) 92
Cursoreingabe 81

D

Datensicherung 91
Drehen (CAD) 87
–, Bearbeitungsplan 91
Drehteilprogrammierung 92
Dreieck 11, 12
Drucker 77

E

Ebenentechnik 80
Ebenheit 31
EDV-Stückliste 44
Eingabe 75
Einheitsbohrung 23
Einheitswelle 24
Einrichtung, bauliche 58
–, funktionale 58
elektrische Steuerung 105
elektrischer Schaltplan 105
Ellipse 5, 8, 10, 12
Endpunkt (CAD) 82
Ergonomie 96
Erzeugnis 59

F

Flächenmodell 59
Formabweichung 27
Formtoleranz 16, 29
–, Angabe der 31
Fräsen, Bearbeitungsplan 92
Frästeilprogrammierung 94
Freistich 36
Funktionsdiagramm 100
Funktionseinheit 57
Funktionselement 58
Funktionsgruppe 58
Funktionsplan 97, 108

G

gemittelte Rauhtiefe 26
Geometrische Basiskonstruktionen 1
geometrische Grundelemente 83, 86
Geradheit 31
Gesamt-Zeichnung 53, 59, 62
Gestaltabweichung 27
Getriebesymbol 61
Gewindefreistich 37
Grafikbildschirm 76
Grat 38
Grenzabmaß 19

H

Härteangabe 39
Hilfsschnitt, paralleler 5, 6
–, senkrechter 6
Höchstpassung 22
Hyperbel 11, 12

I

Identifizieren, Eingabe durch (CAD) 82
ISO-Paßsystem 23
ISO-Toleranzkurzzeichen 20

K

Kantenform 38
Kantenmodell 76
Kartesisches Koordinatensystem 80
Kegel 10, 49
kegeliges Wellenende 49
Kegelschnitt 10, 12
Kegelverbindung 49
Kegelverhältnis 49
Keilnabe 47
Keilwelle 47
Keilwellenverbindung 47
Koordinatensystem 80
Kopieren 87
Kreis 10, 12, 83
Kreisbogen 83
Kreiskonstruktion (CAD) 84

L

Längenmaß, Toleranz 19
Lager 51
–, Einbautoleranz 51
Lagetoleranz 16, 29
–, Angabe der 31
Lauftoleranz 32
Löschen 87

M

Manipulation (CAD) 87
Mantelfläche, Kegel 14
–, Prisma 2
–, Pyramide 3
–, Zylinder 7
Mantelhilfslinienverfahren, Kegel 14
–, Zylinder 7
Maus 75
Maßeingabe, absolut 81
–, polar 82
–, relativ 81
Maßtoleranz 16, 19, 29
Menütechnik 79
Mindestpassung 22
Mitnehmerelement 42
Mitte (CAD) 82
Mittelpunkt (CAD) 82
Mittenrauhwert 26
Montagehinweis 47
Montageverlaufsplanung 64
Montage-Plan 53, 63, 64
Morsekegel 49
Multiplizieren (CAD) 87

N

Neigung 49

O

Oberflächenbeschaffenheit 16, 29
–, Angabe der 25
–, Auswahl der 27
Ortstoleranz 32

P

Parabel 11, 12
Parallele 85
paralleler Hilfsschnitt 5
Passung 16, 21
Paßfederverbindung 47
Paßtoleranz 24
Paßtoleranzfeld 24
Pläne 97
Plan, Montage- 53, 63, 64
–, Schweißfolge- 72
–, Schweiß- 72
Plotter 77
pneumatische Steuerung 99
pneumatischer Schaltplan 99
polare Maßeingabe 82
Polarkoordinatensystem 81
Polygon 83
Prisma 1
Punkt (CAD) 83
Punktdefinition 81
Pyramide 1, 3

R

Rändel 37
Rauheit 27
Rauheitsprofil 26
Rauhtiefe 26
relative Maßeingabe 81
Richtungstoleranz 32
Rundheit 31

S

Schaltplan 97
–, elektrischer 105
–, pneumatischer 99
Schaltzeichen, elektrische 106
Schnittpunkt (CAD) 82
Schraffur 88
Schraubensenkung 46
Schweißfolgeplan 72
Schweißgruppen-Zeichnung 69
Schweißnaht, Bemaßung 70
Schweißplan 72
senkrechter Hilfsschnitt 6
Sicherungsring 48
Skalieren 87
Spiegeln 87
Spiel 22
Steuerung, elektrische 105
–, pneumatische 99
Stiftverbindung 47
Stirnradgetriebe 60
Stoßdämpfer 65
Strecke (CAD) 83
Streckenkonstruktion (CAD) 83
Stromlaufplan 97, 105
Strukturnetz 64
Strukturstufe 63
Stückliste 44, 55
Stücklistensatz 59
System 57, 58

T

Tablett 75, 79
Tastatur 75
Teil-Zeichnung 53
Tischbohrmaschine 16
Toleranz 16, 19
Toleranzfeld 23
toleriertes Element 30
Trimmen 87

U

Übermaß 22
Übersichtsschaltplan 97

V

Variantenkonstruktion 90
Verarbeitung 75
Verbindungselement 42
Verjüngung 49
Verschiebungen 87
Volumenmodell 76
Vorschubgetriebe 42, 67

W

Weg-Schritt-Diagramm 100
Welligkeit 27
Werkstückkante 38
Winkelmaß, Toleranz 21

Z

Zahnrad 50
Zahnradbemaßung 50
Zeichnungslesen 53
Zeichnungssatz 59
Zentrierbohrung 34
Zuordnungsliste 110
Zylinder 1, 5
Zylinderform 31
Zylinderkoordinatensystem 81
zylindrische Bohrung 9
zylindrischer Anschluß 9